JN303282

SGC Books – P2

新版 演習 場の量子論
―基礎から学びたい人のために―

柏 太郎 著

サイエンス社

サイエンス社のホームページのご案内
http://www.saiensu.co.jp
ご意見・ご要望は　rikei@saiensu.co.jp　まで.

新版まえがき

　SGC ライブラリ 12『演習 場の量子論』のまえがきを書いてから，5 年がたった．私事になるが，この 5 年はあっという間であった．前任の大学から，現在の任地への移動とともに，大学・大学院の改革の動きのまっただなかに身を置くことになり，本当に忙しい日々を過ごしているからだ．その間，少なからずの人々から，テキストを使っていただいた結果の，感想や訂正をいただいた．機会のあるごとに手を加えてきたが，今回サイエンス社の SGC Books への単行本化の提案を受けるかたちで，この折に，きちんと直したり，書き足りなかったところを補おうということにした．人間は間違えるものだが，原稿を $\TeX$ で書くようになって，訂正の度ごとに Camera Ready Form で見ることが出来ることから，以前に比べれば格段にミスは少なくなった．そこで，もう間違いはないと思って最終稿を脱稿した．書評でも，九後汰一郎さんに『間違いの少ないテキストだ．』とほめていただいたこともあって，少々天狗になっていたのだが………．

　この本を書くにあたって，すべての問題はゼロから作り上げた．いかなる教科書からの引き写しも一切排除した．ディラック場の構築（2 章 2.3）に関しても，ふつうのやり方ではなく，2 成分のスピノールを導入して 4 成分の共変スピノール u, v を作り上げるという道筋を採った．すべての結果が共変的に計算できたので，これで良しとしたのだが，荷電共役変換に関する操作をチェックしなかった！まだまだ，底の浅い計算だったわけだ．読者の諸君も，これでもか，これでもかというように，疲れ果てるくらい計算をやり尽くす心意気をもって欲しい．この間違いに気づいたのは，ニュートリノの勉強をしていて，マヨラナニュートリノの計算をやっていた時だった．最後の章のヒッグス機構のところでも，ちょっとしたミスを犯していた．（これは宗博人さんが指摘してくださった．）こうした，間違いは一掃されている（はずである！）ことと同時に，今回の単行本化では，新しい問題および最近の参考文献も加えた．

　少し宣伝をしておこう．この本は場の理論を基礎から解説したテキストである．その解説の仕方が，通常のテキストにおける各段落ごとの内容を演習問題というはっきりと区切られた形式によって表す，という意味において新しいのである．読者は，演習問題ごとに，一息入れながら読み進むことが出来るはずである．大部の場の理論の教科書に，どぎまぎしている諸君には最適のテキストであると考えている．この本で

はきちんと扱えなかった，くり込み，およびくり込み群に関しては，続編がいずれでる予定である[*1]．

2006 年 7 月 愛媛松山にて

柏　太郎

[*1] 上述の事情でまだ道半ばだ．だが，必ず近いうちに書き上げますのでよろしく．編集部の皆さん，もう少し時間をください．

はじめに
（初版まえがき）

　西暦 2000 年，梅雨真っ盛りのある日，サイエンス社「数理科学」編集部から突然の手紙が届いた．いわく，「最近では，場の量子論の教科書や解説書はかなりの数が出版されておりますが，演習書はまだあまり見受けられないのが実状です．……」とある．場の量子論の演習書を書かないかとのすすめであった．……心が動いた．……というのは，20 年にわたる大学院教育で，最近とみに感じていたことがあった．もともと場の量子論の教科書の多くは大部であった．有名なシュウェーバー（*Relativistic Quantum Field Theory*, S.S. Schweber (Harper & Row 1961)）やブジョルケン・ドレルの 2 冊（*Relativistic Quantum Mechanics* と *Relativistic Quantum Fields*, J.D. Bjorken and S.D. Drell (McGraw-Hill 1965)）は，それぞれ 900, 760 ページを越える．この傾向は現在まで強まりこそすれ，弱まることなく続いている．なぜなら，1970 年代に入ってからの場の量子論は，素粒子物理学分野でのゲージ理論の発展にとどまらず，他分野たとえば，物性物理学分野でも広く用いられるようになったからである．（臨界現象に対する繰り込み群の考え方の成功以降，定量的な扱いは場の量子論そのものである．）イチィクソン・ズーバー（*Quantum Field Theory*, C. Itzykson and J-B. Zuber (McGraw-Hill 1980)），カク（*Quantum Field Theory*, M. Kaku (Oxford 1993)），ペシュキン・シュレーダー（*An Introduction to Quantum Field Theory*, M.E. Peskin and D.V. Shroeder (Addison-Wesley 1995)）など全て 700 ページを越えている．ワインバーグ（*The Quantum Theory of Fields* I, II, III, S. Weinberg (Cambridge 1995, 1996, 2000)）はこの極致で 3 冊で 1500 ページだ．（日本語訳（青山，有末訳；吉岡書店）は 2 巻まですでに 4 冊に達し，1500 ページを越えている．）日本語の教科書としてよく使われる，九後（ゲージ場の量子論 I, II, 九後汰一郎，培風館 1989）のものでも，上下合わせると 550 ページである．ところで，こうしたテキストを修士 1 年次で読み上げようとすると，一回のセミナーでの分量は，必然的に，20 ページを越えてしまう．これはかなりきついというか，実際は不可能である．ある項目についての，（復習を含む）物理数学的側面の議論や，その背景まで踏み込んでいくと数ページで，1〜2 時間を費やしてしまうのが常だからである．したがって，テキストはいつもよくて半分か，三分の一というところで一年を終わることになる．全部読み上げようとすると，優に，2 年以上かかってしまう．（我々の研究室でワ

インバーグを読んでいたグループはⅠとⅡを読み上げるのに3年以上かかっている.)

こうした現状の中,一年で読み上げることが可能で,しかも必要なものをおおむね含むような教科書があるべきだと素朴に思ったわけである.この意味で,日置の教科書(場の量子論 — 摂動計算の基礎 —;日置善郎,吉岡書店1999)は素粒子反応,すなわち,散乱や崩壊,を記述する摂動計算に主眼を置いた特徴のあるものとなっている.ページ数は,150ページあまりだ.これに対して,演習問題を解きながら,場の量子論を修得していくというのが,このテキストの趣旨である.内容に関しても,反応に対する記述はいっさい取り扱わない.むしろ,真空のエネルギー,統計力学で言うところの,自由エネルギーの計算ができるようになることを目的とした.問題は,基礎的なものから順に並べてある.気軽に手にとって眺めながら,ちょっとした時間に1つの問題に取り組んでみたり,問題を一日一題ずつと決めて読み進んだりしてみて欲しい.テーマについては,かなり欲張った.量子力学の基礎の基礎である,調和振動子から始め,自由場の量子化については,クライン–ゴルドン場では,最初から場のフーリエ変換を用いて定式化するのではなく,系を箱に入れたより直感的にわかりやすい,フーリエ級数による記述から出発し,ディラック場に関しても,平面波展開を天下り的に与えるのではなく,第一原理からできるだけ一歩一歩理解できるように議論した.物性関係の読者も念頭に置いて,非相対論的なド・ブロイ場をとりあげた.さらに,電磁場,すなわち,ゲージ場の量子化も,最近は経路積分法を用いてさらりと議論する傾向もあるが,できるだけ段階をふまえて進むようにした.経路積分は計算ができる反面その有効性について疑問を持つようなことが間々あるからである.演算子順序の問題はこうした疑問の最たるものである.そのため,経路積分表示の基礎から議論を行った.これによって,経路積分は量子力学の演算子法と完全な1対1対応があるということを理解できるはずである.読者は,ユークリッド経路積分表示 — それは,統計力学の分配関数の経路積分表示でもある — が経路積分の根幹をなしているということを理解するであろう.さらに,場の理論の最大の目標である,系の真空をさがす最終兵器とも言える,有効ポテンシャルについて解説し,その摂動計算やWKB近似を,経路積分によって行い,計算方法の修得を目指すと共に,ファインマングラフによる記述法も詳しく議論した.最後では,標準模型の基礎となるゲージ場の量子論を,ゲージ原理の導入から解き起こし,ゲージ場に質量を与えるヒッグス機構に至るまで解説した.繰り込み理論の一般論と,繰り込み群の方程式は触れる余裕がなかった.参考文献であたって欲しい.

2001年5月

柏 太郎

目 次

第 1 章 場の理論事始め ... 1
  1.1 調和振動子の物理 ... 1
  1.2 特殊相対性理論の復習 ... 7
  1.3 場の解析力学 ... 15

第 2 章 量子場入門 ... 21
  2.1 クライン–ゴルドン (Klein–Gordon) 場 ... 21
  2.2 ド・ブロイ (de Broglie) 場 ... 31
  2.3 ディラック (Dirac) 場 ... 35
  2.4 マックスウェル (Maxwell) 場 — 電磁場 ... 50
  2.5 量子場の一般論 ... 58

第 3 章 経路積分法 ... 67
  3.1 経路積分入門 ... 67
  3.2 フェルミオンの経路積分 ... 74
  3.3 ユークリッド経路積分 ... 84

第 4 章 有効作用と近似法 ... 96
  4.1 摂動論とファインマングラフ ... 96
  4.2 生成母関数と有効作用 ... 110
  4.3 WKB 近似 ... 119

第 5 章 ゲージ場の量子論 ... 126
  5.1 ゲージ原理とゲージ場 ... 126

5.2　ゲージ場の量子化 138
　　5.3　対称性の自発的破れとヒッグス（Higgs）機構 151

練習問題の解答
第 1 章の解答　　　　　　　　　　　　　　　　　　　　**172**
第 2 章の解答　　　　　　　　　　　　　　　　　　　　**177**
第 3 章の解答　　　　　　　　　　　　　　　　　　　　**195**
第 4 章の解答　　　　　　　　　　　　　　　　　　　　**203**
第 5 章の解答　　　　　　　　　　　　　　　　　　　　**211**
参考文献　　　　　　　　　　　　　　　　　　　　　　**218**
索　引　　　　　　　　　　　　　　　　　　　　　　　**221**

第 1 章
場の理論事始め

　その誕生（1929 年のハイゼンベルグ–パウリ（Heisenberg–Pauli）の仕事にさかのぼる）以来，長い間，場の量子論は，素粒子物理学の専属分野であった．理由は，素粒子の基本的な反応は時空の一点でそれらが生成，消滅することで，たとえば，原子核のベータ崩壊では，中性子が壊れて陽子と電子と反ニュートリノに $n \to p + e + \bar{\nu}_e$ となる．こうした現象を記述するのに必要不可欠なものとして，場の量子論は登場してくる．その後，この考えは物性物理学においても，電子とホールが消滅してフォノンになる素過程として応用される．この章では，こうした粒子の生成消滅を表す基本的な理論として，調和振動子の物理の復習をする．場の量子論自身は，特殊相対論を必要とするわけではないが，素粒子物理学では必須である．さらに，相対論的場の量子論はほとんど形を変えずに，統計力学における分配関数の計算に威力を発揮するので，特殊相対論にも簡単に触れておく．最後に，量子場の一般的な性質を議論するために必要となる，場の解析力学について議論する．

1.1 調和振動子の物理

例題 1.1　ハイゼンベルグの運動方程式,
$$i\hbar \frac{dA(P,Q)}{dt} = [A(P,Q), H] , \tag{1.1}$$
（P, Q は演算子）と，調和振動子の Hamiltonian,
$$H = \frac{P^2}{2m} + \frac{m\omega^2}{2} Q^2 \tag{1.2}$$

を用いて，調和振動子の運動方程式，$\ddot{Q} = -\omega^2 Q$ を導け．

解 交換関係の基本式（その一）

$$[A, BC] = B[A, C] + [A, B]C \tag{1.3}$$

に注意して（いちいち，ばらして計算すると間違える），交換関係 $[Q, P] = i\hbar$，$[Q, Q] = [P, P] = 0$ を用いることで，

$$\dot{Q} = \frac{P}{m}, \quad \dot{P} = -m\omega^2 Q \tag{1.4}$$

が得られる．これから，P を消去すればよい．

例題 1.2 次の演算子の交換関係を計算せよ．

$$a \equiv \sqrt{\frac{m\omega}{2\hbar}}\left(Q + i\frac{P}{m\omega}\right), \quad a^\dagger \equiv \sqrt{\frac{m\omega}{2\hbar}}\left(Q - i\frac{P}{m\omega}\right). \tag{1.5}$$

解 交換関係の基本式（その二）

$$[A + B, C] = [A, C] + [B, C] \tag{1.6}$$

を用いる．すると，

$$[a, a^\dagger] = 1, [a, a] = [a^\dagger, a^\dagger] = 0 \tag{1.7}$$

となる．

例題 1.3 調和振動子の Hamiltonian (1.2) を a，$a^\dagger$ で書き換えると，

$$H = \frac{\hbar\omega}{2}\left(a^\dagger a + aa^\dagger\right) \equiv \frac{\hbar\omega}{2}\{a^\dagger, a\} \tag{1.8}$$

である．ハイゼンベルグの運動方程式を解け．

解 交換関係の基本式 (1.3) を用いれば，$a, a^\dagger$ と Hamiltonian の交換関係は，

$$[a, H] = \hbar\omega a, \quad [a^\dagger, H] = -\hbar\omega a^\dagger \tag{1.9}$$

となる．これを，ハイゼンベルグの運動方程式 $i\hbar\dot{a} = [a, H]$，$i\hbar\dot{a}^\dagger = [a^\dagger, H]$ に代入すれば，

1.1 調和振動子の物理

$$\left\{\begin{array}{l}\dot{a}=-i\omega a\\ \dot{a}^\dagger=i\omega a^\dagger\end{array}\right\}\Rightarrow\left\{\begin{array}{l}a(t)=a(0)\mathrm{e}^{-i\omega t}\\ a^\dagger(t)=a^\dagger(0)\mathrm{e}^{i\omega t}\end{array}\right\} \tag{1.10}$$

ともとまる.

例題 1.4 H の固有状態 $H|E\rangle = E|E\rangle$ を考えたとき $E \geq 0$ であることを示せ.

解

$$E = \langle E|H|E\rangle = \frac{\hbar\omega}{2}\langle E|a^\dagger a + aa^\dagger|E\rangle \tag{1.11}$$

ここで,

$$|E_-\rangle \equiv \sqrt{\frac{\hbar\omega}{2}}a|E\rangle, \quad |E_+\rangle \equiv \sqrt{\frac{\hbar\omega}{2}}a^\dagger|E\rangle$$

と置くと, ベクトルの大きさは常に正, $\||E_\pm\rangle\| = \langle E_\pm|E_\pm\rangle \geq 0$ であるから, (1.11) は,

$$E = \langle E_+|E_+\rangle + \langle E_-|E_-\rangle \geq 0$$

となる.

例題 1.5 $(a)^m|E\rangle$, $(a^\dagger)^m|E\rangle$ の固有値を計算せよ.

解 (その一) 交換関係 (1.7) より得られる,

$$[a^m, a^\dagger] = ma^{m-1} \tag{1.12}$$

を用いる. その導出は, $c^{(m)} \equiv [a^m, a^\dagger]$ とおいて, (1.7) より,

$$c^{(m)} = a^{m-1}[a, a^\dagger] + [a^{m-1}, a^\dagger]a = a^{m-1} + ac^{(m-1)} \tag{1.13}$$

これを順次繰り返し, $c^{(m)} = ka^{m-1} + a^k c^{(m-k)}$: $c^{(0)} = 0$ が得られ, $k = m$ とすればよい. 次に, (1.7) を用いて Hamiltonian (1.8) を $H = \hbar\omega(a^\dagger a + 1/2)$ とすれば,

$$h^{(m)} \equiv [a^m, H] \stackrel{(1.3)}{=} \hbar\omega\left([a^m, a^\dagger]a + a^\dagger[a^m, a]\right) \stackrel{(1.12)}{=} m\hbar\omega a^m. \tag{1.14}$$

これより,

$$Ha^m|E\rangle = (E - m\hbar\omega)a^m|E\rangle. \tag{1.15}$$

だから，固有値は $E - m\hbar\omega$ である．

（その二） Hamiltonian と生成消滅演算子の交換関係 (1.9) を仮定して出発する．

$$h^{(m)} = a^{m-1}[a, H] + [a^{m-1}, H]a \stackrel{(1.9)}{=} \hbar\omega a^m + h^{(m-1)}a \qquad (1.16)$$

であるから繰り返し使うと，

$$h^{(m)} = [a^m, H] = m\hbar\omega a^m \qquad (1.17)$$

が得られる．（以下の例題 1.6 で重要となる．）

後半は，$([a^m, H])^\dagger = -\left[(a^\dagger)^m, H\right] = m\hbar\omega (a^\dagger)^m$ を用いれば，

$$H (a^\dagger)^m |E\rangle = (E + m\hbar\omega) (a^\dagger)^m |E\rangle \qquad (1.18)$$

となる．

これらより，a はエネルギー $\hbar\omega$ のエネルギーを1つ消す，**消滅演算子**であり，$a^\dagger$ は**生成演算子**であるということがわかる．上の議論から，エネルギーの固有値は正であったから，どこかに最低値 E_0 がなくてはならない．これを，基底状態あるいは真空のエネルギーという．真空を $|0\rangle$ と書くと，

$$a|0\rangle = 0 \qquad (1.19)$$

である．E_0 の採り方にはいろいろあり，それを

$$E_0 = \frac{\hbar\omega}{2} \qquad (1.20)$$

と採ったとき，第二の方法は第一の方法と一致する[*1)]．

例題 1.6 $H = \hbar\omega N$ と書く．$a, a^\dagger$ と Hamiltonian の交換関係 (1.9)

$$a = [a, N] \ , \quad -a^\dagger = [a^\dagger, N] \qquad (1.21)$$

は，ボーズ交換関係の解，

$$N = \frac{1}{2}\{a^\dagger, a\} \ , \qquad (1.22)$$

$$[a, a^\dagger] = 1 \ , [a, a] = [a^\dagger, a^\dagger] = 0 \qquad (1.23)$$

[*1)] こうした自由度は，多粒子系のときに現れる，いわゆる，パラボーズ統計に関するものである．興味のある読者は，*Quantum Field Theory and Parastatistic*, Y. Ohnuki and S. Kamefuchi (University of Tokyo Press 1982) Chapter 2. を参照．

のほかに，フェルミ交換関係の解

$$N = \frac{1}{2}\left[a^\dagger, a\right], \qquad (1.24)$$

$$\{a, a^\dagger\} = 1 , \{a, a\} = \{a^\dagger, a^\dagger\} = 0 \qquad (1.25)$$

もあることを示せ．

解 A, B, C をフェルミ演算子とする．交換関係の基本式 (1.3) に対する**反交換関係の基本式**は，

$$[A, BC] = \{A, B\} C - B \{A, C\} \qquad (1.26)$$

となる．交換関係の基本式 (1.6) はフェルミのときも同じである．

$$\{A + B, C\} = \{A, C\} + \{B, C\} .$$

これを用いれば，

$$[a, N] = \frac{1}{2}\left([a, a^\dagger a] - [a, aa^\dagger]\right) = \frac{1}{2}\left(\{a, a^\dagger\} a + a \{a, a^\dagger\}\right) = a . \qquad (1.27)$$

共役変換（**adjoint**）を行えば，$[a^\dagger, N] = -a^\dagger$ が得られる．共役変換とは $*$ で表し次のような変換である．

$$\left\{\begin{array}{c} |\bullet\rangle \\ AB \\ z \end{array}\right\} \overset{*}{\Longleftrightarrow} \left\{\begin{array}{c} \langle\bullet| \\ B^\dagger A^\dagger \\ z^* \end{array}\right\} : \begin{array}{l} \text{状態ベクトル} \\ \text{演算子} \\ \text{複素数} \end{array} \qquad (1.28)$$

練習問題

1.1 $|0\rangle$ を真空とするとき，

$$|n\rangle \equiv \frac{1}{\sqrt{n!}}(a^\dagger)^n |0\rangle \qquad (1.29)$$

と書く．このとき，$a|n\rangle$，$a^\dagger|n\rangle$ を計算せよ．

1.2 次の式を示せ．

$$\langle m|n\rangle = \delta_{mn} . \qquad (1.30)$$

1.3 Hamiltonian の固有値,$H|n\rangle$ 計算せよ.

1.4 基底状態(真空)の波動関数を $\Psi_0(x) \equiv \langle x|0\rangle$ と書く.これを,真空の定義 (1.19) からもとめよ.

1.5 フェルミ振動子の交換関係 (1.25) は,
$$\{Q,P\} = 0 \ , \quad \{Q,Q\} = \frac{\hbar}{m\omega} \ , \quad \{P,P\} = m\omega\hbar \tag{1.31}$$
と書けることを示せ.

1.6 フェルミ型調和振動子
$$a = \left[a, \frac{1}{2}\left[a^\dagger, a\right]\right] \ , \quad -a^\dagger = \left[a^\dagger, \frac{1}{2}\left[a^\dagger, a\right]\right] \tag{1.32}$$
には,通常のフェルミ型交換関係 (1.25) 以外にも無数の解が存在する.
$$J_+ \equiv \hbar a^\dagger \ , \quad J_- \equiv \hbar a \ , \quad J_3 \equiv \frac{\hbar}{2}\left[a^\dagger, a\right] \tag{1.33}$$
と置くとき,$J_\pm$,J_3 の満たすべき交換関係を導き,その帰結について論ぜよ.

1.2 特殊相対性理論の復習

相対論の約束で,もっとも顕著なものは,アインシュタイン(**Einstein**)の縮約である.同じギリシャ文字が繰り返されるときは,和の記号を省くのだ.dx^μ を4元ベクトル

$$dx^\mu = (dx^0, dx^1, dx^2, dx^3) = (cdt, dx, dy, dz) \tag{1.34}$$

としたとき,

$$\sum_{\mu,\nu=0}^{3} g_{\mu\nu} dx^\mu dx^\nu \Longrightarrow g_{\mu\nu} dx^\mu dx^\nu$$

のように書く.ここで

$$g_{\mu\nu} = \begin{pmatrix} 1 & 0 & 0 & 0 \\ 0 & -1 & 0 & 0 \\ 0 & 0 & -1 & 0 \\ 0 & 0 & 0 & -1 \end{pmatrix}, \quad \mu,\nu = 0,1,2,3 \tag{1.35}$$

は**計量**という.このように長さが,

$$ds^2 \equiv g_{\mu\nu} dx^\mu dx^\nu = (cdt)^2 - (dx)^2 - (dy)^2 - (dz)^2 \tag{1.36}$$

で定義される空間を,ミンコフスキー(**Minkowski**)空間と呼ぶ.計量 (1.35) の逆行列は,

$$g_{\mu\lambda} g^{\lambda\nu} = g^{\nu\lambda} g_{\lambda\mu} = \delta^\nu_\mu, \tag{1.37}$$

$$\delta^\nu_\mu = \begin{cases} 1 \,;\, \mu = \nu \\ 0 \,;\, \mu \neq \nu \end{cases} \quad : \text{クロネッカー}(\textbf{Kronecker})\text{のデルタ}, \tag{1.38}$$

$$g^{\mu\nu} = \begin{pmatrix} 1 & 0 & 0 & 0 \\ 0 & -1 & 0 & 0 \\ 0 & 0 & -1 & 0 \\ 0 & 0 & 0 & -1 \end{pmatrix} \tag{1.39}$$

である.

p^μ を 4 元ベクトル,

$$p^\mu \equiv \left(\frac{E}{c}, \boldsymbol{p}\right) \tag{1.40}$$

とする．E はエネルギー，$\boldsymbol{p}$ は運動量である．4元ベクトルは，一般に，

$$p^\mu p_\mu \begin{cases} > 0\,; & \text{時間的領域} \\ = 0\,; & \text{光的領域} \\ < 0\,; & \text{空間的領域} \end{cases} \tag{1.41}$$

の三つの場合に分けられる．質量 m の粒子は，分散関係

$$p^2 \equiv p^\mu p_\mu = m^2 c^2 \tag{1.42}$$

を満たしているから $p^\mu p_\mu > 0$ なる時間的ベクトルである．このときのエネルギー E は，

$$E = c\sqrt{\boldsymbol{p}^2 + m^2 c^2} \equiv E(\boldsymbol{p}) \tag{1.43}$$

と与えられる．

例題 2.1　ローレンツ（Lorentz）変換

$$dx'^\mu = \Lambda^\mu{}_\nu dx^\nu \tag{1.44}$$

は線素 (1.36) を不変にすることより，次の関係を導け．

$$g_{\mu\nu}\Lambda^\mu{}_\alpha \Lambda^\nu{}_\beta = g_{\alpha\beta}\,;\quad \left(\Lambda^\mu{}_\alpha \Lambda_\mu{}^\beta = \delta^\beta_\alpha,\ \Lambda_\mu{}^\beta \equiv g_{\mu\nu}\Lambda^\nu{}_\alpha g^{\alpha\beta}.\right) \tag{1.45}$$

解　$ds^2 = g_{\mu\nu}dx^\mu dx^\nu$ としたとき，$ds'^2 = ds^2$ がローレンツ変換の満たすべき性質であるから，これより，

$$ds'^2 = g_{\mu\nu}dx'^\mu dx'^\nu = g_{\mu\nu}\Lambda^\mu{}_\alpha \Lambda^\nu{}_\beta dx^\alpha dx^\beta = ds^2 = g_{\alpha\beta}dx^\alpha dx^\beta,$$

つまり，$g_{\mu\nu}\Lambda^\mu{}_\alpha \Lambda^\nu{}_\beta dx^\alpha dx^\beta = g_{\alpha\beta}dx^\alpha dx^\beta$．$dx^\alpha dx^\beta$ は任意であるから題意が示される．

(1.45) の両辺の行列式をとることより，$(\det \Lambda^\mu{}_\nu)^2 = 1$ となるので，$\det \Lambda^\mu{}_\nu = \pm 1$ が得られる．この中で，以下では，

1.2 特殊相対性理論の復習

$$\det \Lambda^\mu{}_\nu = 1 \tag{1.46}$$

の場合を考えることにする.

例題 2.2 分散関係 (1.42) を満たしている 4 元ベクトル p^μ は, 基本ローレンツ変換 (z–軸方向への速度 v のブースト)

$$\Lambda^\mu{}_\nu = \begin{pmatrix} \dfrac{1}{\sqrt{1-\beta^2}} & 0 & 0 & \dfrac{\beta}{\sqrt{1-\beta^2}} \\ 0 & 1 & 0 & 0 \\ 0 & 0 & 1 & 0 \\ \dfrac{\beta}{\sqrt{1-\beta^2}} & 0 & 0 & \dfrac{1}{\sqrt{1-\beta^2}} \end{pmatrix}, \tag{1.47}$$

$$\beta \equiv \frac{v}{c} = \frac{p}{\sqrt{p^2 + m^2 c^2}}, \text{ (ここでは, p^2 は $p^\mu p_\mu$ ではない)}$$

を行うことによって,

$$p^{(0)\mu} \equiv (mc, 0, 0, 0) \tag{1.48}$$

なるベクトル (静止系ベクトル) に持ち込むことができることを示せ.

解 先ず座標回転を行い, 運動量の方向を z–軸にとる (本節・練習問題 2.1 参照). すると 4 元運動量ベクトル は,

$$p'^\mu = (\sqrt{p^2 + m^2 c^2}, 0, 0, p) \tag{1.49}$$

となる. もとめるローレンツ変換 $p'^\mu = \Lambda^\mu{}_\nu p^{(0)\nu}$ は,

$$\sqrt{p^2 + m^2 c^2} = \Lambda^0{}_0 mc,$$
$$p = \Lambda^3{}_0 mc.$$

したがって,

$$\Lambda^0{}_0 = \frac{\sqrt{p^2 + m^2 c^2}}{mc} = \frac{1}{\sqrt{1-\beta^2}},$$
$$\Lambda^3{}_0 = \frac{p}{mc} = \frac{\beta}{\sqrt{1-\beta^2}}.$$

これは確かに, 基本ローレンツ変換 (1.47) である.

例題 2.3

$$\frac{cd^3\boldsymbol{p}}{2E(\boldsymbol{p})} \tag{1.50}$$

がローレンツ不変であることを示せ．ただし，$E(\boldsymbol{p})$ は (1.43) である．

解 $f(x) = 0$ にいくつかのゼロ点，$x = \alpha_i; i = 1, 2, \ldots$，がある時のデルタ関数の性質，

$$\delta(f(x)) = \sum_i \frac{1}{|f'(\alpha_i)|}\, \delta(x - \alpha_i)\ ; \tag{1.51}$$

(証明には，ガウス型関数によるデルタ関数の表示，

$$\delta(x) = \lim_{\epsilon \mapsto 0} \sqrt{\frac{1}{2\pi\epsilon}}\, e^{-\frac{x^2}{2\epsilon}}\ ; \tag{1.52}$$

に着目しよう．ひとつのゼロ点 $x = x_i$ のまわりで $f(x) = (x - x_i)f'(x_i) + O\left((x - x_i)^2\right)$ と展開して，

$$\delta(f(x)) = \lim_{\epsilon \mapsto 0} \sqrt{\frac{1}{2\pi\epsilon}} \exp\left[-\frac{(x-x_i)^2|f'(x_i)|^2}{2\epsilon}\{1 + O(x-x_i)\}\right]$$

$$\stackrel{\epsilon/|f'(x_i)|^2 \mapsto \epsilon'}{=} \frac{1}{|f'(x_i)|} \lim_{\epsilon' \mapsto 0} \sqrt{\frac{1}{2\pi\epsilon'}} \exp\left[-\frac{(x-x_i)^2}{2\epsilon'}\{1 + O(x-x_i)\}\right]$$

$$= \frac{1}{|f'(x_i)|} \delta(x - x_i)\ ;$$

となる．それぞれのゼロ点の周りで同じことを繰り返し行えば (1.51) が求まる．) を用いると，

$$\delta(p^2 - m^2c^2) = \delta\left((p^0)^2 - \frac{E^2(\boldsymbol{p})}{c^2}\right)$$

$$= \frac{c}{2E(\boldsymbol{p})}\left(\delta\left(p^0 - \frac{E(\boldsymbol{p})}{c}\right) + \left(p^0 + \frac{E(\boldsymbol{p})}{c}\right)\right)\ . \tag{1.53}$$

ここで，階段関数

$$\theta(x) \equiv \begin{cases} 1\ ; & x > 0\ , \\ 0\ ; & x < 0\ , \end{cases} \tag{1.54}$$

を考えると，

1.2 特殊相対性理論の復習

$$\frac{cd^3\boldsymbol{p}}{2E(\boldsymbol{p})} = \theta(p^0)\delta(p^2 - m^2c^2)d^4p \ ; \tag{1.55}$$

である（右辺で p^0 積分を行った）．ローレンツ変換 $p'^\mu = \Lambda^\mu{}_\nu p^\nu$ で d^4p は，

$$d^4p' = \det \Lambda^\mu{}_\nu d^4p \stackrel{(1.46)}{=} d^4p \ .$$

また，

$$\delta(p'^2 - m^2c^2) = \delta(p^2 - m^2c^2) \ .$$

基本ローレンツ変換 (1.47) に注意すれば，

$$p'^0 = \frac{p^0 + \beta p^3}{\sqrt{1-\beta^2}} \ ,$$

なので，

$$\theta(p'^0)\delta(p'^2 - m^2c^2)d^4p' = \theta\left(\frac{p^0 + \beta p^3}{\sqrt{1-\beta^2}}\right)\delta(p^2 - m^2c^2)d^4p$$
$$= \theta(p^0 + \beta p^3)\frac{c}{2E(\boldsymbol{p})}\left(\delta\left(p^0 - \frac{E(\boldsymbol{p})}{c}\right) + \delta\left(p^0 + \frac{E(\boldsymbol{p})}{c}\right)\right)d^4p \ .$$

（階段関数で正の量 $1/\sqrt{1-\beta^2}$ は外した.）デルタ関数の性質 $f(x)\delta(x-x_0) = f(x_0)\delta(x-x_0)$ を用いて，

$$\theta(p'^0)\delta(p'^2 - m^2c^2)d^4p'$$
$$= \frac{c}{2E(\boldsymbol{p})} \times \left[\theta\left(\frac{E(\boldsymbol{p})}{c} + \beta p^3\right)\delta\left(p^0 - \frac{E(\boldsymbol{p})}{c}\right)\right.$$
$$\left. + \theta\left(-\frac{E(\boldsymbol{p})}{c} + \beta p^3\right)\delta\left(p^0 + \frac{E(\boldsymbol{p})}{c}\right)\right]d^4p \ . \tag{1.56}$$

(1.43) より，

$$\frac{E(\boldsymbol{p})}{c} = \sqrt{\boldsymbol{p}^2 + m^2c^2} > |p^3| \ ,$$

であるから，

$$\frac{E(\boldsymbol{p})}{c} + \beta p^3 > |p^3|(1\pm\beta) > 0 \ ,$$
$$-\frac{E(\boldsymbol{p})}{c} + \beta p^3 < -|p^3|(1\mp\beta) < 0$$

に注意すれば，階段関数の性質 (1.54) のため, (1.56) 右辺第 2 項は落ちて, p^0 積分

の結果，
$$\theta(p'^0)\delta(p'^2 - m^2c^2)d^4p' = \frac{c}{2E(\boldsymbol{p})}d^3\boldsymbol{p} .$$

これは，(1.55) であり，
$$\theta(p'^0)\delta(p'^2 - m^2c^2)d^4p' = \theta(p^0)\delta(p^2 - m^2c^2)d^4p = \frac{c}{2E(\boldsymbol{p})}d^3\boldsymbol{p} ,$$

が言えた．

例題 2.4 例題 2.1 のローレンツ変換が無限小（**無限小ローレンツ変換**）

$$\Lambda^\mu{}_\nu = \delta^\mu_\nu + \delta\omega^\mu{}_\nu , \quad \delta\omega^\mu{}_\nu \ll 1 \tag{1.57}$$

のとき，満たすべき条件が，

$$\delta\omega_{\mu\nu} = -\delta\omega_{\nu\mu} \tag{1.58}$$

であること，つまり，

$$\delta\omega^i{}_0 = \delta\omega^0{}_i , \quad \delta\omega^i{}_j = -\delta\omega^j{}_i \tag{1.59}$$

を示せ．さらに，無限小のパラメータを，

$$\delta\omega^3{}_0 \equiv \Delta\omega , \quad 他はゼロ$$

としたとき，変換を無限回繰り返し行うことにより基本ローレンツ変換 (1.47) が導かれることを示せ．ただし，このとき N を十分大きな数として，

$$\Delta\omega \equiv \frac{\omega}{N} \ (N \to \infty) , \quad \tanh\omega = \beta \tag{1.60}$$

であるとする．

解 (1.45) に (1.57) を代入して，

$$g_{\alpha\beta} = g_{\mu\nu}\left(\delta^\mu_\alpha + \delta\omega^\mu{}_\alpha\right)\left(\delta^\nu_\beta + \delta\omega^\nu{}_\beta\right)$$
$$= g_{\alpha\beta} + \delta\omega_{\alpha\beta} + \delta\omega_{\beta\alpha}$$

であるから，もとめる関係式 (1.58) が出る．これから，$\delta\omega_{0i} = -\delta\omega_{i0}$ であり，左辺で i の足を上に上げ（符号が出る！），$\delta\omega_{0i} \mapsto -\delta\omega_0{}^i$，右辺で 0 の足を上に上げる（符号は出ない），$\delta\omega_{i0} \mapsto \delta\omega_i{}^0$．これより，(1.59) の左側の関係は示すことができた．次に，$\delta\omega_{ij} = -\delta\omega_{ji}$ の左辺で，j の足を上に上げ，右辺では i の足を上に上げ（それ

ぞれ符号が出る！）れば，関係式 (1.59) の右側が示される．

いま関係ある座標は，0–軸と 3–軸のみであるから，2 次元ベクトル (x^0, x^3) で考えて，無限小ローレンツ変換は ((1.59) より，$\delta\omega^3{}_0 = \delta\omega^0{}_3 (\equiv \Delta\omega)$)，

$$\begin{pmatrix} x^0 \\ x^3 \end{pmatrix} \longrightarrow \left[\mathbf{I} + \Delta\omega \begin{pmatrix} 0 & 1 \\ 1 & 0 \end{pmatrix} \right] \begin{pmatrix} x^0 \\ x^3 \end{pmatrix} \qquad (1.61)$$

で与えられる．これを無限回繰り返すとき，(1.60) を考慮すると，

$$\begin{pmatrix} x^0 \\ x^3 \end{pmatrix} \longrightarrow \lim_{N\to\infty} \left[\mathbf{I} + \frac{\omega}{N} \begin{pmatrix} 0 & 1 \\ 1 & 0 \end{pmatrix} \right]^N \begin{pmatrix} x^0 \\ x^3 \end{pmatrix}. \qquad (1.62)$$

指数関数の定義を思い出すと，

$$\lim_{N\to\infty} \left[\mathbf{I} + \frac{\omega}{N} \begin{pmatrix} 0 & 1 \\ 1 & 0 \end{pmatrix} \right]^N = \exp\left[\omega \begin{pmatrix} 0 & 1 \\ 1 & 0 \end{pmatrix} \right]$$

$$= \cosh\omega + \begin{pmatrix} 0 & 1 \\ 1 & 0 \end{pmatrix} \sinh\omega . \qquad (1.63)$$

最後の関係は，指数関数のテイラー展開を用いた．ここで，(1.60) の 2 番目の式 $\tanh\omega = \beta$ から，

$$\cosh\omega = \frac{1}{\sqrt{1-\beta^2}}, \quad \sinh\omega = \frac{\beta}{\sqrt{1-\beta^2}}$$

と置いてやれば，これは基本ローレンツ変換（の x, y–成分を除いたもの）(1.47) である．

練習問題

2.1 図 1.1 のようなベクトル $\boldsymbol{v} = (v\sin\theta\cos\phi, v\sin\theta\sin\phi, v\cos\theta)$ の方向を z–軸にとるには，つまり $\boldsymbol{v}^{(z)} = (0, 0, v)$ とするとき，

$$\boldsymbol{v}^{(z)} = \mathcal{R}\boldsymbol{v} , \qquad (1.64)$$

なる回転行列は，以下の x, y, z–軸まわりの回転行列

$$\boldsymbol{R}_x(\phi) \equiv \begin{pmatrix} 1 & 0 & 0 \\ 0 & \cos\phi & \sin\phi \\ 0 & -\sin\phi & \cos\phi \end{pmatrix},$$

$$\boldsymbol{R}_y(\theta) \equiv \begin{pmatrix} \cos\theta & 0 & -\sin\theta \\ 0 & 1 & 0 \\ \sin\theta & 0 & \cos\theta \end{pmatrix}, \qquad (1.65)$$

$$\boldsymbol{R}_z(\varphi) \equiv \begin{pmatrix} \cos\varphi & \sin\varphi & 0 \\ -\sin\varphi & \cos\varphi & 0 \\ 0 & 0 & 1 \end{pmatrix}$$

で，どのように表されるか．

2.2 z–軸方向へのブースト（基本ローレンツ変換）(1.47) を $\Lambda^{(0)\mu}{}_\nu$ と書く．練習問題 2.1 の速度の方向へのローレンツ変換 $\Lambda^\mu{}_\nu$ を論ぜよ．ただし，3 次元回転行列 (1.65) の 4 元ベクトルへの作用は，

$$\left(\mathcal{R}_i(\theta)\right)^\mu{}_\nu = \begin{pmatrix} 1 & 0 & 0 & 0 \\ 0 & & & \\ 0 & & \boldsymbol{R}_i(\theta) & \\ 0 & & & \end{pmatrix}, \quad (i=x,y,z) \qquad (1.66)$$

で表すものとする．

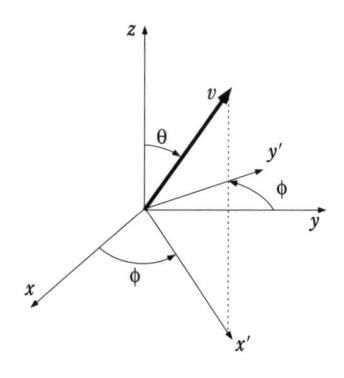

図 1.1 z–軸と角度 θ, ϕ の方向にある速度ベクトル．

1.3 場の解析力学

スカラー場 $\phi(x)$，ベクトル場 $A^\mu(x)$ の定義をする．ある座標変換，

$$x^\mu \longrightarrow x'^\mu = \mathcal{O}^\mu{}_\nu x^\nu \tag{1.67}$$

を考えるとき，場の量が，

$$\phi(x) \longrightarrow \phi'(x') = \phi(x) \tag{1.68}$$

と変換しないとき，$\phi(x)$ を**スカラー場**，また，

$$A^\mu(x) \longrightarrow A'^\mu(x') = \mathcal{O}^\mu{}_\nu A^\nu(x) \tag{1.69}$$

のように座標と同じ変換をするとき，$A^\mu(x)$ を**ベクトル場**という．スピナ場というものも存在するが，それは，2.3節「ディラック場」で議論する．相対論的不変な理論では，座標変換 $\mathcal{O}^\mu{}_\nu$ はローレンツ変換 $\Lambda^\mu{}_\nu$ (1.44) であるが，非相対論的理論では回転行列 $\boldsymbol{R}_x$，$\boldsymbol{R}_y$，$\boldsymbol{R}_z$ (1.65) である．

さて，解析力学を思い出そう．解析力学は，運動方程式を導き出すだけではなく，種々の保存則を系統的に導くことのできる優れた方法である．運動方程式だけを眺めていたのでは，見つけ出すことの難しい保存則も，以下の不変変分論を介することで見通しがよくなる．

例題 3.1 $\phi(x)$ をいろいろな場，たとえば，スカラー場 $\phi(x)$，スピナ場 $\psi(x)$，ベクトル場 $A^\mu(x)$ などの総称としよう．さらに，その微分を $\partial_\mu \phi(x) \equiv \bigl(\dot{\phi}(x)/c, \boldsymbol{\nabla}\phi(x)\bigr)$ と書く[*2]．Lagrangian 密度を，

$$\mathcal{L} = \mathcal{L}(\partial_\mu \phi, \phi)\ , \tag{1.70}$$

(Lagrangian は $L = \int d^3\boldsymbol{x}\, \mathcal{L}$ で与えられる)．さらに作用を，

$$I = \int_\Omega d^4 x\, \mathcal{L}(\partial_\mu \phi, \phi) \tag{1.71}$$

と書くとき (Ω は任意の積分領域)，**場のオイラー–ラグランジュ** (Euler–Lagrange)

[*2)] この節では，相対論的な記述をするが，それは，理論が相対論的不変であることを意味しない．議論は，非相対論的な物性理論でも全く変更なく成立する．

方程式が,
$$\partial_\mu \left(\frac{\partial \mathcal{L}}{\partial (\partial_\mu \phi)} \right) - \frac{\partial \mathcal{L}}{\partial \phi} = 0 \tag{1.72}$$
で与えられることを示せ.

解 場の変分を
$$\phi(x) \mapsto \phi(x) + \delta\phi(x), \quad \delta\phi(x) \ll 1; \quad \delta\phi(x) = 0, \quad x \in \partial\Omega \tag{1.73}$$

と書く. ここで $\partial\Omega$ は積分の境界である. 力学のときと同様に, 作用 (1.71) が不変であるとすると,

$$\begin{aligned}
0 = \delta I &\equiv \int_\Omega d^4x \left[\mathcal{L}(\partial_\mu \phi + \partial_\mu \delta\phi, \phi + \delta\phi) - \mathcal{L}(\partial_\mu \phi, \phi) \right] \\
&= \int_\Omega d^4x \left[\frac{\partial \mathcal{L}}{\partial (\partial_\mu \phi)} \partial_\mu \delta\phi + \frac{\partial \mathcal{L}}{\partial \phi} \delta\phi \right] \\
&\stackrel{\text{部分積分}}{=} \int_\Omega d^4x \left[-\partial_\mu \left(\frac{\partial \mathcal{L}}{\partial (\partial_\mu \phi)} \right) + \frac{\partial \mathcal{L}}{\partial \phi} \right] \delta\phi.
\end{aligned} \tag{1.74}$$

Ω は任意であったからそれを無限小の領域 $\Delta\Omega$ とすると,

$$(1.74) \Longrightarrow \left[-\partial_\mu \left(\frac{\partial \mathcal{L}}{\partial (\partial_\mu \phi)} \right) + \frac{\partial \mathcal{L}}{\partial \phi} \right] \delta\phi \Delta\Omega = 0.$$

$\Delta\Omega \neq 0, \delta\phi \neq 0$ であるから, (1.72) が得られる. 場の変分が積分の境界でゼロであるので, 部分積分が許された.

例題 3.2 ネータ (Noether) の定理または, 不変変分論:座標の無限小変分,
$$x^\mu \mapsto x'^\mu = x^\mu + \delta x^\mu, \quad \delta x^\mu \ll 1 \tag{1.75}$$
を考える. これに対して, 場の量 $\phi(x)$ が
$$\phi(x) \mapsto \phi'(x') = \phi(x) + \delta\phi(x), \quad \delta\phi(x) \ll 1 \tag{1.76}$$
となるとする[*3]. Ω を任意の積分領域として, 作用 (1.71) が不変であることより,

---

*3) 前問の場の変分 (1.73) とおなじ記号を用いるが, (1.75) によって決まる場の性質である. 積分の境界でゼロである必要はない. 具体的な例は本節・練習問題を見よ.

1.3 場の解析力学

$$0 = \int_\Omega d^4x \left[\delta^*\phi \left\{ \frac{\partial \mathcal{L}}{\partial \phi} - \partial_\mu \left(\frac{\partial \mathcal{L}}{\partial(\partial_\mu \phi)} \right) \right\} \right.$$
$$\left. + \partial_\mu \left\{ \delta\phi \frac{\partial \mathcal{L}}{\partial(\partial_\mu \phi)} - \delta x^\nu \partial_\nu \phi \frac{\partial \mathcal{L}}{\partial(\partial_\mu \phi)} + \delta x^\mu \mathcal{L} \right\} \right] \tag{1.77}$$

を導け．ここで,

$$\delta^* \phi(x) \equiv \phi'(x) - \phi(x) = \delta\phi(x) - \delta x^\mu \partial_\mu \phi(x) \tag{1.78}$$

をリー (Lie) 微分という．

解 作用 (1.71) が不変であることより，

$$0 = \delta I = \int_{\Omega'} d^4x' \, \mathcal{L}\left(\partial'_\mu \phi'(x'), \phi'(x')\right) - \int_\Omega d^4x \, \mathcal{L}\left(\partial_\mu \phi(x), \phi(x)\right) \tag{1.79}$$

となる．変換の Jacobian は,

$$d^4x' = \left| \frac{\partial x'^\mu}{\partial x^\nu} \right| d^4x = \det(\delta^\mu_\nu + \partial_\nu \delta x^\mu) d^4x = (1 + \partial_\mu \delta x^\mu) d^4x \; . \tag{1.80}$$

さらに,

$$\partial'_\mu \phi'(x') = \frac{\partial x^\nu}{\partial x'^\mu} \partial_\nu (\phi(x) + \delta\phi(x)) = (\delta^\nu_\mu - \partial_\mu \delta x^\nu)(\partial_\nu \phi + \partial_\nu \delta\phi)$$
$$= \partial_\mu \phi + \partial_\mu \delta\phi - (\partial_\mu \delta x^\nu) \partial_\nu \phi \; . \tag{1.81}$$

(1.80) と (1.81) を (1.79) に代入すると,

$$0 = \int_\Omega d^4x \left[(\partial_\mu \delta x^\mu) \mathcal{L} + \{\partial_\mu \delta\phi - (\partial_\mu \delta x^\nu) \partial_\nu \phi\} \frac{\partial \mathcal{L}}{\partial(\partial_\mu \phi)} + \delta\phi \frac{\partial \mathcal{L}}{\partial \phi} \right] \; .$$

リー微分 (1.78) を用いて書き換える．

$$0 = \int_\Omega d^4x \left[(\partial_\mu \delta x^\mu) \mathcal{L} + (\partial_\mu \delta^* \phi + \delta x^\nu \partial_\mu \partial_\nu \phi) \frac{\partial \mathcal{L}}{\partial(\partial_\mu \phi)} \right.$$
$$\left. + (\delta^* \phi + \delta x^\mu \partial_\mu \phi) \frac{\partial \mathcal{L}}{\partial \phi} \right] \; .$$

ここで,

$$\partial_\mu \delta^* \phi \frac{\partial \mathcal{L}}{\partial(\partial_\mu \phi)} = \partial_\mu \left[\delta^* \phi \frac{\partial \mathcal{L}}{\partial(\partial_\mu \phi)} \right] - \delta^* \phi \partial_\mu \left(\frac{\partial \mathcal{L}}{\partial(\partial_\mu \phi)} \right), \tag{1.82}$$

および,

$$\partial_\mu [\delta x^\mu \mathcal{L}] = (\partial_\mu \delta x^\mu) \mathcal{L} + \delta x^\nu \partial_\mu \partial_\nu \phi \frac{\partial \mathcal{L}}{\partial(\partial_\mu \phi)} + \delta x^\mu \partial_\mu \phi \frac{\partial \mathcal{L}}{\partial \phi} \tag{1.83}$$

を用いると，(1.77) が導かれる．

例題 3.3 例題 3.2 での関係式 (1.77) は運動方程式 (1.72) が満たされるときは，**保存則**

$$\partial_\mu \delta J^\mu = 0 \tag{1.84}$$

を導くことを示せ．ただし,

$$\delta J^\mu \equiv \delta \phi \frac{\partial \mathcal{L}}{\partial(\partial_\mu \phi)} - \delta x_\nu T^{\mu\nu} \tag{1.85}$$

は**保存流**と呼ぶことにしよう．ここで,

$$T^{\mu\nu} \equiv \frac{\partial \mathcal{L}}{\partial(\partial_\mu \phi)} \partial^\nu \phi - g^{\mu\nu} \mathcal{L} \tag{1.86}$$

は，(正準) **エネルギー運動量テンソル**と呼ばれる．

解 積分領域 Ω は，例題 3.1 のときと同様に任意であるから，(1.77) は,

$$0 = \delta^* \phi \left\{ \frac{\partial \mathcal{L}}{\partial \phi} - \partial_\mu \left(\frac{\partial \mathcal{L}}{\partial(\partial_\mu \phi)} \right) \right\}$$
$$+ \partial_\mu \left\{ \delta \phi \frac{\partial \mathcal{L}}{\partial(\partial_\mu \phi)} - \delta x^\nu \partial_\nu \phi \frac{\partial \mathcal{L}}{\partial(\partial_\mu \phi)} + \delta x^\mu \mathcal{L} \right\}.$$

したがって，運動方程式 (1.72) が満たされると第 1 項は落ちるから，第 2 項が残って,

$$0 = \partial_\mu \left\{ \delta \phi \frac{\partial \mathcal{L}}{\partial(\partial_\mu \phi)} - \delta x_\nu \left(\partial^\nu \phi \frac{\partial \mathcal{L}}{\partial(\partial_\mu \phi)} - g^{\mu\nu} \mathcal{L} \right) \right\}.$$

これは，(1.84) である．

例題 3.4 関係式 $\partial_\mu \delta J^\mu = 0$ (1.84) をどうして保存則と呼ぶのだろうか？その理由を考えよ．

解 保存流の第 0 成分，

$$\delta Q(t) \equiv \int_{\Omega_3} d^3\boldsymbol{x}\, \delta J^0(x) \tag{1.87}$$

を（変換の）**生成子**と呼ぶことにしよう．ここで，Ω_3 は 3 次元の領域である．生成子は，(1.84) より，$\partial_0 = \partial/\partial(ct)$ を思い出して，

$$\frac{d\delta Q}{dt} = c\int_{\Omega_3} d^3\boldsymbol{x}\, \partial_0(\delta J^0(x)) \stackrel{(1.84)}{=} -c\int_{\Omega_3} d^3\boldsymbol{x}\, \boldsymbol{\nabla}\cdot(\delta \boldsymbol{J})$$
$$\stackrel{\text{ガウスの定理}}{=} -c\int_{\partial\Omega_3} d\boldsymbol{S}\cdot(\delta \boldsymbol{J}) \longrightarrow 0\,. \tag{1.88}$$

ここで，最後の関係は，十分大きな領域 Ω_3 をとっておけば，その表面 $\partial\Omega_3$ では保存流はゼロとなる，という事実を用いた．こうして，生成子は保存することがわかる．

練習問題

3.1 いま，座標変換 $\mathcal{O}^\mu{}_\nu$ を無限小ローレンツ変換 (1.57)

$$x'^\mu - x^\mu = \delta x^\mu = \delta\omega^\mu{}_\nu x^\nu\,, \quad \delta\omega_{\mu\nu} = -\delta\omega_{\nu\mu} \tag{1.89}$$

とするとき，スカラー場 $\phi(x)$，ベクトル場 $A^\mu(x)$，の $\delta\boldsymbol{\phi}(x)$ (1.76) および $\delta^*\boldsymbol{\phi}(x)$ (1.78) をもとめよ．

3.2 （無限小）平行移動：

$$\delta x^\mu \equiv \varepsilon^\mu\,, \quad \varepsilon^\mu \ll 1\,, \quad \varepsilon^\mu:\text{定数}\,;$$
$$\delta\boldsymbol{\phi} \equiv 0 \tag{1.90}$$

（平行移動に関して，全ての場はスカラーである．）における保存則と保存量をもとめよ．

3.3 （無限小）ローレンツ変換 (1.89)，第 1 章の解答 (25) 式：

$$\delta x^\mu = \delta\omega^\mu{}_\nu x^\nu\,;$$
$$\delta\boldsymbol{\phi}(x) = \frac{1}{2}\delta\omega^{\mu\nu}\boldsymbol{\Sigma}_{\mu\nu}\boldsymbol{\phi}(x)$$

における保存則と保存量をもとめよ．

3.4 スケール変換:

$$x^\mu \longrightarrow x'^\mu \equiv e^\lambda x^\mu \;;$$
$$\boldsymbol{\phi}(x) \longrightarrow \boldsymbol{\phi}'(x') \equiv e^{-\lambda \boldsymbol{d}} \boldsymbol{\phi}(x) \;. \tag{1.91}$$

ここで,$\boldsymbol{d}$ をスケール次元(今の場合,行列で与えられている)と呼び,スカラー場,ベクトル場では 1 であり,スピナ場では 3/2 である.(2.5 節・練習問題 5.1 参照.)この場合の保存則と保存量をもとめよ.

3.5 場の正準形式を議論する.場の正準運動量を,

$$\boldsymbol{\pi}(x) \equiv \frac{\partial \mathcal{L}}{\partial \dot{\boldsymbol{\phi}}(x)} \tag{1.92}$$

で定義し,Hamiltonian ならびに **Hamiltonian 密度**を,

$$H = \int d^3\boldsymbol{x} \; \mathcal{H} \;, \quad \mathcal{H} = \dot{\boldsymbol{\phi}}\boldsymbol{\pi} - \mathcal{L} \tag{1.93}$$

と書くとき,これとエネルギー運動量テンソル (1.86) の関係を論ぜよ.

第 2 章
量子場入門

　この章では，相対論的なクライン–ゴルドン場，非相対論的なド・ブロイ場をはさみ，ディラック場，マックスウェル場について自由場の量子化を議論する．最後に，相互作用のある場合の一般論に少し触れ，場の理論の不連続変換を議論する．

2.1　クライン–ゴルドン（Klein–Gordon）場

　特殊相対論は素粒子論以外の世界では，従来はあまり重要ではなかったが，近年，場の理論は統計力学に応用されるようになり，そこではユークリッド空間の場の理論となる．こうしたことを理解するにも，相対論的場の理論は役に立つ．導入として，スカラー場の波動方程式であるクライン–ゴルドン（Klein–Gordon）場 $\phi(x)$ から始めよう．$\phi(x)$ は実数値のみをとるものとする．

例題 1.1 クライン–ゴルドン場 $\phi(x)$ の波動方程式，

$$\left[\Box + \left(\frac{mc}{\hbar}\right)^2\right]\phi(x) = 0 , \quad \Box \equiv \partial_\mu \partial^\mu = \left(\frac{\partial}{c\partial t}\right)^2 - \boldsymbol{\nabla}^2 \quad (2.1)$$

（$\Box$ をダランベール演算子という）が Lagrangian 密度，

$$\mathcal{L} = \frac{1}{2}\partial_\mu \phi(x)\partial^\mu \phi(x) - \frac{1}{2}\left(\frac{mc}{\hbar}\right)^2 \phi^2(x) , \quad (2.2)$$

つまり作用，

$$I = \int_\Omega d^4x \left\{\frac{1}{2}\partial_\mu \phi(x)\partial^\mu \phi(x) - \frac{1}{2}\left(\frac{mc}{\hbar}\right)^2 \phi^2(x)\right\} \quad (2.3)$$

から導かれることを示せ.

[解]
$$\frac{\partial \mathcal{L}}{\partial(\partial_\mu \phi)} = \partial^\mu \phi(x) , \quad \frac{\partial \mathcal{L}}{\partial \phi} = -\left(\frac{mc}{\hbar}\right)^2 \phi(x)$$

であるから, 場のオイラー-ラグランジュ方程式 (1.72) より, ただちに (2.1) が出る.

例題 1.2 クライン-ゴルドン場の方程式が, 一辺 $2l: -l \le x, y, z \le l$ の立方体中で成立しているとする. そのとき, $\phi(x)$ はフーリエ (Fourier) 級数展開

$$\phi(t, \boldsymbol{x}) = \sum_{\boldsymbol{n}=-\infty}^{\infty} q_{\boldsymbol{n}}(t) f_{\boldsymbol{n}}(\boldsymbol{x}) , \quad q_{\boldsymbol{n}}^*(t) = q_{-\boldsymbol{n}}(t) , \tag{2.4}$$

$$f_{\boldsymbol{n}}(\boldsymbol{x}) \equiv f_{n_1}(x) f_{n_2}(y) f_{n_3}(z) , \quad f_{n_i}(x_i) \equiv \sqrt{\frac{1}{2l}} \exp\left[i \frac{n_i \pi}{l} x_i\right] ,$$
$$-\infty \le n_i \le \infty, \quad x_1 = x, x_2 = y, x_3 = z , \quad n_i : \text{整数}, \quad (i = 1, 2, 3) \tag{2.5}$$

できる. このことを, フーリエ級数の直交性を用いて説明せよ.

[解] フーリエ級数の直交性,

$$\int_{-l}^{l} dx \, f_n^*(x) f_m(x) = \delta_{nm} \tag{2.6}$$

は,

$$\text{左辺} = \frac{1}{2l} \int_{-l}^{l} dx \exp\left[-i\frac{(n-m)\pi}{l} x\right]$$
$$= \frac{\sin(n-m)\pi}{(n-m)\pi} = \delta_{nm}$$

のようにしてわかるが, このために任意の関数 $g(x)$ はフーリエ級数展開される:

$$g(x) = \sum_{n=-\infty}^{\infty} g_n f_n(x) , \quad g_n = \int_{-l}^{l} dx f_n^*(x) g(x) .$$

(級数の収束には, $\sum_n |g_n|^2 = \int_{-l}^{l} dx |g(x)|^2 \le \infty$ が必要.) このことから, (2.4) の展開係数 $q_{\boldsymbol{n}}(t)$ は,

2.1 クライン−ゴルドン (Klein−Gordon) 場

$$q_{\bm n}(t) = \int_{-l}^{l} d^3\bm x\, f_{\bm n}^*(\bm x)\phi(t,\bm x) \tag{2.7}$$

ともとまり，展開 (2.4) の正当性がいえる．(収束には $\int_{-l}^{l} d^3\bm x\, |\phi(\bm x)|^2 \leq \infty$ が必要．) クライン−ゴルドン場は実数 $\phi^* = \phi$ であるから，(2.7) より，

$$q_{\bm n}^*(t) = q_{-\bm n}(t) \tag{2.8}$$

がもとまる．ここで，

$$f_{-\bm n}(\bm x) = f_{\bm n}^*(\bm x) \tag{2.9}$$

を用いた．

例題 1.3 クライン−ゴルドン場のフーリエ展開 (2.4) での展開係数 $q_{\bm n}(t)$ が調和振動子の方程式を満たすことを示し，その振動数 $\omega_{\bm n}$ をもとめよ．

解

$$-\bm\nabla^2 f_{\bm n}(\bm x) = \left[\left(\frac{n_x\pi}{l}\right)^2 + \left(\frac{n_y\pi}{l}\right)^2 + \left(\frac{n_z\pi}{l}\right)^2\right] f_{\bm n}(\bm x) = \left(\frac{\bm p_n}{\hbar}\right)^2 f_{\bm n}(\bm x),$$

$$\left(\frac{\bm p_n}{\hbar}\right)^2 \equiv \left(\frac{n_x\pi}{l}\right)^2 + \left(\frac{n_y\pi}{l}\right)^2 + \left(\frac{n_z\pi}{l}\right)^2 \tag{2.10}$$

であるから，(2.1) に (2.4) を代入すると

$$\sum_{\bm n} \left[\frac{1}{c^2}\ddot q_{\bm n} + \left(\left(\frac{\bm p_n}{\hbar}\right)^2 + \left(\frac{mc}{\hbar}\right)^2\right) q_{\bm n}\right] f_{\bm n}(\bm x) = 0\,.$$

$f_{\bm m}^*(\bm x)$ をかけて $\bm x$–積分を行えば，

$$\ddot q_{\bm n} = -c^2\left(\left(\frac{\bm p_n}{\hbar}\right)^2 + \left(\frac{mc}{\hbar}\right)^2\right) q_{\bm n} \equiv -\omega_{\bm n}^2 q_{\bm n}\,. \tag{2.11}$$

($\bm m \mapsto \bm n$ と書いた．) したがって，振動数は，

$$\omega_{\bm n} = \frac{c}{\hbar}\sqrt{\bm p_n^2 + (mc)^2} \tag{2.12}$$

となる．このことから，クライン−ゴルドン場の方程式は，無限個の調和振動子を表していることがわかる．

例題 1.4 運動方程式 (2.11) の解と,クライン – ゴルドン場の次元が L を長さの次元として $[\phi] = \sqrt{\hbar}/L$ であること(作用 (2.3) が $\hbar$ の次元を持つことから直ちに出る)に注意すると,次元のない量 a_n, a_n^* によって,

$$\phi(t, \boldsymbol{x}) = \sum_n \sqrt{\frac{c\hbar}{2\omega_n}} \left(a_n e^{-i\omega_n t} f_{\boldsymbol{n}}(\boldsymbol{x}) + a_n^* e^{i\omega_n t} f_{\boldsymbol{n}}^*(\boldsymbol{x}) \right) \quad (2.13)$$

と表されることを示せ.($\sqrt{}$ の中の 1/2 の意味は次の例題でわかる.)

解 運動方程式 (2.11) より,

$$q_n(t) = \alpha_{\boldsymbol{n}} e^{-i\omega_n t} + \beta_{\boldsymbol{n}} e^{i\omega_n t} .$$

$\alpha_{\boldsymbol{n}}, \beta_{\boldsymbol{n}}$ は,クライン – ゴルドン場の実数条件 (2.8) より,

$$\beta_{-\boldsymbol{n}} = \alpha_{\boldsymbol{n}}^* , \quad \beta_{\boldsymbol{n}}^* = \alpha_{-\boldsymbol{n}} .$$

したがって,

$$\phi(x) = \sum_n \left[\alpha_{\boldsymbol{n}} e^{-i\omega_n t} f_{\boldsymbol{n}}(\boldsymbol{x}) + \alpha_{-\boldsymbol{n}}^* e^{i\omega_n t} f_{\boldsymbol{n}}(\boldsymbol{x}) \right] .$$

第 2 項で,$\boldsymbol{n} \mapsto -\boldsymbol{n}$ として,$\omega_{-n} = \omega_n$ および,(2.9) を再び用いて

$$\phi(x) = \sum_n \left[\alpha_{\boldsymbol{n}} e^{-i\omega_n t} f_{\boldsymbol{n}}(\boldsymbol{x}) + \alpha_{\boldsymbol{n}}^* e^{i\omega_n t} f_{\boldsymbol{n}}^*(\boldsymbol{x}) \right] \quad (2.14)$$

が得られる.最後に,$f_{\boldsymbol{n}}(\boldsymbol{x})$ の次元が $L^{-3/2}$ であり,$[c/\omega_n] = L$ であることに気付けば,無次元量 a_n が,$\alpha_{\boldsymbol{n}} = \sqrt{\frac{c\hbar}{2\omega_n}} a_n$,と導入される.

例題 1.5 クライン – ゴルドン場のフーリエ展開 (2.13) において無次元量 a_n, a_n^* を生成消滅演算子とみなし $a_n \mapsto \hat{a}_n, a_n^* \mapsto \hat{a}_n^\dagger$ と置く.(しばらくは,特に断らない限り演算子には $\hat{}$ を付けることにしよう.)このとき,交換関係,

$$[\hat{a}_{\boldsymbol{m}}, \hat{a}_{\boldsymbol{n}}^\dagger] = \delta_{\boldsymbol{mn}} , \quad [\hat{a}_{\boldsymbol{m}}, \hat{a}_{\boldsymbol{n}}] = [\hat{a}_{\boldsymbol{m}}^\dagger, \hat{a}_{\boldsymbol{n}}^\dagger] = 0 \quad (2.15)$$

は,場の演算子,

$$\hat{\phi}(x) = \sum_n \sqrt{\frac{c\hbar}{2\omega_n}} \left(\hat{a}_n e^{-i\omega_n t} f_{\boldsymbol{n}}(\boldsymbol{x}) + \hat{a}_n^\dagger e^{i\omega_n t} f_{\boldsymbol{n}}^*(\boldsymbol{x}) \right) \quad (2.16)$$

2.1 クライン–ゴルドン (Klein–Gordon) 場

の交換関係,

$$\left[\hat{\phi}(t,\boldsymbol{x}),\dot{\hat{\phi}}(t,\boldsymbol{y})\right] = ic\hbar\delta^3(\boldsymbol{x}-\boldsymbol{y})\,,$$
$$\left[\hat{\phi}(t,\boldsymbol{x}),\hat{\phi}(t,\boldsymbol{y})\right] = 0 = \left[\dot{\hat{\phi}}(t,\boldsymbol{x}),\dot{\hat{\phi}}(t,\boldsymbol{y})\right] \quad (2.17)$$

を導くことを示せ.

解

$$\dot{\hat{\phi}}(x) = -i\sum_{\boldsymbol{n}}\sqrt{\frac{c\hbar\omega_{\boldsymbol{n}}}{2}}\left(\hat{a}_{\boldsymbol{n}}\mathrm{e}^{-i\omega_{\boldsymbol{n}}t}f_{\boldsymbol{n}}(\boldsymbol{x}) - \hat{a}_{\boldsymbol{n}}^{\dagger}\mathrm{e}^{i\omega_{\boldsymbol{n}}t}f_{\boldsymbol{n}}^{*}(\boldsymbol{x})\right) \quad (2.18)$$

であるから,

$$\left[\hat{\phi}(t,\boldsymbol{x}),\dot{\hat{\phi}}(t,\boldsymbol{y})\right] = i\sum_{\boldsymbol{mn}}\frac{c\hbar}{2}\sqrt{\frac{\omega_{\boldsymbol{n}}}{\omega_{\boldsymbol{m}}}}\Big\{\left[\hat{a}_{\boldsymbol{m}},\hat{a}_{\boldsymbol{n}}^{\dagger}\right]\mathrm{e}^{-i(\omega_{\boldsymbol{m}}-\omega_{\boldsymbol{n}})t}f_{\boldsymbol{m}}(\boldsymbol{x})f_{\boldsymbol{n}}^{*}(\boldsymbol{y})$$
$$-\left[\hat{a}_{\boldsymbol{m}}^{\dagger},\hat{a}_{\boldsymbol{n}}\right]\mathrm{e}^{i(\omega_{\boldsymbol{m}}-\omega_{\boldsymbol{n}})t}f_{\boldsymbol{m}}^{*}(\boldsymbol{x})f_{\boldsymbol{n}}(\boldsymbol{y})\Big\}$$
$$= ic\hbar\sum_{\boldsymbol{n}}f_{\boldsymbol{n}}(\boldsymbol{x})f_{\boldsymbol{n}}^{*}(\boldsymbol{y}) = ic\hbar\delta^3(\boldsymbol{x}-\boldsymbol{y})\,.$$

最後では, 例題 1.2 から得られる完全性の条件 (演算子の記号 ^ は省く),

$$\phi(t,\boldsymbol{x}) = \sum_{\boldsymbol{n}=-\infty}^{\infty}f_{\boldsymbol{n}}(\boldsymbol{x})q_{\boldsymbol{n}}(t) \stackrel{(2.7)}{=} \int_{-l}^{l}d^3\boldsymbol{y}\,\left(\sum_{\boldsymbol{n}=-\infty}^{\infty}f_{\boldsymbol{n}}(\boldsymbol{x})f_{\boldsymbol{n}}^{*}(\boldsymbol{y})\right)\phi(t,\boldsymbol{y})$$
$$= \int_{-l}^{l}d^3\boldsymbol{y}\,\delta^3(\boldsymbol{x}-\boldsymbol{y})\phi(t,\boldsymbol{y})$$

を用いた. その他の交換関係は,

$$\left[\hat{\phi}(t,\boldsymbol{x}),\hat{\phi}(t,\boldsymbol{y})\right] = \sum_{\boldsymbol{mn}}\frac{c\hbar}{2}\sqrt{\frac{1}{\omega_{\boldsymbol{m}}\omega_{\boldsymbol{n}}}}\Big\{\left[\hat{a}_{\boldsymbol{m}},\hat{a}_{\boldsymbol{n}}^{\dagger}\right]\mathrm{e}^{-i(\omega_{\boldsymbol{m}}-\omega_{\boldsymbol{n}})t}f_{\boldsymbol{m}}(\boldsymbol{x})f_{\boldsymbol{n}}^{*}(\boldsymbol{y})$$
$$+\left[\hat{a}_{\boldsymbol{m}}^{\dagger},\hat{a}_{\boldsymbol{n}}\right]\mathrm{e}^{i(\omega_{\boldsymbol{m}}-\omega_{\boldsymbol{n}})t}f_{\boldsymbol{m}}^{*}(\boldsymbol{x})f_{\boldsymbol{n}}(\boldsymbol{y})\Big\}$$
$$= \sum_{\boldsymbol{n}}\frac{c\hbar}{2\omega_{\boldsymbol{n}}}\left(f_{\boldsymbol{n}}(\boldsymbol{x})f_{\boldsymbol{n}}^{*}(\boldsymbol{y}) - f_{\boldsymbol{n}}^{*}(\boldsymbol{x})f_{\boldsymbol{n}}(\boldsymbol{y})\right) = 0\,.$$

(なぜなら, 第 2 項目で $\boldsymbol{n} \mapsto -\boldsymbol{n}$ として $\omega_{-\boldsymbol{n}} = \omega_{\boldsymbol{n}}$ と $f_{\boldsymbol{n}}$ の複素共役の関係 (2.9) に注意すると第 1 項目と等しくなるからである.) 最後の交換関係も同様である.

例題 1.6 これまでは，一辺 $2l$ の箱にクライン–ゴルドン場が入っているとしたが，箱の大きさを無限大 $l \to \infty$ にしたとき，場の演算子の展開 (2.16) は（フーリエ変換で）

$$\hat{\phi}(x) = \int_{-\infty}^{\infty} \frac{\hbar d^3\boldsymbol{p}}{\sqrt{(2\pi\hbar)^3 2E(\boldsymbol{p})/c}} \left(\hat{a}(\boldsymbol{p})\mathrm{e}^{-ipx/\hbar} + \hat{a}^{\dagger}(\boldsymbol{p})\mathrm{e}^{ipx/\hbar} \right), \tag{2.19}$$

$$px \equiv E(\boldsymbol{p})t - \boldsymbol{p}\cdot\boldsymbol{x}, \quad E(\boldsymbol{p}) \equiv \hbar\omega(\boldsymbol{p}) = c\sqrt{(\boldsymbol{p})^2 + m^2c^2} \tag{2.20}$$

と，表されること，ただし，連続な変数 $\boldsymbol{p}$ の関数である生成消滅演算子 $\hat{a}(\boldsymbol{p}), \hat{a}^{\dagger}(\boldsymbol{p})$ は交換関係 (2.15) ではなく，

$$\left[\hat{a}(\boldsymbol{p}), \hat{a}^{\dagger}(\boldsymbol{q})\right] = \delta^3(\boldsymbol{p}-\boldsymbol{q}), \quad \left[\hat{a}(\boldsymbol{p}), \hat{a}(\boldsymbol{q})\right] = \left[\hat{a}^{\dagger}(\boldsymbol{p}), \hat{a}^{\dagger}(\boldsymbol{q})\right] = 0 \tag{2.21}$$

であることを示せ．

解 $l \to \infty$ とすると，離散量 $\boldsymbol{p}_n$ は，

$$\boldsymbol{p}_n = \hbar\left(\frac{n_x\pi}{l}, \frac{n_y\pi}{l}, \frac{n_z\pi}{l}\right) \stackrel{l\to\infty}{\longrightarrow} \boldsymbol{p}$$

のように連続量に変わる（$\hbar$ のために運動量の次元になることに注意）．また，クロネッカーのデルタは，$\boldsymbol{p}_n \mapsto \boldsymbol{p}, \boldsymbol{p}_m \mapsto \boldsymbol{q}$ と置くとき，

$$\lim_{l\to\infty} \frac{(2l)^3}{(2\pi\hbar)^3} \delta_{\boldsymbol{nm}} \mapsto \delta^3(\boldsymbol{p}-\boldsymbol{q}) \tag{2.22}$$

のように，デルタ関数となるから（ここでも次元が正しいことに注意），

$$\lim_{l\to\infty} \sqrt{\frac{(2l)^3}{(2\pi\hbar)^3}} \hat{a}_{\boldsymbol{n}} \mapsto \hat{a}(\boldsymbol{p}) \tag{2.23}$$

と置けば，交換関係 (2.15) は (2.21) となる．これを用い，さらにフーリエ級数展開 (2.5) を思い出すと，場の演算子の展開 (2.16) は，

$$\hat{\phi}(x) \stackrel{l\to\infty}{\longrightarrow} \sum_{\boldsymbol{n}} \sqrt{\frac{c\hbar}{2\omega_{\boldsymbol{n}}(2l)^3}} \left(\hat{a}_{\boldsymbol{n}}\mathrm{e}^{-i\omega_{\boldsymbol{n}}t + i\boldsymbol{p}_n\cdot\boldsymbol{x}} + \hat{a}_{\boldsymbol{n}}^{\dagger}\mathrm{e}^{i\omega_{\boldsymbol{n}}t - i\boldsymbol{p}_n\cdot\boldsymbol{x}} \right)$$

$$\stackrel{l\to\infty}{\longrightarrow} \frac{1}{(2l)^3}\sum_{\boldsymbol{n}} \sqrt{\frac{(2\pi\hbar)^3 c\hbar}{2\omega(\boldsymbol{p})}} \left(\hat{a}(\boldsymbol{p})\mathrm{e}^{-i\omega(\boldsymbol{p})t + i\boldsymbol{p}\cdot\boldsymbol{x}/\hbar} + \hat{a}^{\dagger}(\boldsymbol{p})\mathrm{e}^{i\omega(\boldsymbol{p})t - i\boldsymbol{p}\cdot\boldsymbol{x}/\hbar} \right).$$

2.1 クライン−ゴルドン (Klein−Gordon) 場

最後に，
$$\lim_{l\to\infty} \frac{1}{(2l)^3} \sum_{\boldsymbol{n}} \mapsto \int_{-\infty}^{\infty} \frac{d^3\boldsymbol{p}}{(2\pi\hbar)^3}$$
に気が付けば，もとめるフーリエ展開 (2.19) が得られる．

例題 1.7 場の演算子のフーリエ展開 (2.19) などをみると，$\hbar$, c などの定数が表式の中にたくさん入っていて煩雑である．そこで，$\hbar \mapsto 1$，$c \mapsto 1$ とおいて表式を簡単化させることにしよう．これを，**自然単位系**という．このとき，全ての次元は質量を基本次元として与えられることを示せ．例として，クライン−ゴルドン場の次元を計算せよ．

解 E, P, T, L, M をそれぞれ，エネルギー，運動量，時間，長さ，質量の次元とする．
$$[\hbar] = ET = PL, \quad [c] = L/T$$
であるから，自然単位系では，
$$E = T^{-1}, \quad L = T, \quad P = L^{-1}$$
であり，一方 $P = MLT^{-1} = M$ である．つまり，
$$M = L^{-1} \tag{2.24}$$
となるので，
$$E = P = M, \quad L = T = M^{-1} \tag{2.25}$$
が得られる．クライン−ゴルドン場の次元は，例題 1.4 での議論より，$[\phi] = \sqrt{\hbar}/L$ であるから，自然単位系では，
$$[\phi] = M$$
である．エネルギー・運動量の次元は 1，座標・時間の次元は -1，クライン−ゴルドン場の次元は 1 である．また，Lagrangian の次元は 4 である．(作用の次元は 0 であることと，作用積分の定義 (1.71) を思い出そう．)

例題 1.8 $l \to \infty$ でのクライン−ゴルドン場を考える．1.3 節の解析力学の議論 (1.92), (1.93) などを思い出し，(自然単位系で) 正準交換関係が，
$$\left[\hat{\phi}(x), \hat{\pi}(y)\right]\bigg|_{x_0=y_0} = i\delta^3(\boldsymbol{x}-\boldsymbol{y}), \quad \left[\hat{\phi}(x), \hat{\phi}(y)\right]\bigg|_{x_0=y_0} = [\hat{\pi}(x), \hat{\pi}(y)]\bigg|_{x_0=y_0} = 0 \tag{2.26}$$

であること，ならびにクライン–ゴルドン場の Hamiltonian 密度が

$$\hat{\mathcal{H}} = \frac{1}{2}\hat{\pi}^2 + \frac{1}{2}(\boldsymbol{\nabla}\hat{\phi})^2 + \frac{m^2}{2}\hat{\phi}^2 , \qquad (2.27)$$

さらに Hamiltonian が生成消滅演算子で，

$$\hat{H} = \frac{1}{2}\int_{-\infty}^{\infty} d^3\boldsymbol{p}\, E(\boldsymbol{p}) \left(\hat{a}^\dagger(\boldsymbol{p})\hat{a}(\boldsymbol{p}) + \hat{a}(\boldsymbol{p})\hat{a}^\dagger(\boldsymbol{p})\right) , \qquad (2.28)$$

と表されることを示せ．

解 Lagrangian (2.2) より，正準運動量は，

$$\pi(x) = \frac{\partial \mathcal{L}}{\partial \dot{\phi}} = \dot{\phi}(x)$$

で与えられるから，これを演算子とみなし，

$$\hat{\pi}(x) = \dot{\hat{\phi}}(x) , \qquad (2.29)$$

とすることで，交換関係 (2.17) は，($\hbar = c = 1$ として) (2.26) そのものになる．

さらに，1.3 節の練習問題 3.5 における，場の Hamiltonian 密度の定義 (1.93) より，

$$\hat{\mathcal{H}} = \hat{\pi}^2 - \left[\frac{1}{2}\hat{\pi}^2 - \frac{1}{2}(\boldsymbol{\nabla}\hat{\phi})^2 - \frac{m^2}{2}\hat{\phi}^2\right]$$

であるから (2.27) が得られる．

場の演算子のフーリエ展開 (2.19) を

$$\hat{H} = \int d^3\boldsymbol{x}\, \hat{\mathcal{H}}(x)$$

に代入する．

$$\hat{H} = \frac{1}{2}\int d^3\boldsymbol{x}\int \frac{d^3p\, d^3q}{(2\pi)^3\sqrt{2E(\boldsymbol{p})2E(\boldsymbol{q})}}\Bigg[\Big\{(-iE(\boldsymbol{p}))(-iE(\boldsymbol{q})) + (i\boldsymbol{p})\cdot(i\boldsymbol{q})\Big\}$$

$$\times \left(\hat{a}(\boldsymbol{p})\mathrm{e}^{-ipx} - \hat{a}^\dagger(\boldsymbol{p})\mathrm{e}^{ipx}\right)\left(\hat{a}(\boldsymbol{q})\mathrm{e}^{-iqx} - \hat{a}^\dagger(\boldsymbol{q})\mathrm{e}^{iqx}\right)$$

$$+ m^2\left(\hat{a}(\boldsymbol{p})\mathrm{e}^{-ipx} + \hat{a}^\dagger(\boldsymbol{p})\mathrm{e}^{ipx}\right)\left(\hat{a}(\boldsymbol{q})\mathrm{e}^{-iqx} + \hat{a}^\dagger(\boldsymbol{q})\mathrm{e}^{iqx}\right)\Bigg]$$

$$= \cdots\left[\left(-E(\boldsymbol{p})E(\boldsymbol{q}) - \boldsymbol{p}\cdot\boldsymbol{q} + m^2\right)\left(\hat{a}(\boldsymbol{p})\hat{a}(\boldsymbol{q})\mathrm{e}^{-i(p+q)x} + \hat{a}^\dagger(\boldsymbol{p})\hat{a}^\dagger(\boldsymbol{q})\mathrm{e}^{i(p+q)x}\right)\right.$$

2.1 クライン–ゴルドン (Klein–Gordon) 場

$$+ \Big(E(\boldsymbol{p})E(\boldsymbol{q}) + \boldsymbol{p}\cdot\boldsymbol{q} + m^2\Big)\Big(\hat{a}(\boldsymbol{p})\hat{a}^\dagger(\boldsymbol{q})\mathrm{e}^{-i(p-q)x} + \hat{a}^\dagger(\boldsymbol{p})\hat{a}(\boldsymbol{q})\mathrm{e}^{i(p-q)x}\Big)\Big].$$

$\boldsymbol{x}$–積分を実行すると,1 行目は $(2\pi)^3\delta^3(\boldsymbol{p}+\boldsymbol{q})$, 2 行目は $(2\pi)^3\delta^3(\boldsymbol{p}-\boldsymbol{q})$ を出す.

$$E(-\boldsymbol{p}) = E(\boldsymbol{p}) = \sqrt{\boldsymbol{p}^2 + m^2}$$

に注意すれば,$\hat{a}^2, (\hat{a}^\dagger)^2$ 項は落ちて,(2.28) が出る.

練 習 問 題

1.1 場が同時刻にないとき,

$$i\Delta(x-y) \equiv \big[\hat{\phi}(x), \hat{\phi}(y)\big] = \int_{-\infty}^{\infty} \frac{d^3\boldsymbol{p}}{(2\pi)^3\,2E(\boldsymbol{p})}\left(\mathrm{e}^{-ip(x-y)} - \mathrm{e}^{ip(x-y)}\right) \qquad (2.30)$$

を導き,これが相対論的に不変であることを示し,最後に $\boldsymbol{p}$–積分を計算せよ.($\Delta(x)$ を**不変デルタ関数**という.)

1.2 これまでは,ボーズ型の交換関係を考えたが,フェルミ型反交換関係 (1.25)

$$\begin{aligned}\big\{\hat{a}(\boldsymbol{p}), \hat{a}^\dagger(\boldsymbol{q})\big\} &= \delta^3\,(\boldsymbol{p}-\boldsymbol{q})\;, \\ \big\{\hat{a}(\boldsymbol{p}), \hat{a}(\boldsymbol{q})\big\} &= \big\{\hat{a}^\dagger(\boldsymbol{p}), \hat{a}^\dagger(\boldsymbol{q})\big\} = 0\end{aligned} \qquad (2.31)$$

を,場の演算子 (2.19)(自然単位系 $\hbar = c = 1$ で)に要請し,Hamiltonian 密度を

$$\hat{\mathcal{H}} = -i\hat{\pi}(x)\sqrt{-\boldsymbol{\nabla}^2 + m^2}\,\hat{\phi}(x) \qquad (2.32)$$

と置けば,クライン–ゴルドン方程式 (2.1) が満たされることを以下の手順に従って示せ[*1].
(a) $\hat{\pi}(x) = \dot{\hat{\phi}}(x)$ であるとしたとき,

$$\big\{\hat{\phi}(x), \hat{\phi}(y)\big\} = \int_{-\infty}^{\infty} \frac{d^3\boldsymbol{p}}{(2\pi)^3 2E(\boldsymbol{p})}\left(\mathrm{e}^{-ip(x-y)} + \mathrm{e}^{ip(x-y)}\right) \equiv \Delta_1(x-y)\;, \qquad (2.33)$$

$$\big\{\hat{\phi}(x), \hat{\pi}(y)\big\} = \int_{-\infty}^{\infty} \frac{d^3\boldsymbol{p}}{(2\pi)^3}\sin\big\{E(\boldsymbol{p})(x^0 - y^0)\big\}\,\mathrm{e}^{i\boldsymbol{p}\cdot(\boldsymbol{x}-\boldsymbol{y})}\;, \qquad (2.34)$$

$$\big\{\hat{\pi}(x), \hat{\pi}(y)\big\} = -\frac{\partial^2}{\partial t^2}\Delta_1(x-y) = \left(-\boldsymbol{\nabla}^2 + m^2\right)\Delta_1(x-y) \qquad (2.35)$$

を示せ.($\Delta_1(x)$ も不変デルタ関数の 1 つである.)

[*1] $\sqrt{-\boldsymbol{\nabla}^2 + m^2}$ はテイラー展開で定義されるので,$\hat{\phi}(x)$ には無限階の微分がかかっている.つまり,$\hat{\pi}(x)$ と $\hat{\phi}(x)$ は同じ点ではないことになる.こうした Hamiltonian は**非局所的**であるという.一方,場に対する有限階の微分だけで書けているときは,**局所的**であるという.

(b) ハイゼンベルグの運動方程式

$$i\dot{\hat{\phi}}(x) = \left[\hat{\phi}(x), \hat{H}\right] , \quad i\dot{\hat{\pi}}(x) = \left[\hat{\pi}(x), \hat{H}\right] \tag{2.36}$$

を計算することにより，それがクライン–ゴルドン方程式であることを確認せよ．

1.3 同時刻—相対論的には空間的領域 $(x-y)^2 < 0$—において，不変デルタ関数が満たす次の関係を示せ．

$$\Delta(x-y) = 0 , \tag{2.37}$$

$$\Delta_1(x-y) = \int_{-\infty}^{\infty} \frac{d^3\boldsymbol{p}}{(2\pi)^3 E(\boldsymbol{p})} e^{i\boldsymbol{p}\cdot(\boldsymbol{x}-\boldsymbol{y})} \neq 0 . \tag{2.38}$$

1.4 Hamiltonian 密度は，エネルギー密度であると考えられる．エネルギー密度はわれわれが測り得るものである．それならば，場の量 $\phi(x)$ が測定可能であるには，互いに交換する条件，

$$\left[\hat{\phi}(x), \hat{\mathcal{H}}(y)\right] = 0 , \quad \text{for } (x-y)^2 < 0 , \tag{2.39}$$

を満たすはずである．このことから，クライン–ゴルドン場はボーズ型交換関係で量子化しなければならないことを示せ．

2.2 ド・ブロイ（de Broglie）場

この節では，非相対論的な場であるド・ブロイ場について議論する．その方程式は，シュレディンガー方程式と同じ形であるが歴史的理由からド・ブロイ場の方程式と呼ばれる．ド・ブロイ場は複素数値をとる．$\hbar$ は復活させる．

例題 2.1 ド・ブロイ場 $\Psi(x)$ の方程式（$\hbar$ は入っているがあくまでも古典場の方程式）

$$i\hbar\frac{\partial}{\partial t}\Psi(x) + \frac{\hbar^2}{2m}\nabla^2\Psi(x) = 0 \tag{2.40}$$

は，Lagrangian 密度

$$\mathcal{L} = i\hbar\Psi^*\frac{\partial}{\partial t}\Psi - \frac{\hbar^2}{2m}\nabla\Psi^*\nabla\Psi \tag{2.41}$$

から導かれること，また，以下の位相変換（α は定数）での不変性を示し，不変量を導け．

$$\Psi(x) \mapsto e^{i\alpha}\Psi(x), \quad \Psi^*(x) \mapsto \Psi^*(x)e^{-i\alpha}. \tag{2.42}$$

解

$$\frac{\partial \mathcal{L}}{\partial(\nabla\Psi^*)} = -\frac{\hbar^2}{2m}\nabla\Psi, \quad \frac{\partial \mathcal{L}}{\partial \Psi^*} = i\hbar\frac{\partial}{\partial t}\Psi$$

であり，場の方程式 (1.72) は，

$$\nabla\frac{\partial \mathcal{L}}{\partial(\nabla\Psi^*)} = \frac{\partial \mathcal{L}}{\partial \Psi^*}$$

となるから，(2.40) が得られる．位相変換 (2.42) で不変なことは自明である．保存量はネータの定理（1.3 節・例題 3.2）より，（$\alpha \ll 1$ として）

$$\delta\Psi = i\alpha\Psi, \quad \delta\Psi^* = -i\alpha\Psi^*,$$
$$\frac{\partial \mathcal{L}}{\partial \dot{\Psi}} = i\hbar\Psi^*, \quad \frac{\partial \mathcal{L}}{\partial \dot{\Psi}^*} = 0 \tag{2.43}$$

を（保存流 (1.85) を思い出し）変換の生成子 (1.87) に代入して

$$Q = \int d^3\boldsymbol{x}\Psi^*(x)\Psi(x) \tag{2.44}$$

と保存量が得られる．（$\alpha, \hbar$ などの定数ははずした．）

例題 2.2 ド・ブロイ場を，

$$\Psi(x) = \int_{-\infty}^{\infty} \frac{d^3\boldsymbol{p}}{\sqrt{(2\pi\hbar)^3}} \, a(\boldsymbol{p};t) \, e^{i\boldsymbol{p}\cdot\boldsymbol{x}/\hbar} \tag{2.45}$$

とフーリエ変換するとき，$a(\boldsymbol{p};t)$ の満たす方程式と解をもとめ，これが量子論では，消滅演算子になることを示せ．

解 ド・ブロイ場の方程式 (2.40) に (2.45) を代入すると，

$$i\hbar \dot{a}(\boldsymbol{p};t) = \frac{\boldsymbol{p}^2}{2m} a(\boldsymbol{p};t) \equiv E(\boldsymbol{p}) a(\boldsymbol{p};t) \tag{2.46}$$

と，方程式がもとまり，その解は，

$$a(\boldsymbol{p};t) = a(\boldsymbol{p}) e^{-i\omega_{\boldsymbol{p}} t} \,, \quad \omega_{\boldsymbol{p}} \equiv \frac{E(\boldsymbol{p})}{\hbar} = \frac{\boldsymbol{p}^2}{2m\hbar} \tag{2.47}$$

でこれも，(無限個の) 調和振動子の方程式を表しており，その時間依存性をみて，方程式 (1.10) を思い出せば，消滅演算子であることがわかる．

例題 2.3 $a(\boldsymbol{p})$ を消滅演算子 $\hat{a}(\boldsymbol{p})$ とみなし，交換関係をボーズ型 (1.23) 及びフェルミ型 (1.25)，

$$\left[\hat{a}(\boldsymbol{p}), \hat{a}^\dagger(\boldsymbol{q})\right] = \delta^3(\boldsymbol{p}-\boldsymbol{q}) \,, \quad \left\{\hat{a}(\boldsymbol{p}), \hat{a}^\dagger(\boldsymbol{q})\right\} = \delta^3(\boldsymbol{p}-\boldsymbol{q}) \tag{2.48}$$

とおいたとき，ド・ブロイ場の演算子 $\hat{\Psi}(x)$ は，それぞれ

$$\left[\hat{\Psi}(x), \hat{\Psi}^\dagger(y)\right]\Big|_{x_0=y_0} = \delta^3(\boldsymbol{x}-\boldsymbol{y}) \,, \quad \left\{\hat{\Psi}(x), \hat{\Psi}^\dagger(y)\right\}\Big|_{x_0=y_0} = \delta^3(\boldsymbol{x}-\boldsymbol{y}) \tag{2.49}$$

(その他の交換 (反交換) 関係はゼロ) であることを示せ．

解 例題 2.2 より，

$$\hat{\Psi}(x) = \int_{-\infty}^{\infty} \frac{d^3\boldsymbol{p}}{\sqrt{(2\pi\hbar)^3}} \, \hat{a}(\boldsymbol{p}) \, e^{-i\omega_{\boldsymbol{p}} t + i\boldsymbol{p}\cdot\boldsymbol{x}/\hbar} \tag{2.50}$$

であるから，$\left[\hat{\Psi}(x), \hat{\Psi}^\dagger(y)\right]\Big|_{x_0=y_0}, \left\{\hat{\Psi}(x), \hat{\Psi}^\dagger(y)\right\}\Big|_{x_0=y_0}$ に代入すれば，

$$[A, B]|_{\mp} \equiv \begin{cases} [A, B] \,; & -\text{のとき} \\ \{A, B\} \,; & +\text{のとき} \end{cases}, \tag{2.51}$$

同時刻では 0 を添えて $[A,B]|_{\mp:0}$ と書いて,

$$\left[\hat{\Psi}(x),\hat{\Psi}^\dagger(y)\right]\Big|_{\mp:0} = \int \frac{d^3p\,d^3q}{(2\pi\hbar)^3}\mathrm{e}^{-i(\omega_p-\omega_q)t+i\boldsymbol{p}\cdot\boldsymbol{x}/\hbar-i\boldsymbol{q}\cdot\boldsymbol{y}/\hbar}\left[\hat{a}(\boldsymbol{p}),\hat{a}^\dagger(\boldsymbol{q})\right]\Big|_\mp$$

$$= \int \frac{d^3p}{(2\pi\hbar)^3}\,\mathrm{e}^{i\boldsymbol{p}\cdot(\boldsymbol{x}-\boldsymbol{y})/\hbar} = \delta^3(\boldsymbol{x}-\boldsymbol{y})$$

と,直ちに得られる.

例題 2.4 同時刻でない一般の場合に $\left[\hat{\Psi}(x),\hat{\Psi}^\dagger(y)\right]\Big|_\mp$ を計算せよ.

解 交換関係 (2.48) を用いると,

$$\left[\hat{\Psi}(x),\hat{\Psi}^\dagger(y)\right]\Big|_\mp = \int \frac{d^3p\,d^3q}{(2\pi\hbar)^3}\mathrm{e}^{-i\omega_p t_x+i\omega_q t_y+i\boldsymbol{p}\cdot\boldsymbol{x}/\hbar-i\boldsymbol{q}\cdot\boldsymbol{y}/\hbar}\left[\hat{a}(\boldsymbol{p}),\hat{a}^\dagger(\boldsymbol{q})\right]\Big|_\mp$$

$$= \int \frac{d^3p}{(2\pi\hbar)^3}\exp\left[-\frac{i}{\hbar}\left\{\frac{\boldsymbol{p}^2}{2m}(t_x-t_y)-\boldsymbol{p}\cdot(\boldsymbol{x}-\boldsymbol{y})\right\}\right].$$

ここで,ω_p の値 (2.47) を代入した.$\boldsymbol{p}$ の積分は,指数の肩を,

$$\frac{\boldsymbol{p}^2}{2m}(t_x-t_y)-\boldsymbol{p}\cdot(\boldsymbol{x}-\boldsymbol{y}) = \frac{(t_x-t_y)}{2m}\left\{\boldsymbol{p}^2-2m\boldsymbol{p}\cdot\left(\frac{\boldsymbol{x}-\boldsymbol{y}}{t_x-t_y}\right)\right\}$$

$$= \frac{(t_x-t_y)}{2m}\left[\boldsymbol{p}-m\left(\frac{\boldsymbol{x}-\boldsymbol{y}}{t_x-t_y}\right)\right]^2-\frac{m}{2}\left(\frac{(\boldsymbol{x}-\boldsymbol{y})^2}{t_x-t_y}\right)$$

と平方完成し,**フレネル積分**

$$\int_{-\infty}^{\infty}dx\,\mathrm{e}^{-iax^2} = \sqrt{\frac{\pi}{ia}}\,,\quad a:\text{実数} \tag{2.52}$$

の公式(ガウス積分(第 1 章の解答の (11) 式)と比較せよ!)を用いれば,

$$\left[\hat{\Psi}(x),\hat{\Psi}^\dagger(y)\right]\Big|_\mp = \left(\frac{m}{2\pi\hbar i(t_x-t_y)}\right)^{3/2}\exp\left[\frac{im}{2\hbar}\frac{(\boldsymbol{x}-\boldsymbol{y})^2}{t_x-t_y}\right]$$

$$\equiv K_0\left(\boldsymbol{x},\boldsymbol{y}:t_x-t_y\right) \tag{2.53}$$

ともとまる.($K_0(\boldsymbol{x},\boldsymbol{y}:t_x-t_y)$ を,**ファインマン核**(Feynman 核)という.)ファインマン核が,

$$\lim_{t_y\to t_x} K_0\left(\boldsymbol{x},\boldsymbol{y}:t_x-t_y\right) = \delta^3\left(\boldsymbol{x}-\boldsymbol{y}\right) \tag{2.54}$$

を満たすことにも注意しよう.(3.1 節・練習問題 1.2 参照.)

練 習 問 題

2.1 Hamiltonian 密度が,
$$\mathcal{H}(x) = \frac{\hbar^2}{2m}\boldsymbol{\nabla}\hat{\Psi}^\dagger(x)\boldsymbol{\nabla}\hat{\Psi}(x) \tag{2.55}$$
で与えられ, Hamiltonian が,
$$H = \int d^3\boldsymbol{p}\ E(\boldsymbol{p})\hat{a}^\dagger(\boldsymbol{p})\hat{a}(\boldsymbol{p}) \tag{2.56}$$
であることを示せ.

2.2 フレネル積分の公式 (2.52) を証明せよ.

2.3 ファインマン核の満たす性質 (2.54) を示せ.

2.4 クライン–ゴルドン場のとき (2.1 節・練習問題 1.4) と同様に, ド・ブロイ場も Hamiltonian 密度 (2.55) と同時刻で交換可能であるべきである:
$$\left[\hat{\Psi}(x), \mathcal{H}(y)\right]\bigg|_{x_0=y_0} = 0\ , \quad \boldsymbol{x} \neq \boldsymbol{y}\ . \tag{2.57}$$
今の場合は, ボーズ型, フェルミ型, どちらも許されることを示せ.

2.3 ディラック (Dirac) 場

ここでは，相対論的に不変なフェルミオンの運動を表す，ディラック場の考察を行う．ディラック場もド・ブロイ場同様に複素数値をとる．($\hbar = c = 1$ の自然単位系で議論する.)

例題 3.1 4成分の場，$\psi_\alpha(x)$, $(\alpha = 1 \sim 4)$ をディラック場という．次の関係

$$\{\gamma^\mu, \gamma^\nu\} = 2g^{\mu\nu} \tag{2.58}$$

を満たす，4行4列の行列（**ガンマ行列**）γ^μ, $(\mu = 0 \sim 3)$ を導入する．これは，たとえば，

$$\gamma^0 = \begin{pmatrix} \mathbf{I} & 0 \\ 0 & -\mathbf{I} \end{pmatrix}, \ \gamma^k = \begin{pmatrix} 0 & \sigma_k \\ -\sigma_k & 0 \end{pmatrix}, \quad k = 1, 2, 3 ; \tag{2.59}$$

$$\sigma_1 \equiv \begin{pmatrix} 0 & 1 \\ 1 & 0 \end{pmatrix}, \ \sigma_2 \equiv \begin{pmatrix} 0 & -i \\ i & 0 \end{pmatrix}, \ \sigma_3 \equiv \begin{pmatrix} 1 & 0 \\ 0 & -1 \end{pmatrix} : \quad \text{パウリ行列} \tag{2.60}$$

のように与えられる（ディラック表示）．このとき，

$$(i\gamma^\mu \partial_\mu - m)\psi(x) \equiv (i\slashed{\partial} - m)\psi(x) = 0 \tag{2.61}$$

を**ディラック方程式**という．ディラック場はクライン–ゴルドン方程式，

$$\left(\Box + m^2\right)\psi(x) = 0 \tag{2.62}$$

を満たすことを示せ．さらにミンコフスキー共役（**M 共役**）な場を，$\overline{\psi} \equiv \psi^\dagger \gamma^0$ で定義すると，ディラック方程式は Lagrangian 密度，

$$\mathcal{L} = \overline{\psi}(x)(i\slashed{\partial} - m)\psi(x) \tag{2.63}$$

から導かれることを示せ．

解 まず，反交換関係 (2.58) に注意すると，

$$\slashed{\partial}^2 = \gamma^\mu \gamma^\nu \partial_\mu \partial_\nu \stackrel{\partial_\mu \leftrightarrow \partial_\nu}{=} \gamma^\mu \gamma^\nu \partial_\nu \partial_\mu \stackrel{\mu \leftrightarrow \nu}{=} \gamma^\nu \gamma^\mu \partial_\mu \partial_\nu .$$

したがって，

$$\partial^2 = \frac{1}{2}\{\gamma^\mu, \gamma^\nu\}\partial_\mu\partial_\nu = g^{\mu\nu}\partial_\mu\partial_\nu = \Box \ . \tag{2.64}$$

これを頭に置いて，ディラック方程式 (2.61) の左から，$(-i\partial\!\!\!/ - m)$ を掛けて，

$$(-i\partial\!\!\!/ - m)(i\partial\!\!\!/ - m)\psi = (\Box + m^2)\psi = 0$$

となる．次に，M共役な場に着目すると，

$$\frac{\partial\mathcal{L}}{\partial(\partial_\mu\overline{\psi}(x))} = 0 \ , \quad \frac{\partial\mathcal{L}}{\partial\overline{\psi}(x)} = (i\partial\!\!\!/ - m)\psi(x)$$

であるから，オイラー–ラグランジュ方程式 (1.72) は，(2.61) となる．一方 ψ に対しては，

$$\frac{\partial\mathcal{L}}{\partial(\partial_\mu\psi(x))} = -\overline{\psi}(x)i\gamma^\mu \ , \quad \frac{\partial\mathcal{L}}{\partial\psi(x)} = +m\overline{\psi}(x) \tag{2.65}$$

であり (1.72) は，

$$\overline{\psi}(x)\left(i\overleftarrow{\partial\!\!\!/} + m\right) = 0 \ , \quad \overline{\psi}\overleftarrow{\partial\!\!\!/} \equiv \partial_\mu\overline{\psi}\gamma^\mu \tag{2.66}$$

なる M共役ディラック場の運動方程式になる[*2]．これが正しい M共役場の方程式であることは以下の議論からわかる．ディラック方程式 (2.61) で共役†をとる：

$$\{(2.61)\}^\dagger \longrightarrow \psi^\dagger\left(-i\overleftarrow{\partial}_\mu \gamma^0\gamma^\mu\gamma^0 - m\right) = 0 \ . \tag{2.67}$$

このとき，

$$(\gamma^\mu)^\dagger = \gamma^0\gamma^\mu\gamma^0 \tag{2.68}$$

を用いたことに注意しよう．（これは，ガンマ行列の表示 (2.59) に注意すれば，$\gamma^{0\dagger} = \gamma^0$，$\gamma^{k\dagger} = -\gamma^k$ となることよりわかる．）(2.67) の右から，γ^0 を掛けると M共役な方程式 (2.66) が得られる．ちなみに，ディラック場の（自然単位系での）次元は $3/2$ である．

例題 3.2 ディラック場は，ローレンツ変換のもとで，**スピナ**として次のように変換する．

[*2] (2.65) の符号が，普通の微分と逆になっているが，これは，ディラック場がフェルミオンであることの現れであるが，今のところはただそういうものであるということだけでよい．(3.2 節でふれるところの，フェルミオンは G–奇であるということだ．)

2.3 ディラック (Dirac) 場

$$\psi_\alpha(x) \mapsto \psi'_\alpha(x') = S_{\alpha\beta}(\omega)\psi_\beta(x) , \qquad (2.69)$$

$$S_{\alpha\beta}(\omega) = \left[\exp\left(-\frac{i}{4}\omega_{\mu\nu}\sigma^{\mu\nu}\right)\right]_{\alpha\beta} , \quad \sigma^{\mu\nu} \equiv \frac{i}{2}[\gamma^\mu, \gamma^\nu] . \qquad (2.70)$$

ここで，1.3 節の初めの議論を思い出している．このとき，$\overline{\psi}(x)\psi(x)$ がスカラー場，$\overline{\psi}(x)\gamma^\mu\psi(x)$ がベクトル場のように振る舞うことを示せ．

解 まず，

$$S^\dagger = \gamma^0 S^{-1} \gamma^0 \qquad (2.71)$$

であることを示そう．(添字は省略．) これは，$\sigma^{\mu\nu\dagger} = \gamma^0 \sigma^{\mu\nu} \gamma^0$，すなわち，

$$S^\dagger = \exp\left(\frac{i}{4}\omega_{\mu\nu}\gamma^0\sigma^{\mu\nu}\gamma^0\right) = \gamma^0 \exp\left(\frac{i}{4}\omega_{\mu\nu}\sigma^{\mu\nu}\right)\gamma^0$$

であることに注意すればよい．ここで，最後は指数関数のべき展開と，$(\gamma^0)^2 = 1$ を思い出せばわかる．これより，M 共役場は

$$\overline{\psi}'(x') = \psi^\dagger(x)S^\dagger\gamma_0 = \overline{\psi}(x)S^{-1} \qquad (2.72)$$

のように変換する．これより，スカラーの変換 (1.68) は自明である．

$$\overline{\psi}'(x')\psi'(x') = \overline{\psi}(x)\psi(x) .$$

次に，ベクトルの変換については，

$$S^{-1}\gamma^\mu S = \Lambda^\mu{}_\nu \gamma^\nu \qquad (2.73)$$

を示せばよい．ここで，$\Lambda^\mu{}_\nu$ はローレンツ変換 (1.44) $dx'^\mu = \Lambda^\mu{}_\nu dx^\nu$ であり，無限小変換を考える．(2.70) で $|\omega_{\mu\nu}| \ll 1$ として，

$$S^{-1}\gamma^\mu S = \gamma^\mu + \frac{i}{4}\omega_{\nu\lambda}\left[\sigma^{\nu\lambda}, \gamma^\mu\right] . \qquad (2.74)$$

ここで，次の関係に注意しよう．

$$\left[\frac{1}{2}\sigma^{\nu\lambda}, \gamma^\mu\right] = i\left(g^{\lambda\mu}\gamma^\nu - g^{\nu\mu}\gamma^\lambda\right) . \qquad (2.75)$$

(証明は，反交換関係の基本式 (1.26) を思い出し，

$$[\gamma^\nu\gamma^\lambda, \gamma^\mu] = \gamma^\nu\{\gamma^\lambda, \gamma^\mu\} - \{\gamma^\nu, \gamma^\mu\}\gamma^\lambda = 2\left(g^{\lambda\mu}\gamma^\nu - g^{\nu\mu}\gamma^\lambda\right)$$

となることから直ちにわかる．) これより，(2.74) は

であり，(1.57) を思い出せば，ガンマ行列の係数は無限小ローレンツ変換のように振る舞うことがわかる．したがって，

$$\overline{\psi}'(x')\gamma^\mu \psi'(x') = \overline{\psi}(x) S^{-1}\gamma^\mu S \psi(x) = \Lambda^\mu{}_\nu \overline{\psi}(x)\gamma^\nu \psi(x) \qquad (2.77)$$

となり，これは確かにベクトル場の変換である．

例題 3.3 ディラック場を次のように 2 成分の量 φ_a, χ_a, $(a = 1, 2)$ を介してフーリエ変換で表すことにしよう．

$$\psi(x) = \int_{-\infty}^{\infty} \frac{d^3\boldsymbol{p}}{\sqrt{(2\pi)^3}} \begin{pmatrix} \varphi(\boldsymbol{p};t) \\ \chi(\boldsymbol{p};t) \end{pmatrix} \mathrm{e}^{i\boldsymbol{p}\cdot\boldsymbol{x}} . \qquad (2.78)$$

このとき，φ, χ の満たす方程式より，

$$\varphi(\boldsymbol{p};t) = \alpha(\boldsymbol{p})\mathrm{e}^{-iE(\boldsymbol{p})t} - \frac{\boldsymbol{p}\cdot\boldsymbol{\sigma}}{E(\boldsymbol{p})+m}\beta^*(\boldsymbol{p})\mathrm{e}^{iE(\boldsymbol{p})t},$$

$$\chi(\boldsymbol{p};t) = \frac{\boldsymbol{p}\cdot\boldsymbol{\sigma}}{E(\boldsymbol{p})+m}\alpha(\boldsymbol{p})\mathrm{e}^{-iE(\boldsymbol{p})t} + \beta^*(\boldsymbol{p})\mathrm{e}^{iE(\boldsymbol{p})t} \qquad (2.79)$$

$(E(\boldsymbol{p}) \equiv \sqrt{\boldsymbol{p}^2 + m^2})$ と書けることを示せ．ここで $\alpha(\boldsymbol{p}), \beta^*(\boldsymbol{p})$ はそれぞれ 2 成分量である．(成分の足 a は省略した．)

解 ディラック場がクライン-ゴルドン方程式を満たすこと (2.62) より，

$$\ddot{\varphi} = -\left(\boldsymbol{p}^2 + m^2\right)\varphi \equiv -E^2(\boldsymbol{p})\varphi , \quad \ddot{\chi} = -\left(\boldsymbol{p}^2 + m^2\right)\chi \equiv -E^2(\boldsymbol{p})\chi \qquad (2.80)$$

であるから，

$$\varphi(\boldsymbol{p};t) = \alpha(\boldsymbol{p})\mathrm{e}^{-iE(\boldsymbol{p})t} + \tilde{\beta}^*(\boldsymbol{p})\mathrm{e}^{iE(\boldsymbol{p})t},$$
$$\chi(\boldsymbol{p};t) = \tilde{\alpha}(\boldsymbol{p})\mathrm{e}^{-iE(\boldsymbol{p})t} + \beta^*(\boldsymbol{p})\mathrm{e}^{iE(\boldsymbol{p})t} \qquad (2.81)$$

と書ける．φ, χ は複素数値をとるから，$\alpha \neq \tilde{\beta}$, $\beta \neq \tilde{\alpha}$ である．一方，ディラック方程式 (2.61) と，ガンマ行列の表示 (2.59) より得られる，

$$i\frac{\partial \varphi}{\partial t} - m\varphi = \boldsymbol{p}\cdot\boldsymbol{\sigma}\chi ,$$
$$i\frac{\partial \chi}{\partial t} + m\chi = \boldsymbol{p}\cdot\boldsymbol{\sigma}\varphi \qquad (2.82)$$

2.3 ディラック (Dirac) 場

に, (2.81) を代入すると,

$$(E(\bm{p}) - m)\alpha(\bm{p})e^{-iE(\bm{p})t} - (E(\bm{p}) + m)\tilde{\beta}^*(\bm{p})e^{iE(\bm{p})t}$$
$$= \bm{p} \cdot \bm{\sigma}\tilde{\alpha}(\bm{p})e^{-iE(\bm{p})t} + \bm{p} \cdot \bm{\sigma}\beta^*(\bm{p})e^{iE(\bm{p})t} ,$$
$$(E(\bm{p}) + m)\tilde{\alpha}(\bm{p})e^{-iE(\bm{p})t} - (E(\bm{p}) - m)\beta^*(\bm{p})e^{iE(\bm{p})t}$$
$$= \bm{p} \cdot \bm{\sigma}\alpha(\bm{p})e^{-iE(\bm{p})t} + \bm{p} \cdot \bm{\sigma}\tilde{\beta}^*(\bm{p})e^{iE(\bm{p})t} . \tag{2.83}$$

(2.83) で, 正振動 ($e^{-iE(\bm{p})t}$), 負振動 ($e^{iE(\bm{p})t}$) 部分を比べることにより[*3], またその際, $\bm{p} \to 0$ で, $\varphi \to \exp[-imt]$, $\chi \to \exp[imt]$ となることを考慮して,

$$\tilde{\alpha}(\bm{p}) = \frac{\bm{p} \cdot \bm{\sigma}}{E(\bm{p}) + m}\alpha(\bm{p}) , \quad \tilde{\beta}^*(\bm{p}) = -\frac{\bm{p} \cdot \bm{\sigma}}{E(\bm{p}) + m}\beta^*(\bm{p}) \tag{2.84}$$

となる. こうして, (2.79) が得られた.

例題 3.4 例題 3.3 での 2 成分量 $\alpha_a(\bm{p})$, $\beta_a^*(\bm{p})$ を次のように書き直す.

$$\alpha_a(\bm{p}) = \sqrt{\frac{E(\bm{p}) + m}{2E(\bm{p})}} \sum_{s=1}^{2} a(\bm{p};s)w_a^{(s)} ,$$
$$\beta_a^*(\bm{p}) = \sqrt{\frac{E(\bm{p}) + m}{2E(\bm{p})}} \sum_{s=1}^{2} b^*(-\bm{p};s)\tilde{w}_a^{(s)} . \tag{2.85}$$

ここで,

$$w^{(1)} = \begin{pmatrix} 1 \\ 0 \end{pmatrix}, \quad w^{(2)} = \begin{pmatrix} 0 \\ 1 \end{pmatrix}$$
$$\tilde{w}^{(1)} = \begin{pmatrix} 0 \\ 1 \end{pmatrix}, \quad \tilde{w}^{(2)} = \begin{pmatrix} -1 \\ 0 \end{pmatrix} ; \quad \tilde{w}^{(s)} \equiv -i\sigma_2 \omega^{(s)}, \tag{2.86}$$

これを用いると, ディラック場は, 次のように書けることを示せ.

$$\psi(x) = \int_{-\infty}^{\infty} \frac{d^3\bm{p}}{\sqrt{(2\pi)^3}} \sqrt{\frac{m}{E(\bm{p})}}$$
$$\times \sum_{s=1,2} \left(a(\bm{p};s)u(\bm{p};s)e^{-ipx} + b^*(\bm{p};s)v(\bm{p};s)e^{ipx} \right) , \tag{2.87}$$

[*3] もう少しきちんというには, たとえば, 正振動部分を取り出すときは, $e^{iE(\bm{p})t}$ をかけて, 1周期: $0 \le t \le 2\pi/E(\bm{p})$ に渡り積分する.

$$u(\bm{p};s) \equiv \sqrt{\frac{E(\bm{p})+m}{2m}} \begin{pmatrix} w^{(s)} \\ \dfrac{\bm{p}\cdot\bm{\sigma}}{E(\bm{p})+m} w^{(s)} \end{pmatrix},$$

$$v(\bm{p};s) \equiv \sqrt{\frac{E(\bm{p})+m}{2m}} \begin{pmatrix} \dfrac{\bm{p}\cdot\bm{\sigma}}{E(\bm{p})+m} \tilde{w}^{(s)} \\ \tilde{w}^{(s)} \end{pmatrix}. \tag{2.88}$$

解 (2.78) と (2.79) より,

$$\psi(x) = \int_{-\infty}^{\infty} \frac{d^3\bm{p}}{\sqrt{(2\pi)^3}} \left[\begin{pmatrix} \alpha(\bm{p}) \\ \dfrac{\bm{p}\cdot\bm{\sigma}}{E(\bm{p})+m} \alpha(\bm{p}) \end{pmatrix} \mathrm{e}^{-iE(\bm{p})t} \right.$$
$$\left. + \begin{pmatrix} \dfrac{-\bm{p}\cdot\bm{\sigma}}{E(\bm{p})+m} \beta^*(\bm{p}) \\ \beta^*(\bm{p}) \end{pmatrix} \mathrm{e}^{iE(\bm{p})t} \right] \mathrm{e}^{i\bm{p}\cdot\bm{x}}$$
$$= \int_{-\infty}^{\infty} \frac{d^3\bm{p}}{\sqrt{(2\pi)^3}} \left[\begin{pmatrix} \alpha(\bm{p}) \\ \dfrac{\bm{p}\cdot\bm{\sigma}}{E(\bm{p})+m} \alpha(\bm{p}) \end{pmatrix} \mathrm{e}^{-ipx} + \begin{pmatrix} \dfrac{\bm{p}\cdot\bm{\sigma}}{E(\bm{p})+m} \beta^*(-\bm{p}) \\ \beta^*(-\bm{p}) \end{pmatrix} \mathrm{e}^{ipx} \right].$$

最後の変形では,第 2 項で,$\bm{p} \mapsto -\bm{p}$ とした.ここで,(2.85) を用いると,

$$\psi(x) = \int_{-\infty}^{\infty} \frac{d^3\bm{p}}{\sqrt{(2\pi)^3}} \sum_{s=1}^{2} \left[a(\bm{p};s) \sqrt{\frac{E(\bm{p})+m}{2E(\bm{p})}} \begin{pmatrix} w^{(s)} \\ \dfrac{\bm{p}\cdot\bm{\sigma}}{E(\bm{p})+m} w^{(s)} \end{pmatrix} \mathrm{e}^{-ipx} \right.$$
$$\left. + b^*(\bm{p};s) \sqrt{\frac{E(\bm{p})+m}{2E(\bm{p})}} \begin{pmatrix} \dfrac{\bm{p}\cdot\bm{\sigma}}{E(\bm{p})+m} \tilde{w}^{(s)} \\ \tilde{w}^{(s)} \end{pmatrix} \mathrm{e}^{ipx} \right]$$
$$= \int_{-\infty}^{\infty} \frac{d^3\bm{p}}{\sqrt{(2\pi)^3}} \sqrt{\frac{m}{E(\bm{p})}} \sum_{s=1}^{2} \left[a(\bm{p};s) \sqrt{\frac{E(\bm{p})+m}{2m}} \begin{pmatrix} w^{(s)} \\ \dfrac{\bm{p}\cdot\bm{\sigma}}{E(\bm{p})+m} w^{(s)} \end{pmatrix} \mathrm{e}^{-ipx} \right.$$
$$\left. + b^*(\bm{p};s) \sqrt{\frac{E(\bm{p})+m}{2m}} \begin{pmatrix} \dfrac{\bm{p}\cdot\bm{\sigma}}{E(\bm{p})+m} \tilde{w}^{(s)} \\ \tilde{w}^{(s)} \end{pmatrix} \mathrm{e}^{ipx} \right]$$

となるから,もとめるものが得られた.

2.3 ディラック (Dirac) 場

例題 3.5 4 成分スピナ $u(\boldsymbol{p};s), v(\boldsymbol{p};s)$ (2.88) は

$$u(\boldsymbol{p};s) = \frac{(\not{p}+m)}{\sqrt{2m(E(\boldsymbol{p})+m)}} \begin{pmatrix} w^{(s)} \\ 0 \end{pmatrix},$$

$$v(\boldsymbol{p};s) = \frac{(-\not{p}+m)}{\sqrt{2m(E(\boldsymbol{p})+m)}} \begin{pmatrix} 0 \\ \tilde{w}^{(s)} \end{pmatrix} \tag{2.89}$$

のように書けることを示し，それぞれが以下の関係を満たすことを証明せよ．

(1) $(\not{p}-m)u(\boldsymbol{p};s) = 0$, $(\not{p}+m)v(\boldsymbol{p};s) = 0$, (2.90)

(2) $u^\dagger(\boldsymbol{p};s)u(\boldsymbol{p};s') = \dfrac{E(\boldsymbol{p})}{m}\delta_{ss'} = v^\dagger(\boldsymbol{p};s)v(\boldsymbol{p};s')$, (2.91)

(3) $u^\dagger(\boldsymbol{p};s)v(-\boldsymbol{p};s') = 0 = v^\dagger(\boldsymbol{p};s)u(-\boldsymbol{p};s')$, (2.92)

(4) $\overline{u}(\boldsymbol{p};s)u(\boldsymbol{p};s') = \delta_{ss'}$, $\overline{v}(\boldsymbol{p};s)v(\boldsymbol{p};s') = -\delta_{ss'}$, (2.93)

(5) $\displaystyle\sum_{s=1}^{2} u(\boldsymbol{p};s)u^\dagger(\boldsymbol{p};s) = \frac{1}{2m}\begin{pmatrix} E(\boldsymbol{p})+m & \boldsymbol{p}\cdot\boldsymbol{\sigma} \\ \boldsymbol{p}\cdot\boldsymbol{\sigma} & E(\boldsymbol{p})-m \end{pmatrix}$, (2.94)

(6) $\displaystyle\sum_{s=1}^{2} v(\boldsymbol{p};s)v^\dagger(\boldsymbol{p};s) = \frac{1}{2m}\begin{pmatrix} E(\boldsymbol{p})-m & \boldsymbol{p}\cdot\boldsymbol{\sigma} \\ \boldsymbol{p}\cdot\boldsymbol{\sigma} & E(\boldsymbol{p})+m \end{pmatrix}$, (2.95)

(7) $\displaystyle\sum_{s=1}^{2} u(\boldsymbol{p};s)\overline{u}(\boldsymbol{p};s) = \left(\frac{\not{p}+m}{2m}\right)$, (2.96)

(8) $\displaystyle\sum_{s=1}^{2} v(\boldsymbol{p};s)\overline{v}(\boldsymbol{p};s) = \left(\frac{\not{p}-m}{2m}\right)$. (2.97)

解 ガンマ行列のディラック表示 (2.59) を用いると，

$$\begin{aligned}\not{p}+m &= \begin{pmatrix} E(\boldsymbol{p})+m & -\boldsymbol{p}\cdot\boldsymbol{\sigma} \\ \boldsymbol{p}\cdot\boldsymbol{\sigma} & -E(\boldsymbol{p})+m \end{pmatrix}, \\ -\not{p}+m &= \begin{pmatrix} -E(\boldsymbol{p})+m & \boldsymbol{p}\cdot\boldsymbol{\sigma} \\ -\boldsymbol{p}\cdot\boldsymbol{\sigma} & E(\boldsymbol{p})+m \end{pmatrix}\end{aligned} \tag{2.98}$$

であるから，上 2 成分のみと，下 2 成分のみの列ベクトルをそれぞれ作用すれば，

(2.88) となる. (1) は, $(\not{p}-m)(\not{p}+m) = p^2 - m^2 = 0$ を用いれば,

$$(\not{p}-m)u(\boldsymbol{p};s) = \frac{1}{\sqrt{2m(E(\boldsymbol{p})+m)}}(\not{p}-m)(\not{p}+m)\begin{pmatrix}\omega^{(s)}\\0\end{pmatrix} = 0,$$

$$(\not{p}+m)v(\boldsymbol{p};s) = \frac{1}{\sqrt{2m(E(\boldsymbol{p})+m)}}(\not{p}+m)(-\not{p}+m)\begin{pmatrix}0\\\tilde{\omega}^{(s)}\end{pmatrix} = 0.$$

(2) は, (2.89) と (2.98) を用いてもよいが, (2.88) から出発しよう. まず, 関係式

$$\sigma_i\sigma_j = \delta_{ij} + i\sum_{k=1}^{3}\epsilon_{ijk}\sigma_k, \quad i,j = 1,2,3 \tag{2.99}$$

に注目しよう. (ϵ_{ijk} はレビ・チビタ (Levi-Civita) 記号で, $\epsilon_{123} = 1$ およびその偶置換では符号は変わらず, 奇置換で符号が変わる: $\epsilon_{213} = -1$.) これにより,

$$(\boldsymbol{p}\cdot\boldsymbol{\sigma})^2 = \boldsymbol{p}^2 = E(\boldsymbol{p})^2 - m^2 = (E(\boldsymbol{p})-m)(E(\boldsymbol{p})+m). \tag{2.100}$$

そこで,

$$u^\dagger(\boldsymbol{p};s)u(\boldsymbol{p};s') = \frac{E(\boldsymbol{p})+m}{2m}\left(w^{(s)\dagger}\left(\mathbf{I}+\frac{(\boldsymbol{p}\cdot\boldsymbol{\sigma})^2}{(E(\boldsymbol{p})+m)^2}\right)w^{(s')}\right)$$
$$= \frac{E(\boldsymbol{p})+m}{2m}\left(w^{(s)\dagger}\left(\mathbf{I}+\frac{E(\boldsymbol{p})-m}{E(\boldsymbol{p})+m}\right)w^{(s')}\right) = \frac{E(\boldsymbol{p})}{m}w^{(s)\dagger}w^{(s')} = \frac{E(\boldsymbol{p})}{m}\delta_{ss'}$$

ともとまる. $v^\dagger v$ についても同様. (3) は (2.88) より,

$$u^\dagger(\boldsymbol{p};s)v(-\boldsymbol{p};s') = \frac{E(\boldsymbol{p})+m}{2m}\left(w^{(s)\dagger}, w^{(s)\dagger}\frac{\boldsymbol{p}\cdot\boldsymbol{\sigma}}{E(\boldsymbol{p})+m}\right)\begin{pmatrix}\dfrac{-\boldsymbol{p}\cdot\boldsymbol{\sigma}}{E(\boldsymbol{p})+m}\tilde{w}^{(s')}\\\tilde{w}^{(s')}\end{pmatrix} = 0,$$

$$v^\dagger(\boldsymbol{p};s)u(-\boldsymbol{p};s') = \frac{E(\boldsymbol{p})+m}{2m}\left(\tilde{w}^{(s)\dagger}\frac{\boldsymbol{p}\cdot\boldsymbol{\sigma}}{E(\boldsymbol{p})+m}, \tilde{w}^{(s)\dagger}\right)\begin{pmatrix}w^{(s')}\\\dfrac{-\boldsymbol{p}\cdot\boldsymbol{\sigma}}{E(\boldsymbol{p})+m}w^{(s')}\end{pmatrix} = 0.$$

(4) をもとめるため, (2.88) より,

$$\overline{u}(\boldsymbol{p};s) = u^\dagger(\boldsymbol{p};s)\gamma^0 = \sqrt{\frac{E(\boldsymbol{p})+m}{2m}}\left(w^{(s)\dagger}, w^{(s)\dagger}\frac{-\boldsymbol{p}\cdot\boldsymbol{\sigma}}{E(\boldsymbol{p})+m}\right),$$
$$\overline{v}(\boldsymbol{p};s) = v^\dagger(\boldsymbol{p};s)\gamma^0 = \sqrt{\frac{E(\boldsymbol{p})+m}{2m}}\left(\tilde{w}^{(s)\dagger}\frac{\boldsymbol{p}\cdot\boldsymbol{\sigma}}{E(\boldsymbol{p})+m}, -\tilde{w}^{(s)\dagger}\right).$$
$$\tag{2.101}$$

2.3 ディラック (Dirac) 場

したがって,

$$\overline{u}(\boldsymbol{p};s)u(\boldsymbol{p};s') = \frac{E(\boldsymbol{p})+m}{2m}\left(w^{(s)\dagger}\left(\mathbf{I}-\frac{(\boldsymbol{p}\cdot\boldsymbol{\sigma})^2}{(E(\boldsymbol{p})+m)^2}\right)w^{(s')}\right)$$

$$= \frac{E(\boldsymbol{p})+m}{2m}\left(w^{(s)\dagger}\left(\mathbf{I}-\frac{E(\boldsymbol{p})-m}{E(\boldsymbol{p})+m}\right)w^{(s')}\right) = w^{(s)\dagger}w^{(s')} = \delta_{ss'} \ ,$$

$$\overline{v}(\boldsymbol{p};s)v(\boldsymbol{p};s') = \frac{E(\boldsymbol{p})+m}{2m}\left(\tilde{w}^{(s)\dagger}\left(\frac{(\boldsymbol{p}\cdot\boldsymbol{\sigma})^2}{(E(\boldsymbol{p})+m)^2}-\mathbf{I}\right)\tilde{w}^{(s')}\right)$$

$$= \frac{E(\boldsymbol{p})+m}{2m}\left(\tilde{w}^{(s)\dagger}\left(\frac{E(\boldsymbol{p})-m}{E(\boldsymbol{p})+m}-\mathbf{I}\right)\tilde{w}^{(s')}\right) = -\tilde{w}^{(s)\dagger}\tilde{w}^{(s')} = -\delta_{ss'} \ .$$

(5) 以降の関係式は, (2.89) から出発した方がよい. そのとき,

$$\begin{pmatrix} a \\ b \end{pmatrix}(c \ , \ d) = \begin{pmatrix} ac & ad \\ bc & bd \end{pmatrix}$$

であることに注意する. すると,

$$\sum_{s=1}^{2}w^{(s)}w^{(s)\dagger} = \begin{pmatrix} 1 \\ 0 \end{pmatrix}(1\ 0) + \begin{pmatrix} 0 \\ 1 \end{pmatrix}(0\ 1)$$

$$= \begin{pmatrix} 1 & 0 \\ 0 & 1 \end{pmatrix} = \mathbf{I} = \sum_{s=1}^{2}\tilde{\omega}^{(s)}\tilde{\omega}^{(s)\dagger}$$

したがって, (5) は

$$\sum_{s=1}^{2}u(\boldsymbol{p};s)u^{\dagger}(\boldsymbol{p};s) = \sum_{s=1}^{2}\frac{1}{2m(E(\boldsymbol{p})+m)}(\not{p}+m)\begin{pmatrix} w^{(s)} \\ 0 \end{pmatrix}(w^{(s)\dagger}\ ,\ 0)(\not{p}^{\dagger}+m)$$

$$\stackrel{(2.98)}{=} \frac{1}{2m(E(\boldsymbol{p})+m)}\begin{pmatrix} E(\boldsymbol{p})+m & -\boldsymbol{p}\cdot\boldsymbol{\sigma} \\ \boldsymbol{p}\cdot\boldsymbol{\sigma} & -E(\boldsymbol{p})+m \end{pmatrix}\begin{pmatrix} \mathbf{I} & 0 \\ 0 & 0 \end{pmatrix}$$

$$\times \begin{pmatrix} E(\boldsymbol{p})+m & \boldsymbol{p}\cdot\boldsymbol{\sigma} \\ -\boldsymbol{p}\cdot\boldsymbol{\sigma} & -E(\boldsymbol{p})+m \end{pmatrix}$$

$$= \frac{1}{2m(E(\boldsymbol{p})+m)}\begin{pmatrix} E(\boldsymbol{p})+m & 0 \\ \boldsymbol{p}\cdot\boldsymbol{\sigma} & 0 \end{pmatrix}\begin{pmatrix} E(\boldsymbol{p})+m & \boldsymbol{p}\cdot\boldsymbol{\sigma} \\ -\boldsymbol{p}\cdot\boldsymbol{\sigma} & -E(\boldsymbol{p})+m \end{pmatrix}$$

$$= \frac{1}{2m}\begin{pmatrix} E(\boldsymbol{p})+m & \boldsymbol{p}\cdot\boldsymbol{\sigma} \\ \boldsymbol{p}\cdot\boldsymbol{\sigma} & E(\boldsymbol{p})-m \end{pmatrix}.$$

(6) についても同様. (7) は (2.68) に注意して,

$$\sum_{s=1}^{2} u(\boldsymbol{p};s)\overline{u}(\boldsymbol{p};s) = \sum_{s=1}^{2} \frac{1}{2m(E(\boldsymbol{p})+m)}(\not{p}+m)\begin{pmatrix} w^{(s)} \\ 0 \end{pmatrix}(w^{(s)\dagger},\ 0)(\not{p}^{\dagger}+m)\gamma^{0}$$

$$\stackrel{(2.98)}{=} \frac{1}{2m(E(\boldsymbol{p})+m)}\begin{pmatrix} E(\boldsymbol{p})+m & -\boldsymbol{p}\cdot\boldsymbol{\sigma} \\ \boldsymbol{p}\cdot\boldsymbol{\sigma} & -E(\boldsymbol{p})+m \end{pmatrix}\begin{pmatrix} \mathbf{I} & 0 \\ 0 & 0 \end{pmatrix}$$

$$\times \begin{pmatrix} E(\boldsymbol{p})+m & -\boldsymbol{p}\cdot\boldsymbol{\sigma} \\ \boldsymbol{p}\cdot\boldsymbol{\sigma} & -E(\boldsymbol{p})+m \end{pmatrix}$$

$$= \frac{1}{2m(E(\boldsymbol{p})+m)}\begin{pmatrix} E(\boldsymbol{p})+m & 0 \\ \boldsymbol{p}\cdot\boldsymbol{\sigma} & 0 \end{pmatrix}\begin{pmatrix} E(\boldsymbol{p})+m & -\boldsymbol{p}\cdot\boldsymbol{\sigma} \\ \boldsymbol{p}\cdot\boldsymbol{\sigma} & -E(\boldsymbol{p})+m \end{pmatrix}$$

$$= \frac{1}{2m}\begin{pmatrix} E(\boldsymbol{p})+m & -\boldsymbol{p}\cdot\boldsymbol{\sigma} \\ \boldsymbol{p}\cdot\boldsymbol{\sigma} & -E(\boldsymbol{p})+m \end{pmatrix} = \frac{\not{p}+m}{2m}.$$

(8) についても同様.

例題 3.6 $a(\boldsymbol{p};s), b^{*}(\boldsymbol{p};s)$ を生成消滅演算子 $\hat{a}(\boldsymbol{p};s), \hat{b}^{\dagger}(\boldsymbol{p};s)$ とみなし (ただし以下では, 記号 ^ は省略する), 反交換関係,

$$\{a(\boldsymbol{p};s), a^{\dagger}(\boldsymbol{p}';s')\} = \delta^{3}(\boldsymbol{p}-\boldsymbol{p}')\delta_{ss'} = \{b(\boldsymbol{p};s), b^{\dagger}(\boldsymbol{p}';s')\},$$
$$\{a(\boldsymbol{p};s), a(\boldsymbol{p}';s')\} = \{a^{\dagger}(\boldsymbol{p};s), b(\boldsymbol{p}';s')\} = \cdots = 0 \quad (2.102)$$

を要請すると, 同時刻反交換関係,

$$\{\psi_{\alpha}(x), \psi_{\beta}^{\dagger}(y)\}\Big|_{x_{0}=y_{0}} = \delta^{3}(\boldsymbol{x}-\boldsymbol{y})\delta_{\alpha\beta}, \quad \{\psi_{\alpha}(x), \psi_{\beta}(y)\}\Big|_{x_{0}=y_{0}} = 0 \tag{2.103}$$

が満たされること, また,

$$\{\psi_{\alpha}(x), \overline{\psi}_{\beta}(y)\} = (i\not{\partial}+m)_{\alpha\beta}\, i\Delta(x-y) \equiv -iS_{\alpha\beta}(x-y) \tag{2.104}$$

2.3 ディラック (Dirac) 場

が得られることを示せ．(ここで, $\Delta(x)$ は (2.30) で与えられた不変デルタ関数である.)

解 (2.87) によれば,

$$\psi(x) = \int_{-\infty}^{\infty} \frac{d^3\boldsymbol{p}}{\sqrt{(2\pi)^3}} \sqrt{\frac{m}{E(\boldsymbol{p})}}$$
$$\times \sum_{s=1,2} \left(a(\boldsymbol{p};s)u(\boldsymbol{p};s)\mathrm{e}^{-ipx} + b^\dagger(\boldsymbol{p};s)v(\boldsymbol{p};s)\mathrm{e}^{ipx} \right) ,$$

$$\overline{\psi}(x) = \int_{-\infty}^{\infty} \frac{d^3\boldsymbol{p}}{\sqrt{(2\pi)^3}} \sqrt{\frac{m}{E(\boldsymbol{p})}}$$
$$\times \sum_{s=1,2} \left(a^\dagger(\boldsymbol{p};s)\overline{u}(\boldsymbol{p};s)\mathrm{e}^{ipx} + b(\boldsymbol{p};s)\overline{v}(\boldsymbol{p};s)\mathrm{e}^{-ipx} \right) \quad (2.105)$$

と展開される．これを代入すると，$\{\psi_\alpha(x), \psi_\beta(y)\}\big|_{x_0=y_0} = 0$ は自明であり,

$$\left\{\psi_\alpha(x), \psi_\beta^\dagger(y)\right\}\Big|_{x_0=y_0} = \int \frac{d^3p\, d^3q}{(2\pi)^3} \sqrt{\frac{m^2}{E(\boldsymbol{p})E(\boldsymbol{q})}}$$
$$\times \sum_{s,s'=1,2} \Big(u_\alpha(\boldsymbol{p};s)u_\beta^\dagger(\boldsymbol{q};s') \{a(\boldsymbol{p};s), a^\dagger(\boldsymbol{q};s')\} \mathrm{e}^{-ipx+iqy}$$
$$+ v_\alpha(\boldsymbol{p};s)v_\beta^\dagger(\boldsymbol{q};s') \{b^\dagger(\boldsymbol{p};s), b(\boldsymbol{q};s')\} \mathrm{e}^{ipx-iqy} \Big)\Big|_{x_0=y_0}$$

$$\stackrel{(2.102)}{=} \int_{-\infty}^{\infty} \frac{d^3\boldsymbol{p}}{(2\pi)^3} \frac{m}{E(\boldsymbol{p})}$$
$$\times \sum_{s=1,2} \left(u_\alpha(\boldsymbol{p};s)u_\beta^\dagger(\boldsymbol{p};s)\mathrm{e}^{i\boldsymbol{p}\cdot(\boldsymbol{x}-\boldsymbol{y})} + v_\alpha(\boldsymbol{p};s)v_\beta^\dagger(\boldsymbol{p};s)\mathrm{e}^{-i\boldsymbol{p}\cdot(\boldsymbol{x}-\boldsymbol{y})} \right)$$

$$\stackrel{(2.95)}{=} \int \frac{d^3\boldsymbol{p}}{(2\pi)^3} \frac{m}{E(\boldsymbol{p})} \Bigg[\frac{1}{2m} \begin{pmatrix} E(\boldsymbol{p})+m & \boldsymbol{p}\cdot\boldsymbol{\sigma} \\ \boldsymbol{p}\cdot\boldsymbol{\sigma} & E(\boldsymbol{p})-m \end{pmatrix}_{\alpha\beta} \mathrm{e}^{i\boldsymbol{p}\cdot(\boldsymbol{x}-\boldsymbol{y})}$$
$$+ \frac{1}{2m} \begin{pmatrix} E(\boldsymbol{p})-m & \boldsymbol{p}\cdot\boldsymbol{\sigma} \\ \boldsymbol{p}\cdot\boldsymbol{\sigma} & E(\boldsymbol{p})+m \end{pmatrix}_{\alpha\beta} \mathrm{e}^{-i\boldsymbol{p}\cdot(\boldsymbol{x}-\boldsymbol{y})} \Bigg]$$

$$= \int \frac{d^3\boldsymbol{p}}{(2\pi)^3 2E(\boldsymbol{p})} \begin{pmatrix} 2E(\boldsymbol{p}) & 0 \\ 0 & 2E(\boldsymbol{p}) \end{pmatrix}_{\alpha\beta} \mathrm{e}^{i\boldsymbol{p}\cdot(\boldsymbol{x}-\boldsymbol{y})} = \delta_{\alpha\beta}\delta^3(\boldsymbol{x}-\boldsymbol{y})$$

となる. さらに,

$$\{\psi_\alpha(x), \overline{\psi}_\beta(y)\} = \int \frac{d^3 p d^3 q}{(2\pi)^3} \sqrt{\frac{m^2}{E(\bm{p})E(\bm{q})}}$$
$$\times \sum_{s,s'=1,2} \Big(u_\alpha(\bm{p};s)\overline{u}_\beta(\bm{q};s') e^{-ipx+iqy} \{a(\bm{p};s), a^\dagger(\bm{q};s')\}$$
$$+ v_\alpha(\bm{p};s)\overline{v}_\beta(\bm{q};s') \{b^\dagger(\bm{p};s), b(\bm{q};s')\} e^{ipx-iqy} \Big)$$

$$\stackrel{(2.102)}{=} \int \frac{d^3 \bm{p}}{(2\pi)^3} \frac{m}{E(\bm{p})}$$
$$\times \sum_{s=1,2} \Big(u_\alpha(\bm{p};s)\overline{u}_\beta(\bm{p};s) e^{-ip(x-y)} + v_\alpha(\bm{p};s)\overline{v}_\beta(\bm{p};s) e^{ip(x-y)} \Big)$$

$$\stackrel{(2.97)}{=} \int \frac{d^3 \bm{p}}{(2\pi)^3} \frac{m}{E(\bm{p})} \left[\left(\frac{\slashed{p}+m}{2m} \right)_{\alpha\beta} e^{-ip(x-y)} + \left(\frac{\slashed{p}-m}{2m} \right)_{\alpha\beta} e^{ip(x-y)} \right]$$

$$= (i\slashed{\partial}+m)_{\alpha\beta} \int \frac{d^3 \bm{p}}{(2\pi)^3 2E(\bm{p})} \left(e^{-ip(x-y)} - e^{ip(x-y)} \right)$$

$$= (i\slashed{\partial}+m)_{\alpha\beta} \, i\Delta(x-y) \ .$$

例題 3.7 ディラック場の Hamiltonian は

$$H = \int d^3 \bm{x} \mathcal{H}(x) = \int d^3 \bm{x} \overline{\psi}(x) \left(-i\bm{\gamma} \cdot \bm{\nabla} + m \right) \psi(x) \quad (2.106)$$

で与えられる. ハイゼンベルグの運動方程式 (1.1) がディラック方程式を導くことを示せ. また,

$$H = \int d^3 \bm{p} \sum_{s=1,2} E(\bm{p}) \left(a^\dagger(\bm{p};s) a(\bm{p};s) - b(\bm{p};s) b^\dagger(\bm{p};s) \right) \quad (2.107)$$

と書けることを示せ.

解 (1.26) と (2.103) に注意して,

$$i\dot{\psi}(x) = [\psi(x), H] = \int d^3 \bm{y} \left\{ \psi(x), \psi^\dagger(y) \right\} \Big|_{x_0=y_0} \gamma^0 \left(-i\bm{\gamma} \cdot \bm{\nabla} + m \right) \psi(y)$$
$$= \gamma^0 \left(-i\bm{\gamma} \cdot \bm{\nabla} + m \right) \psi(x) \ .$$

左から, γ^0 を掛ければディラック方程式が得られる. 次に, (2.106) に (2.105) を代入すると,

$$H = \int d^3x \frac{d^3\boldsymbol{p}d^3\boldsymbol{q}}{(2\pi)^3}\sqrt{\frac{m^2}{E(\boldsymbol{p})E(\boldsymbol{q})}}\sum_{s,s'}\left(a^\dagger(\boldsymbol{p};s)\overline{u}(\boldsymbol{p};s)\mathrm{e}^{ipx} + b(\boldsymbol{p};s)\overline{v}(\boldsymbol{p};s)\mathrm{e}^{-ipx}\right)$$
$$\times\left(a(\boldsymbol{q};s')\left(\boldsymbol{\gamma}\cdot\boldsymbol{q}+m\right)u(\boldsymbol{q};s')\mathrm{e}^{-iqx} + b^\dagger(\boldsymbol{q};s')\left(-\boldsymbol{\gamma}\cdot\boldsymbol{q}+m\right)v(\boldsymbol{q};s')\mathrm{e}^{iqx}\right)$$
$$\stackrel{d^3x d^3q}{=}\int d^3\boldsymbol{p}\frac{m}{E(\boldsymbol{p})}\sum_{s,s'}\Big[a^\dagger(\boldsymbol{p};s)a(\boldsymbol{p};s')\overline{u}(\boldsymbol{p};s)\left(\boldsymbol{\gamma}\cdot\boldsymbol{p}+m\right)u(\boldsymbol{p};s')$$
$$+ b(\boldsymbol{p};s)b^\dagger(\boldsymbol{p};s')\overline{v}(\boldsymbol{p};s)\left(-\boldsymbol{\gamma}\cdot\boldsymbol{p}+m\right)v(\boldsymbol{p};s')$$
$$+ a^\dagger(\boldsymbol{p};s)b^\dagger(-\boldsymbol{p};s')\overline{u}(\boldsymbol{p};s)\left(\boldsymbol{\gamma}\cdot\boldsymbol{p}+m\right)v(-\boldsymbol{p};s')\mathrm{e}^{2iE(\boldsymbol{p})x^0}$$
$$+ b(\boldsymbol{p};s)a(-\boldsymbol{p};s')\overline{v}(\boldsymbol{p};s)\left(-\boldsymbol{\gamma}\cdot\boldsymbol{p}+m\right)u(-\boldsymbol{p};s')\mathrm{e}^{-2iE(\boldsymbol{p})x^0}\Big]$$
$$\stackrel{(2.90)}{=}\int d^3\boldsymbol{p}\frac{m}{E(\boldsymbol{p})}\sum_{s,s'}\Big[a^\dagger(\boldsymbol{p};s)a(\boldsymbol{p};s')\overline{u}(\boldsymbol{p};s)\gamma^0 E(\boldsymbol{p})u(\boldsymbol{p};s')$$
$$+ b(\boldsymbol{p};s)b^\dagger(\boldsymbol{p};s')\overline{v}(\boldsymbol{p};s)\left(-\gamma^0 E(\boldsymbol{p})\right)v(\boldsymbol{p};s')$$
$$+ a^\dagger(\boldsymbol{p};s)b^\dagger(-\boldsymbol{p};s')\overline{u}(\boldsymbol{p};s)\left(-\gamma^0 E(\boldsymbol{p})\right)v(-\boldsymbol{p};s')\mathrm{e}^{2iE(\boldsymbol{p})x^0}$$
$$+ a^\dagger(\boldsymbol{p};s)b^\dagger(-\boldsymbol{p};s')\overline{u}(\boldsymbol{p};s)\gamma^0 E(\boldsymbol{p})u(\boldsymbol{p};s')\mathrm{e}^{-2iE(\boldsymbol{p})x^0}\Big]$$
$$=\int d^3\boldsymbol{p}\, m\Big[a^\dagger(\boldsymbol{p};s)a(\boldsymbol{p};s')u^\dagger(\boldsymbol{p};s)u(\boldsymbol{p};s') - b(\boldsymbol{p};s)b^\dagger(\boldsymbol{p};s')v^\dagger(\boldsymbol{p};s)v(\boldsymbol{p};s')$$
$$- a^\dagger(\boldsymbol{p};s)b^\dagger(-\boldsymbol{p};s')u^\dagger(\boldsymbol{p};s)v(-\boldsymbol{p};s')\mathrm{e}^{2iE(\boldsymbol{p})x^0}$$
$$+ a^\dagger(\boldsymbol{p};s)b^\dagger(-\boldsymbol{p};s')u^\dagger(\boldsymbol{p};s)u(\boldsymbol{p};s')\mathrm{e}^{-2iE(\boldsymbol{p})x^0}\Big] \stackrel{(2.91)(2.92)}{=} (2.107)\text{ の右辺}.$$

練習問題

3.1 次のガンマ行列,
$$\gamma^5 = \gamma_5 = i\gamma^0\gamma^1\gamma^2\gamma^3 \tag{2.108}$$
を考えよう. これが,
$$\{\gamma^5,\gamma^\mu\} = 0 , \quad \mu = 0,1,2,3 \tag{2.109}$$
を満たし, ディラック表示 (2.59) において,

$$\gamma_5 = \begin{pmatrix} 0 & \mathbf{I} \\ \mathbf{I} & 0 \end{pmatrix} \tag{2.110}$$

と書けることを示せ．また，γ^0 と γ_5 を入れ換えた表示

$$\gamma^0 = \begin{pmatrix} 0 & \mathbf{I} \\ \mathbf{I} & 0 \end{pmatrix}, \quad \gamma_5 = \begin{pmatrix} \mathbf{I} & 0 \\ 0 & -\mathbf{I} \end{pmatrix} \tag{2.111}$$

（ワイル（Weyl）表示）における，γ^k，$(k=1,2,3)$ を計算せよ．（ただし，γ^k はパウリ行列 σ_k (2.60) で構成されているとする．）

3.2

$$\sum_{s=1}^{2} [u_\alpha(\boldsymbol{p};s)\overline{u}_\beta(\boldsymbol{p};s) - v_\alpha(\boldsymbol{p};s)\overline{v}_\beta(\boldsymbol{p};s)] = \delta_{\alpha\beta} \tag{2.112}$$

を示せ．

3.3 ディラック場 ψ はフェルミ型交換関係を用いて，量子化しなければならないことを，クライン-ゴルドン場の練習問題 1.4 や，ド・ブロイ場の練習問題 2.4 にならって確かめよう．
(a) 例題 3.6 の代わりに，交換関係

$$\begin{aligned}
\left[a(\boldsymbol{p};s), a^\dagger(\boldsymbol{p}';s')\right] &= \delta^3(\boldsymbol{p}-\boldsymbol{p}')\delta_{ss'} = \left[b(\boldsymbol{p};s), b^\dagger(\boldsymbol{p}';s')\right], \\
\left[a(\boldsymbol{p};s), a(\boldsymbol{p}';s')\right] &= \left[a^\dagger(\boldsymbol{p};s), b(\boldsymbol{p}';s')\right] = \left[b(\boldsymbol{p};s), b(\boldsymbol{p}';s')\right] = \cdots = 0
\end{aligned} \tag{2.113}$$

を要請すると，

$$\left[\psi_\alpha(x), \overline{\psi}_\beta(y)\right] = (i\slashed{\partial}+m)_{\alpha\beta}\,\Delta_1(x-y) \tag{2.114}$$

であること（ここでの $\Delta_1(x)$ は (2.33) で与えられた不変デルタ関数である），および，同時刻では，

$$\begin{aligned}
\left[\psi_\alpha(x), \psi_\beta^\dagger(y)\right]\Big|_{x_0=y_0} &= \frac{1}{\sqrt{-\boldsymbol{\nabla}_{\boldsymbol{x}}^2+m^2}}\left(\gamma^0\left(-i\boldsymbol{\gamma}\cdot\boldsymbol{\nabla}_{\boldsymbol{x}}+m\right)\right)_{\alpha\beta}\delta^3(\boldsymbol{x}-\boldsymbol{y}) \\
&= \left(\gamma^0\left(-i\boldsymbol{\gamma}\cdot\boldsymbol{\nabla}_{\boldsymbol{x}}+m\right)\right)_{\alpha\beta}\frac{1}{\sqrt{-\boldsymbol{\nabla}_{\boldsymbol{x}}^2+m^2}}\delta^3(\boldsymbol{x}-\boldsymbol{y})
\end{aligned} \tag{2.115}$$

となることを示せ．
(b) ディラック粒子をボーズ粒子と仮定したときの Hamiltonian は，

$$H = \int d^3\boldsymbol{x}\ \psi^\dagger(x)\sqrt{-\boldsymbol{\nabla}^2+m^2}\,\psi(x) \equiv \int d^3\boldsymbol{x}\ \mathcal{H}(x) \tag{2.116}$$

ととれることを，運動方程式がディラック方程式となることで確かめよ[*4]．

(c)
$$[\psi(x),\mathcal{H}(y)] \neq 0 , \quad (x-y)^2 < 0 \qquad (2.117)$$

であることを示せ．これにより，ディラック場はフェルミ型の交換関係で量子化しなければならないことがわかる．

[*4] (2.32) と同様に，この場合も，非局所的な Hamiltonian である．

2.4 マックスウェル (Maxwell) 場 ― 電磁場

マックスウェル場 ― 電磁場 ― の量子化は，場の量子化の最初の試みとしてなされたにもかかわらず，実は面倒なゲージ固定の問題を含んでいる．それはひとことでいうと，電磁場の 2 個の自由度と，相対論的共変性に必要な 4 個の自由度とのジレンマである．ここでは，相対論的共変性は犠牲にした横方向自由度の正準量子化を議論する．（共変的な量子化は，経路積分を用いてあとで行う．）

例題 4.1 単位は MKSA で考えて光速度 c は復活させる．電場 $\boldsymbol{E}(x)$, 磁場 $\boldsymbol{B}(x)$ は反対称テンソル場 $F^{\mu\nu}(x) = -F^{\nu\mu}(x)$ (**場の強さという**) を用いて，

$$F^{\mu\nu}(x) \equiv \begin{pmatrix} 0 & -E_x(x) & -E_y(x) & -E_z(x) \\ E_x(x) & 0 & -cB_z(x) & cB_y(x) \\ E_y(x) & cB_z(x) & 0 & -cB_x(x) \\ E_z(x) & -cB_y(x) & cB_x(x) & 0 \end{pmatrix} \quad (2.118)$$

で与えられる．しかし，量子論においては，ベクトル場 (**電磁場**)

$$A^\mu(x) = (\phi(x), c\boldsymbol{A}(x)), \quad F^{\mu\nu}(x) = \partial^\mu A^\nu(x) - \partial^\nu A^\mu(x) \quad (2.119)$$

が基本量である．これらが通常の電場，磁場の定義

$$\boldsymbol{E} = -\frac{\partial \boldsymbol{A}}{\partial t} - \boldsymbol{\nabla}\phi, \quad \boldsymbol{B} = \boldsymbol{\nabla} \times \boldsymbol{A} \quad (2.120)$$

となっていることを確かめよ．また，これらは**マックスウェル方程式**，

$$\partial_\mu F^{\mu\nu}(x) = \Box A^\nu(x) - \partial^\nu \partial_\mu A^\mu(x) = 0 \quad (2.121)$$

に従っているが，その Lagrangian 密度は，

$$\mathcal{L}(x) = -\frac{\varepsilon_0}{4} F^{\mu\nu}(x) F_{\mu\nu}(x) \quad (2.122)$$

であることを示せ (ε_0 は真空中の誘電率)．

解 (2.119) より，

2.4 マックスウェル (Maxwell) 場 — 電磁場

$$F^{k0} = \partial^k A^0 - \partial^0 A^k = -\boldsymbol{\nabla}\phi - \frac{\partial}{c\partial t}(c\boldsymbol{A}) = -\frac{\partial \boldsymbol{A}}{\partial t} - \boldsymbol{\nabla}\phi .$$

$\boldsymbol{B} = (B_1, B_2, B_3)$ と書くと (2.118) より,

$$F^{ij} = -c\sum_{k=1}^{3} \epsilon_{ijk} B_k . \tag{2.123}$$

これは, レビ・チビタ (Levi-Civita) 記号の性質,

$$\sum_{i,j=1}^{3} \epsilon_{ijk}\epsilon_{ijl} = 2\delta_{kl} , \quad \sum_{i=1}^{3} \epsilon_{ijk}\epsilon_{ilm} = \delta_{jl}\delta_{km} - \delta_{jm}\delta_{kl} \tag{2.124}$$

の左側の式を用いて,

$$B_i = -\frac{1}{2c}\sum_{j,k=1}^{3} \epsilon_{ijk} F^{jk} \tag{2.125}$$

とかけるから,

$$B_i = -\frac{1}{2c}\sum_{j,k=1}^{3} \epsilon_{ijk}\left(\partial^j A^k - \partial^k A^j\right) = \frac{1}{c}\sum_{j,k=1}^{3} \epsilon_{ijk}\partial_j A^k = (\boldsymbol{\nabla}\times\boldsymbol{A})_i$$

となる. 最後の問題は

$$\frac{\partial F^{\mu\nu}(x)}{\partial(\partial_\alpha A_\beta(x))} = g^{\mu\alpha}g^{\nu\beta} - g^{\nu\alpha}g^{\mu\beta}$$

に注意する. すると,

$$\frac{\partial \mathcal{L}(x)}{\partial(\partial_\alpha A_\beta(x))} = -\frac{\varepsilon_0}{2}F_{\mu\nu}(x)\frac{\partial F^{\mu\nu}(x)}{\partial(\partial_\alpha A_\beta(x))} = -\varepsilon_0 F^{\alpha\beta}(x) , \quad \frac{\partial \mathcal{L}(x)}{\partial A_\beta(x)} = 0 .$$

したがって, オイラー–ラグランジュ方程式 (1.72) より (2.121) が出る.

例題 4.2 $F^{\mu\nu}(x)$ はゲージ変換

$$A^\mu(x) \longrightarrow A'^\mu(x) = A^\mu(x) + \partial^\mu \Lambda(x) \tag{2.126}$$

で不変である. ここで, $\Lambda(x)$ は任意の関数であり, ゲージ関数と呼ばれる. この自由度を利用して, クーロン (Coulomb) ゲージ

$$\boldsymbol{\nabla}\cdot\boldsymbol{A}'(x) = 0 \tag{2.127}$$

および，ローレンツ（Lorenz）[*5]ゲージまたはランダウ（Landau）ゲージ

$$\partial_\mu A'^\mu(x) = 0 \tag{2.128}$$

とすることができる．（これらを **ゲージ条件** という．）それぞれの場合のゲージ関数 $\Lambda(x)$ をもとめよ．また，それぞれの運動方程式を調べて，運動の自由度を論ぜよ．

解 勝手なゲージ場 $A^\mu(x)$ から，ゲージ変換 (2.126) を経てクーロンゲージ (2.127) を採用したとすると，

$$\boldsymbol{\nabla} \cdot \boldsymbol{A}' = 0 = \boldsymbol{\nabla} \cdot \boldsymbol{A} - \frac{1}{c}\boldsymbol{\nabla}^2 \Lambda$$

となるので，形式的に，

$$\Lambda = -c\left(\frac{1}{-\boldsymbol{\nabla}^2}\right)\boldsymbol{\nabla} \cdot \boldsymbol{A} \tag{2.129}$$

と解ける．ローレンツ（ランダウ）ゲージ (2.128) の方は，

$$\partial_\mu A'^\mu(x) = 0 = \partial_\mu A^\mu(x) + \Box \Lambda(x)$$

であるから，

$$\Lambda = \left(\frac{1}{-\Box}\right)\partial_\mu A^\mu \tag{2.130}$$

と解ける．$1/(-\Box)$ は，

$$\partial_\mu\left(\frac{1}{-\Box}\right)(\bullet) = \frac{1}{-\Box}\partial_\mu(\bullet), \quad \partial_\mu\left(\frac{1}{-\boldsymbol{\nabla}^2}\right)(\bullet) = \left(\frac{1}{-\boldsymbol{\nabla}^2}\right)\partial_\mu(\bullet) \tag{2.131}$$

を満たしている（本節・練習問題 4.2 参照）．

運動方程式は，クーロンゲージのときはマックスウェル方程式 (2.121) で $\mu = 0, k$ の場合に分けて，

$$\boldsymbol{\nabla}^2 A^0(x) = 0, \tag{2.132}$$

$$\Box \boldsymbol{A}(x) + \boldsymbol{\nabla}\partial_0 A^0(x) = 0 \tag{2.133}$$

と書ける．(2.132) より $A^0 = 0$ となる（練習問題 4.2 より明らか）ので，(2.133) は，

[*5] ここでのローレンツ（L. Lorenz）とローレンツ変換のローレンツ（H.A. Lorentz）は別人．Penrose–Rindler の教科書 "Spinors & space-time 1 (Cambridge 1984)" の p.321 の脚注参照．

2.4 マックスウェル (Maxwell) 場 — 電磁場

$$\Box \boldsymbol{A} = 0 \tag{2.134}$$

で3個の空間成分は波としての伝播を行い自由度としてみることができるが，ゲージ条件 (2.127) より2個の自由度が残ることがわかる．(フーリエ変換を行って，座標系を $\boldsymbol{k} = (0,0,k)$ ととると，$\tilde{A}_z(k) = 0$ となるので．) これは，電磁場の自由度が2個である物理的事情と一致している．しかし相対論的共変性は犠牲にしてしまった．一方，共変的なゲージである，ランダウゲージのときは，(2.121) は

$$\Box A^\mu(x) = 0$$

である．これにより，4つの成分共に運動することがわかるが，ゲージ条件 (2.128) により，1つ減って3個の自由度が残っていることになる．(再び，フーリエ変換してみると，ゲージ条件 (2.128) は $k^\mu \tilde{A}_\mu(k) = 0$ で，たとえば，ローレンツ系 $k^\mu = (|k|,0,0,k)$ でみると，$\tilde{A}^0(k) = k\tilde{A}^3(k)/|k|$ となり，A^0 は A^3 で書けることになって1個自由度が減ったことになる．) したがって，電磁場の正しい自由度2を実現するのは，もう一工夫がいることになる．これがこの節の巻頭で述べた面倒なことの内容である．電磁場の4成分全てが対等に扱われる，共変的な量子化は，摂動論では非常に見通しがよく便利なものである[*6]．しかし，電磁場の自由度は2個である．この両方の要請を同時に満たすことが大変なのである．これは，5.2節で行うことにする．

例題 4.3 Lagrangian (2.122) で記述される電磁場の作用が以下のように書き換えられることを示せ．

(1) $\quad I = -\dfrac{\varepsilon_0}{2} \displaystyle\int d^4x \, A^\mu(x) \left(-g_{\mu\nu} \Box + \partial_\mu \partial_\nu \right) A^\nu(x)$, \hfill (2.135)

(2) $\quad I = -\dfrac{\varepsilon_0}{2} \displaystyle\int d^4x \Bigg\{ \left(A^0 + \boldsymbol{\nabla} \cdot \dot{\boldsymbol{A}} \dfrac{1}{\boldsymbol{\nabla}^2} \right) \boldsymbol{\nabla}^2 \left(A^0 + \dfrac{1}{\boldsymbol{\nabla}^2} \boldsymbol{\nabla} \cdot \dot{\boldsymbol{A}} \right)$

$\qquad\qquad + \displaystyle\sum_{j,k=1,2,3} A^j \Box \left(\delta_{jk} - \dfrac{\partial_j \partial_k}{\boldsymbol{\nabla}^2} \right) A^k \Bigg\}.$ \hfill (2.136)

[*6] 共変性のない摂動論は，大変だった．有名なファインマンの話がある．研究会で立話をしながら議論になって，じゃ調べてみようということになった．彼は，自分の席について (他人の話の合間に) 1時間ほどで計算して『さっきの答えだけど…』と始めた．相手は全く信用しなかった．というのも，どう見積もっても 2, 3 日はかかる計算だったからである．彼は，ファインマングラフによる共変的な計算法を知っていたからこんなに早くできた，というわけだ．

解 部分積分を遂行すれば，(2.137) は直ちに出る．(場の量は無限遠点ではゼロであるとする.) 次に，

$$(2.135) = -\frac{\varepsilon_0}{2} \int d^4x \left\{ A^0 \boldsymbol{\nabla}^2 A^0 + 2A^0 \partial_0 \sum_{k=1}^{3} \partial_k A^k \right.$$
$$\left. + \sum_{j,k=1}^{3} A^j (\delta_{jk} \Box + \partial_j \partial_k) A^k \right\} \quad (2.137)$$

と変形する．ここで，A^0 に関して平方完成を行う．

$$A^0 \boldsymbol{\nabla}^2 A^0 + 2A^0 \partial_0 \sum_{k=1}^{3} \partial_k A^k = A^0 \boldsymbol{\nabla}^2 A^0 + 2A^0 \boldsymbol{\nabla} \cdot \dot{\boldsymbol{A}}$$
$$= \left(A^0 + \boldsymbol{\nabla} \cdot \dot{\boldsymbol{A}} \frac{1}{\boldsymbol{\nabla}^2} \right) \boldsymbol{\nabla}^2 \left(A^0 + \frac{1}{\boldsymbol{\nabla}^2} \boldsymbol{\nabla} \cdot \dot{\boldsymbol{A}} \right) - \boldsymbol{\nabla} \cdot \dot{\boldsymbol{A}} \frac{1}{\boldsymbol{\nabla}^2} \boldsymbol{\nabla} \cdot \dot{\boldsymbol{A}}$$
$$= \left(A^0 + \boldsymbol{\nabla} \cdot \dot{\boldsymbol{A}} \frac{1}{\boldsymbol{\nabla}^2} \right) \boldsymbol{\nabla}^2 \left(A^0 + \frac{1}{\boldsymbol{\nabla}^2} \boldsymbol{\nabla} \cdot \dot{\boldsymbol{A}} \right) - \sum_{j,k=1}^{3} A^j \left(\partial_0 \partial_j \frac{1}{\boldsymbol{\nabla}^2} \partial_0 \partial_k \right) A^k .$$

(積分記号は省いたが，部分積分を行った.) この最後の項と (2.137) の最後の項を合わせると，

$$\sum_{j,k=1}^{3} A^j (\partial_j \partial_k - \partial_0 \partial_j \frac{1}{\boldsymbol{\nabla}^2} \partial_0 \partial_k) A^k \stackrel{(2.131)}{=} \sum_{j,k=1}^{3} A^j \left(\boldsymbol{\nabla}^2 - (\partial_0)^2 \right) \frac{\partial_j \partial_k}{\boldsymbol{\nabla}^2} A^k$$
$$= -\sum_{j,k=1}^{3} A^j \Box \frac{\partial_j \partial_k}{\boldsymbol{\nabla}^2} A^k .$$

こうして，(2.136) がもとまった．

さて，

$$(\boldsymbol{P})_{jk} \equiv \delta_{jk} - \frac{\partial_j \partial_k}{\boldsymbol{\nabla}^2} \quad (2.138)$$

とすると，これは

$$\boldsymbol{P}^2 = \boldsymbol{P}, \quad \sum_{j=1}^{3} \partial_j \boldsymbol{P}_{jk} = 0 \quad (2.139)$$

を満たしているので，∂_j に垂直 (= 横 (Transverse)) 方向への射影演算子である．すなわち，電磁場の運動する自由度はある方向に対する横方向の 2 個の自由度しかないことがわかる．そこで横方向に射影された電磁場を，

2.4 マックスウェル (Maxwell) 場 — 電磁場

$$\boldsymbol{A}_\mathrm{T} \equiv \boldsymbol{P} \cdot \boldsymbol{A}, \quad \boldsymbol{\nabla} \cdot \boldsymbol{A}_\mathrm{T} = 0 \tag{2.140}$$

と書く.(これは,クーロンゲージ (2.127) そのものだ.) 一方,また,縦 (Longitudinal) 方向の電磁場の成分

$$\phi \equiv \boldsymbol{\nabla} \cdot \boldsymbol{A}_\mathrm{L} \tag{2.141}$$

は,

$$A^0 + \frac{\partial}{\partial t}\left(\frac{1}{\boldsymbol{\nabla}^2}\right)\phi \tag{2.142}$$

のかたちで Lagrangian に入っているので,A^0 のゲージ変換で吸収されてしまう.

$$A^0 + \frac{\partial}{\partial t}\left(\left(\frac{1}{\boldsymbol{\nabla}^2}\right)\phi + \Lambda\right) \mapsto A^0, \quad \left(\Lambda = -\left(\frac{1}{\boldsymbol{\nabla}^2}\right)\phi\right).$$

また,A^0 は時間微分を含んでおらず,運動するモードではないことに注意しよう.

例題 4.4 ここからは,再び自然単位系に戻る.横方向の量子化された電磁場は,

$$\hat{\boldsymbol{A}}_\mathrm{T}(x) = \int_{-\infty}^{\infty} \frac{d^3\boldsymbol{p}}{\sqrt{(2\pi)^3 2|\boldsymbol{p}|}} \sum_{s=1}^{2} \boldsymbol{\epsilon}(\boldsymbol{p},s)\left(\hat{a}(\boldsymbol{p},s)\mathrm{e}^{-ipx} + \hat{a}^\dagger(\boldsymbol{p},s)\mathrm{e}^{ipx}\right), \tag{2.143}$$

$$\boldsymbol{p}\cdot\boldsymbol{\epsilon}(\boldsymbol{p},s) = 0,$$
$$[\hat{a}(\boldsymbol{p},s),\hat{a}^\dagger(\boldsymbol{p}',s')] = \delta^3(\boldsymbol{p}-\boldsymbol{p}')\delta_{ss'}, \quad \text{others} = 0 \tag{2.144}$$

と与えられる(クーロンゲージを採用したときの量子化である).このとき,正準共役量は,

$$\hat{\boldsymbol{\Pi}}_\mathrm{T}(x) = \dot{\hat{\boldsymbol{A}}}_\mathrm{T}(x) = -i\int_{-\infty}^{\infty} \frac{d^3\boldsymbol{p}}{\sqrt{(2\pi)^3}}\sqrt{\frac{|\boldsymbol{p}|}{2}}\sum_{s=1}^{2}\boldsymbol{\epsilon}(\boldsymbol{p},s)$$
$$\times \left(\hat{a}(\boldsymbol{p},s)\mathrm{e}^{-ipx} - \hat{a}^\dagger(\boldsymbol{p},s)\mathrm{e}^{ipx}\right) \tag{2.145}$$

となり,正準交換関係は,

$$\left[\left(\hat{\boldsymbol{A}}_\mathrm{T}\right)_j(x),\left(\hat{\boldsymbol{\Pi}}_\mathrm{T}\right)_k(y)\right]\bigg|_{x_0=y_0} = i\delta^\mathrm{T}_{jk}(\boldsymbol{x}-\boldsymbol{y}), \quad \text{others} = 0, \tag{2.146}$$

$$\delta^\mathrm{T}_{jk}(\boldsymbol{x}) \equiv \int \frac{d^3\boldsymbol{p}}{(2\pi)^3}\left(\delta_{jk} - \frac{p_j p_k}{\boldsymbol{p}^2}\right)\mathrm{e}^{i\boldsymbol{p}\cdot\boldsymbol{x}} \tag{2.147}$$

で与えられることを示せ．

解 $\nabla \cdot \boldsymbol{A}_\mathrm{T} = 0$ は $\boldsymbol{p} \cdot \boldsymbol{\epsilon}(\boldsymbol{p}, s) = 0$ より明らかである．いま，運動量 $\boldsymbol{p}$ の方向を z–軸にとる：

$$\boldsymbol{p}^{(z)} = (0, 0, p) \ . \tag{2.148}$$

このとき，

$$\boldsymbol{\epsilon}(1) = (1, 0, 0) \ , \quad \boldsymbol{\epsilon}(2) = (0, 1, 0)$$

である．したがって，

$$\sum_{s=1}^{2} \epsilon^j(s) \epsilon^k(s) = \begin{pmatrix} 1 & & \\ & 1 & \\ & & 0 \end{pmatrix}_{jk} = \delta_{jk} - \frac{p_j^{(z)} p_k^{(z)}}{\boldsymbol{p}^2} \tag{2.149}$$

と書ける．任意の $\boldsymbol{p}$ に戻すのは空間回転 (1.64) を利用する．今それを，

$$\boldsymbol{p} \equiv \mathcal{R} \boldsymbol{p}^{(z)} \tag{2.150}$$

とし，

$$\boldsymbol{\epsilon}(\boldsymbol{p}, s) \equiv \mathcal{R} \boldsymbol{\epsilon}(s) \tag{2.151}$$

と書く．(2.149) は，回転行列を作用させれば，

$$\sum_{s=1}^{2} \epsilon^j(\boldsymbol{p}, s) \epsilon^k(\boldsymbol{p}, s) = \delta_{jk} - \frac{p_j p_k}{\boldsymbol{p}^2} \tag{2.152}$$

となる ($\sum_{j'=1}^{3} \mathcal{R}_{jj'} \mathcal{R}_{kj'} = \delta_{jk}$)．さて，本題に入る．Lagrangian (2.136) の横成分は ($\epsilon_0 = 1$ とおいて)

$$(2.136) \longrightarrow \frac{1}{2} \int d^4 x \ \partial_\mu \boldsymbol{A}_\mathrm{T} \cdot \partial^\mu \boldsymbol{A}_\mathrm{T} \ .$$

場の正準運動量の定義 (1.92) を用いれば，ただちに (2.145) が得られる．(2.146) は，生成消滅演算子の交換関係を用いると，

$$\begin{aligned}
(2.146) \text{ の左辺} = &-i \int_{-\infty}^{\infty} \frac{d^3 \boldsymbol{p}}{\sqrt{(2\pi)^3}} \sqrt{\frac{|\boldsymbol{p}|}{2}} \frac{d^3 \boldsymbol{q}}{\sqrt{(2\pi)^3 2|\boldsymbol{q}|}} \sum_{s,s'=1}^{2} \boldsymbol{\epsilon}(\boldsymbol{p}, s) \boldsymbol{\epsilon}(\boldsymbol{q}, s') \\
&\times \left\{ -\delta_{ss'} \delta^3(\boldsymbol{p} - \boldsymbol{q}) \left(\mathrm{e}^{-i(\boldsymbol{p} \cdot \boldsymbol{x} - \boldsymbol{q} \cdot \boldsymbol{y})} + \mathrm{e}^{i(\boldsymbol{p} \cdot \boldsymbol{x} - \boldsymbol{q} \cdot \boldsymbol{y})} \right) \right\}
\end{aligned}$$

2.4 マックスウェル（Maxwell）場 — 電磁場

$$= i \int_{-\infty}^{\infty} \frac{d^3 \boldsymbol{p}}{(2\pi)^3} \sum_{s=1}^{2} \boldsymbol{\epsilon}(\boldsymbol{p},s) \boldsymbol{\epsilon}(\boldsymbol{p},s) e^{i\boldsymbol{p}\cdot(\boldsymbol{x}-\boldsymbol{y})}$$

$$\stackrel{(2.152)}{=} (2.146) \text{ の右辺 }.$$

例題 4.5 交換関係が

$$[A_j(x), A_k(y)] = i\left(\delta_{jk} - \frac{\partial_j \partial_k}{\nabla^2}\right) D(x-y), \tag{2.153}$$

$$D(x) \equiv -i \int \frac{d^3 \boldsymbol{p}}{(2\pi)^3 2|\boldsymbol{p}|} \left(e^{-ip(x-y)} - e^{ip(x-y)}\right) \tag{2.154}$$

（不変デルタ関数 (2.30) の質量ゼロ $m \to 0$ 版）ともとまることを示せ．

解 生成消滅演算子の交換関係 (2.144) を用いると，

$$
\begin{aligned}
(2.153) &= \int \frac{d^3 \boldsymbol{p}}{(2\pi)^3 2|\boldsymbol{p}|} \sum_{s=1}^{2} \boldsymbol{\epsilon}^j(\boldsymbol{p},s) \boldsymbol{\epsilon}^k(\boldsymbol{p},s) \left(e^{-ip(x-y)} - e^{ip(x-y)}\right) \\
&\stackrel{(2.152)}{=} \int \frac{d^3 \boldsymbol{p}}{(2\pi)^3 2|\boldsymbol{p}|} \left(\delta_{jk} - \frac{p_j p_k}{\boldsymbol{p}^2}\right) \left(e^{-ip(x-y)} - e^{ip(x-y)}\right) \\
&= \left(\delta_{jk} - \frac{\partial_j \partial_k}{\nabla^2}\right) \int \frac{d^3 \boldsymbol{p}}{(2\pi)^3 2|\boldsymbol{p}|} \left(e^{-ip(x-y)} - e^{ip(x-y)}\right)
\end{aligned}
$$

となって，題意は示された．

練 習 問 題

4.1 レビ・チビタ記号についての性質 (2.124) を証明せよ．

4.2 形式解 (2.130) と (2.129) を議論せよ．その後，関係 (2.131) が成り立っていることを確かめよ．

2.5 量子場の一般論

自由場の量子化について調べてきたが，相互作用のある場合の取り扱いについてはまだなにも触れていない．この節では，相互作用のある一般的な理論の正準量子化の枠組みについて少し触れ，場の理論が持つ不連続対称性について調べることにしよう．まず，相互作用のいくつかの例をのべよう．

- ϕ（ファイ）**4 乗理論**：スカラー場の相互作用

$$\mathcal{L} = \frac{1}{2}\partial_\mu \phi(x)\partial^\mu \phi(x) - \frac{1}{2}m_s^2 \phi^2(x) - \frac{\lambda}{4!}\phi^4(x) \ . \quad (2.155)$$

第1項，第2項が自由スカラー場の Lagrangian で，第3項を相互作用項という．

- **量子電磁力学 (QED**：Quantum ElectroDynamics)：電磁場と電子の相互作用

$$\mathcal{L} = -\frac{1}{4}F_{\mu\nu}F^{\mu\nu} + \overline{\psi}(x)\left(i\displaystyle{\not{\partial}} - m_\mathrm{f}\right)\psi(x) - e\overline{\psi}(x)\gamma^\mu \psi(x) A_\mu(x) \ . \quad (2.156)$$

第1項，第2項がそれぞれ，自由電磁場，自由ディラック場の Lagrangian で第3項が，電磁場とディラック場の相互作用を表している．

- **湯川相互作用**：擬スカラー場[*7)]とフェルミ場の相互作用

$$\mathcal{L} = (2.155) + \overline{\psi}(x)\left(i\displaystyle{\not{\partial}} - m_\mathrm{f}\right)\psi(x) + g\overline{\psi}(x) i\gamma_5 \psi(x) \phi(x) \ . \quad (2.157)$$

ここで，λ, e, g などは**結合定数**と呼ばれ，通常は小さいと仮定されている．

例題 5.1 相互作用の例として，ϕ 4 乗理論のオイラー–ラグランジュ方程式が，

$$\left(\Box + m^2\right)\phi = -\frac{\lambda}{3!}\phi^3 \quad (2.158)$$

であることを示せ．さらに，$x_0 \to -\infty$ で $\phi \to \phi^\mathrm{in}$，ただし，

$$\left(\Box + m^2\right)\phi^\mathrm{in} = 0 \quad (2.159)$$

[*7)] 擬スカラーについては本節・練習問題 5.3 参照．

を漸近場と呼ぶとき，

$$\phi(x) = \phi^{\text{in}}(x) + \int d^4y \, \Delta_{\text{R}}(x-y) \frac{\lambda}{3!} \phi^3(y) \tag{2.160}$$

と表されることを示せ（ヤング–フェルドマン（Yang–Feldman）**方程式**という）．ここで，$\Delta_{\text{R}}(x)$ は第 2 章の解答 (37) 式で定義された遅延関数の質量のある場合

$$\Delta_{\text{R}}(x) = \lim_{\epsilon \to 0} \int_{-\infty}^{\infty} \frac{d^4k}{(2\pi)^4} \frac{\mathrm{e}^{-ikx}}{k^2 - m^2 + i\epsilon k^0} \tag{2.161}$$

である．

解 前半は，場のオイラー–ラグランジュ方程式 (1.72) より明らか．後半は，$\Delta_{\text{R}}(x)$ が (2.161) より

$$\left(\Box + m^2\right) \Delta_{\text{R}}(x) = -\delta^4(x)$$

を満たすことに注意すれば，ヤング–フェルドマン方程式 (2.160) にクライン–ゴルドン演算子，$\Box + m^2$ を作用させ，(2.159) を用いると結果が (2.158) となることがわかる．さらに，第 2 章の解答 (39) 式より

$$\lim_{x_0 \to -\infty} \Delta_{\text{R}}(x-y) = 0$$

であるから，確かに $x_0 \to -\infty$ で $\phi \to \phi^{\text{in}}$ を満たしていることもわかる．

結合定数 λ が小さいとき，ϕ は ϕ^{in} で順繰りに表すことができる．

$$\phi(x) = \phi^{\text{in}}(x) + \int d^4y \, \Delta_{\text{R}}(x-y) \frac{\lambda}{3!} \left(\phi^{\text{in}}(y)\right)^3 + O(\lambda^2) . \tag{2.162}$$

これを摂動論といい 4.1 節で経路積分法を用いて議論する．

例題 5.2 量子場（1.3 節・例題 3.1 同様，ベクトルのように $\boldsymbol{\phi}(x)$ あるいは $\phi^a(x)$ のように書く）の正準運動量を古典場のときと同様に (1.92) で定義する．そのうえで，同時刻正準（反）交換関係，

$$\left[\phi^a(x), \pi^b(y)\right]\bigg|_{\mp:0} = \begin{cases} i\delta_{ab} \\ \delta_{ab} \end{cases} \delta^3(\boldsymbol{x}-\boldsymbol{y}) , \quad \left[\phi^a(x), \phi^b(y)\right]\bigg|_{\mp:0} = 0 ,$$

$$\left[\pi^a(x), \pi^b(y)\right]\bigg|_{\mp:0} = 0 \tag{2.163}$$

を要請しよう．ここで，交換関係に対して (2.51) の書き方をした．このとき，1.3 節の練習問題 3.5 で定義した場のエネルギー・運動量，

$$P_\mu = \int d^3\boldsymbol{x}\, T_{0\mu} = \int d^3\boldsymbol{x}\, (\pi^a \partial_\mu \phi^a - g_{0\mu}\mathcal{L}) \tag{2.164}$$

が

$$[\phi(x), P_\mu] = i\partial_\mu \phi(x) \tag{2.165}$$

を満たすことを示せ.

解 1.3節・練習問題 3.5, $P_0 = H$ およびハイゼンベルグの運動方程式

$$i\dot{\phi}(x) = [\phi(x), H] \tag{2.166}$$

より, また, P_k のときは実際

$$[\phi^a(x), P_k] = \int d^3\boldsymbol{y}\, \left[\phi^a(x), \pi^b(y)\partial_k\phi^j(y)\right] \stackrel{(2.163)}{=} i\partial_k\phi^a(x) \,.$$

例題 5.3 真空 $|0\rangle$ は場の運動量 P_μ より $P_\mu|0\rangle = 0$ として定義される. このとき, 場の二点関数,

$$C(x,y) \equiv \langle 0|\phi(x)\phi(y)|0\rangle \tag{2.167}$$

がその差, $x-y$ のみの関数 $G(x-y)$ であることを示せ.

解 (2.165) より,

$$e^{iPx}\phi(0)e^{-iPx} = \phi(x) \,. \tag{2.168}$$

というのは, 左辺は,

$$\phi(0) + ix^\mu [P_\mu, \phi(0)] + \frac{i^2 x^\mu x^\nu}{2!} [P_\nu, [P_\mu, \phi(0)]]$$

$$+ \frac{i^3 x^\mu x^\nu x^\lambda}{3!} [P_\lambda, [P_\nu, [P_\mu, \phi(0)]]] + \cdots$$

$$\stackrel{(2.165)}{=} \phi(0) + x^\mu \partial_\mu \phi(0) + \frac{x^\mu x^\nu}{2!} \partial_\mu \partial_\nu \phi(0)$$

$$+ \frac{x^\mu x^\nu x^\lambda}{3!} \partial_\mu \partial_\nu \partial_\lambda \phi(0) + \cdots$$

$$= \phi(x)$$

となるからである. $e^{-iPx}|0\rangle = |0\rangle$, $\langle 0|e^{iPx} = \langle 0|$ に注意すれば,

2.5 量子場の一般論

$$\langle 0|e^{iPx}\phi(0)e^{-iPx}e^{iPy}\phi(0)e^{-iPy}|0\rangle = \langle 0|\phi(0)e^{-iP(x-y)}\phi(0)|0\rangle$$
$$= \langle 0|e^{iP(x-y)}\phi(0)e^{-iP(x-y)}\phi(0)|0\rangle = C(x-y,0) = G(x-y) \ .$$

例題 5.4 1.3節・練習問題 3.3 での角運動量（第1章の解答 (31) 式）および角運動量密度（第1章の解答 (30) 式）より，

$$M_{\mu\nu} = \int d^3\boldsymbol{x}\, \mathcal{M}_{0\mu\nu} = \int d^3\boldsymbol{x}\, (\boldsymbol{\pi}\boldsymbol{\Sigma}_{\mu\nu}\boldsymbol{\phi} + x_\mu T_{0\nu} - x_\nu T_{0\mu}) \ . \tag{2.169}$$

これが，

$$[\phi(x), M_{\mu\nu}] = i\,(x_\mu \partial_\nu - x_\nu \partial_\mu + \boldsymbol{\Sigma}_{\mu\nu})\,\phi(x) \tag{2.170}$$

を満たすことを示せ（右辺が，リー微分 (1.78) で与えられることに注意）．

解 (2.165) より，

$$[\phi(x), T_{0\mu}(y)]\Big|_{x_0=y_0} = i\partial_\mu \phi(x)\delta^3(\boldsymbol{x}-\boldsymbol{y}) + g_{\mu k}\partial_y^k (\cdots) \tag{2.171}$$

である．なぜなら，y について空間積分すれば (2.165) になるからである．この関係と，正準（反）交換関係 (2.163) より，

$$[\phi(x), M_{\mu\nu}] = \int d^3\boldsymbol{y}\,[\phi(x), \boldsymbol{\pi}(y)\boldsymbol{\Sigma}_{\nu\lambda}\phi(y) + y_\nu T_{0\lambda}(y) - y_\lambda T_{0\nu}(y)]\Big|_{x_0=y_0}$$
$$= i\,(x_\mu \partial_\nu - x_\nu \partial_\mu + \boldsymbol{\Sigma}_{\mu\nu})\,\phi(x)$$

となる．注意することは，1行目で，$x_0 = y_0$ とできたのは，$M_{\mu\nu}$ が保存していることより，時刻は何処にとってもよいからである．

例題 5.5 空間反転（パリティー変換）は座標の変換 $\boldsymbol{x} \mapsto -\boldsymbol{x}$ で与えられる．これは鏡の中の世界へ行くことである．4元電流密度を，$J^\mu(t,\boldsymbol{x}) \equiv (\rho(t,\boldsymbol{x}), \boldsymbol{J}(t,\boldsymbol{x}))$ と書く．(ここで，$\rho(t,\boldsymbol{x})$ は電荷密度，$\boldsymbol{J}(t,\boldsymbol{x})$ は電流密度である．) 鏡の中では電流は逆に流れるから，

$$\rho(t,\boldsymbol{x}) \mapsto \rho(t,-\boldsymbol{x})\,, \quad \boldsymbol{J}(t,\boldsymbol{x}) \mapsto -\boldsymbol{J}(t,-\boldsymbol{x})\,, \tag{2.172}$$

つまり

$$J^\mu(t,\boldsymbol{x}) \mapsto J_\mu(t,-\boldsymbol{x})\,. \tag{2.173}$$

A^μ を電磁場とすると,(古典力学より) 相互作用 Hamiltonian 密度は $A^\mu J_\mu$ で与えられるから Hamiltonian がパリティー変換で不変ならば,

$$A^\mu(t,\bm{x}) \mapsto A_\mu(t,-\bm{x}) \tag{2.174}$$

を意味する.量子論では,(2.173) (2.174) は,

$$\mathcal{P} J^\mu(t,\bm{x}) \mathcal{P}^{-1} = J_\mu(t,-\bm{x}) \,, \quad \mathcal{P} A^\mu(t,\bm{x}) \mathcal{P}^{-1} = A_\mu(t,-\bm{x}) \tag{2.175}$$

と書ける.$\mathcal{P}$ はパリティー変換の演算子である.ディラック場が,

$$\mathcal{P} \psi(t,\bm{x}) \mathcal{P}^{-1} = e^{i\theta_P} \mathrm{P} \psi(t,-\bm{x}) \,, \quad \mathrm{P}:4\,行\,4\,列の行列,\quad \theta_P:定数 \tag{2.176}$$

と変換されるとしたとき,QED の Lagrangian (2.156) から導かれるディラック方程式

$$[i\gamma^\mu (\partial_\mu + ieA_\mu(t,\bm{x})) - m]\psi(t,\bm{x}) = 0 \tag{2.177}$$

がパリティー変換で不変であるとすると,P は,

$$\mathrm{P}^{-1} \gamma^\mu \mathrm{P} = \gamma_\mu \tag{2.178}$$

を満たすことを示せ.

解 (2.177) を $\mathcal{P}$ と $\mathcal{P}^{-1}$ ではさんで,(2.175) (2.176) を用いると,

$$[i\gamma^\mu (\partial_\mu + ieA^\mu(t,-\bm{x})) - m]\mathrm{P}\psi(t,-\bm{x}) = 0 \,.$$

($e^{i\theta_P}$ は定数なので落とした.)ここで,座標を $\bm{x} \mapsto -\bm{x}$ ($\partial_\mu \mapsto \partial^\mu$) とすると,

$$[i\gamma^\mu (\partial^\mu + ieA^\mu(t,\bm{x})) - m]\mathrm{P}\psi(t,\bm{x}) = 0 \,.$$

(2.177) と比べると,(2.178) であればよいことがわかる.具体的には,

$$\mathrm{P} = \gamma^0 \,, \quad (\mathrm{P}^{-1} = \mathrm{P}) \tag{2.179}$$

ととればよい.

例題 5.6 時間反転 $t \mapsto -t$ に対する演算子を $\mathcal{T}$ と書く.たとえば,スカラー場に対して,

2.5 量子場の一般論

$$\mathcal{T}\phi(t,\boldsymbol{x})\mathcal{T}^{-1} = \phi(-t,\boldsymbol{x}) \tag{2.180}$$

とする. 運動方程式および Hamiltonian H は不変であるとすると, 虚数単位 i に対して,

$$\mathcal{T}i\mathcal{T}^{-1} = -i \tag{2.181}$$

であることを示せ. また,

$$\mathcal{T}J^\mu(t,\boldsymbol{x})\mathcal{T}^{-1} = J_\mu(-t,\boldsymbol{x}) \tag{2.182}$$

であることを示せ.

解 ハイゼンベルグの運動方程式

$$[\phi(t,\boldsymbol{x}), H] = i\frac{\partial \phi(t,\boldsymbol{x})}{\partial t}$$

に $\mathcal{T}$ を作用する. $\mathcal{T}H\mathcal{T}^{-1} = H$ を用いると,

$$[\phi(-t,\boldsymbol{x}), H] = i\frac{\partial \phi(-t,\boldsymbol{x})}{\partial t} \stackrel{t \mapsto -t}{\Longrightarrow} [\phi(t,\boldsymbol{x}), H] = -i\frac{\partial \phi(t,\boldsymbol{x})}{\partial t}.$$

したがって, 運動方程式が不変であるためには, $i \mapsto -i$ が必要である[*8]. 一般に,

$$\mathcal{T}z\mathcal{T}^{-1} = z^*, \quad z:\text{複素数}. \tag{2.185}$$

電流密度の時間反転 (2.182) はフイルムの巻き戻しであることより, 電荷密度は符号を変えないが, 電流密度は符号を変えることに気が付けばよい. こうして, 電磁場 A^μ は,

$$\mathcal{T}A^\mu(t,\boldsymbol{x})\mathcal{T}^{-1} = A_\mu(-t,\boldsymbol{x}) \tag{2.186}$$

[*8] 状態ベクトルに対して, 『時間反転は, 反ユニタリー変換』として作用する: O を任意の演算子として

$$\langle\beta|O|\alpha\rangle \stackrel{\text{時間反転}}{\Longrightarrow} \langle\mathcal{T}\beta|\mathcal{T}O\mathcal{T}^{-1}|\mathcal{T}\alpha\rangle^* = \langle\mathcal{T}\alpha|\mathcal{T}O^\dagger\mathcal{T}^{-1}|\mathcal{T}\beta\rangle. \tag{2.183}$$

ここで, $|\mathcal{T}\beta\rangle$ は状態を指定する量 β を時間反転したものである (座標は不変. 運動量は $\boldsymbol{p} \mapsto -\boldsymbol{p}$. 角運動量は $\boldsymbol{L} \mapsto -\boldsymbol{L}$). Hamiltonian が時間反転で不変であるとしたとき, 遷移振幅 $\langle f;t_f|i;t_i\rangle = \langle f|e^{-i(t_f-t_i)H}|i\rangle$ は時間反転で $\langle\mathcal{T}i;t_f|\mathcal{T}f;t_i\rangle$ となる:

$$\Rightarrow \langle\mathcal{T}f|\mathcal{T}e^{-i(t_f-t_i)H}\mathcal{T}^{-1}|\mathcal{T}i\rangle^* = \langle\mathcal{T}i|\mathcal{T}e^{i(t_f-t_i)H}\mathcal{T}^{-1}|\mathcal{T}f\rangle = \langle\mathcal{T}i|e^{-i(t_f-t_i)H}|\mathcal{T}f\rangle. \tag{2.184}$$

と変換されねばならない.

例題 5.7 ディラック場が時間反転のもとで,
$$\mathcal{T}\psi(t,\boldsymbol{x})\mathcal{T}^{-1} = e^{i\theta_\mathrm{T}}\mathrm{T}\psi(-t,\boldsymbol{x})\,, \quad \mathrm{T}:4\text{行4列の行列}, \quad \theta_\mathrm{T}:\text{定数} \quad (2.187)$$
と変換されるとき, QED でのディラック方程式 (2.177) が不変であるためには,
$$\mathrm{T}^{-1}\left(\gamma^\mu\right)^*\mathrm{T} = \gamma_\mu \tag{2.188}$$
であることを示せ.

[解] ディラック方程式 (2.177) を $\mathcal{T}\,\mathcal{T}^{-1}$ ではさんで, (2.186) および (2.185) に注意すると,
$$\left[-i\left(\gamma^\mu\right)^*\left(\partial_\mu - ieA^\mu(-t,\boldsymbol{x})\right) - m\right]\mathrm{T}\psi(-t,\boldsymbol{x}) = 0\,.$$
$t \mapsto -t$ とすると $\partial_\mu \mapsto -\partial^\mu$ であるから,
$$\left[i\left(\gamma^\mu\right)^*\left(\partial^\mu + ieA^\mu(t,\boldsymbol{x})\right) - m\right]\mathrm{T}\psi(t,\boldsymbol{x}) = 0\,.$$
これがディラック方程式 (2.177) に等しいためには, (2.188) であればよいことはすぐわかる. 具体的には,
$$\mathrm{T} \equiv i\gamma^1\gamma^3\,, \quad \left(\mathrm{T}^{-1} = \mathrm{T}^\dagger = \mathrm{T} = -\mathrm{T}^*\right)\,. \tag{2.189}$$

例題 5.8 電荷 e の符号を変える操作, $e \leftrightarrow -e$ を**荷電共役(粒子反粒子)変換**という. 荷電共役演算子を $\mathcal{C}$ と書く. これは4元電流密度の符号を変えることに相当する. 先と同様に Hamiltonian の不変性を要請すると,
$$\mathcal{C}J^\mu(x)\mathcal{C}^{-1} = -J^\mu(x) \quad \mapsto \quad \mathcal{C}A^\mu(x)\mathcal{C}^{-1} = -A^\mu(x)\,. \tag{2.190}$$
ディラック場が荷電共役変換のもとで,
$$\mathcal{C}\psi(x)\mathcal{C}^{-1} = e^{i\theta_\mathrm{c}}\mathrm{C}\overline{\psi}^\mathrm{T}(x)\,, \quad \mathrm{C}:4\text{行4列の行列}, \quad \theta_\mathrm{C}:\text{定数} \quad (2.191)$$
と変換されるとき (T は転置), ディラック方程式 (2.177) が不変であるためには,
$$\mathrm{C}^{-1}\gamma^\mu\mathrm{C} = -\left(\gamma^\mu\right)^\mathrm{T} \tag{2.192}$$
であることを示せ.

2.5 量子場の一般論

解 ディラック方程式 (2.177) の M 共役方程式,

$$\overline{\psi}(x)\left[i\gamma^\mu\left(\overleftarrow{\partial}_\mu - ieA_\mu(x)\right) + m\right] = 0 \tag{2.193}$$

の転置をとって，(以下では場の x は省略.)

$$\left[i\left(\gamma^\mu\right)^{\mathrm{T}}\left(\partial_\mu - ieA_\mu\right) + m\right]\left(\overline{\psi}\right)^{\mathrm{T}} = 0$$

$$\times(-1) \Downarrow$$

$$\left[i\left(-\gamma^\mu\right)^{\mathrm{T}}\left(\partial_\mu - ieA_\mu\right) - m\right]\left(\overline{\psi}\right)^{\mathrm{T}} = 0 . \tag{2.194}$$

一方，ディラック方程式 (2.177) に荷電共役演算を施し (2.190) (2.191) を用いると，

$$[i\gamma^\mu\left(\partial_\mu - ieA_\mu\right) - m]\,\mathrm{C}\left(\overline{\psi}\right)^{\mathrm{C}} = 0 .$$

(2.194) と比べると (2.192) が出る．(2.192) を満たす具体的な形は,

$$\mathrm{C} = i\gamma^2\gamma^0 , \quad \left(\mathrm{C}^{-1} = \mathrm{C}^\dagger = \mathrm{C}^{\mathrm{T}} = -\mathrm{C}\right) . \tag{2.195}$$

練習問題

5.1 1.3 節・練習問題 3.4 でのスケール変換の生成子 D が,

$$[\phi(x), D] = i\left(x\cdot\partial + \boldsymbol{d}\right)\phi(x) , \quad x\cdot\partial \equiv x^\mu\partial_\mu \tag{2.196}$$

を満たすことを示せ.

5.2 スケール次元 $\boldsymbol{d}$ がスカラー場（相互作用は微分を含まないものであるとする）のとき $d = 1$ で，ディラック場のとき $d = 3/2$ であることを示せ.

5.3 2.3 節・例題 3.2 でやったように，ψ をスピナとするとき，$\overline{\psi}(x)i\gamma_5\psi(x)$ が実**擬スカラー**，$\overline{\psi}(x)\gamma_\mu\gamma_5\psi(x)$ が実**軸性ベクトル**（**axial vector**）であることを示せ.
ただし，擬スカラー $\phi(x)$ とは，ローレンツ変換のもとで,

$$\phi(x) \longrightarrow \phi'(x') = \phi(x) \tag{2.197}$$

とスカラーのように振る舞い，空間反転（$\mathcal{P}$ 変換）の下で，符号を変える量,

$$\mathcal{P}\phi(t,\boldsymbol{x})\mathcal{P}^{-1} = -\phi(t,-\boldsymbol{x}) \tag{2.198}$$

であり，軸性ベクトルとは $\mathcal{P}\boldsymbol{V}(t,\boldsymbol{x})\mathcal{P}^{-1} = -\boldsymbol{V}(t,-\boldsymbol{x})$ となるベクトルに対して,

$\mathcal{P}\boldsymbol{A}(t,\boldsymbol{x})\mathcal{P}^{-1} = \boldsymbol{A}(t,-\boldsymbol{x})$ のように符号を変えないもの（たとえば磁場である），4元ベクトル表示では，

$$\mathcal{P}a_\mu(t,\boldsymbol{x})\mathcal{P}^{-1} = -a^\mu(t,-\boldsymbol{x}) \tag{2.199}$$

となるものである．

5.4 ディラック場の4元電流密度は，$J^\mu = e\overline{\psi}\gamma^\mu\psi$ である．これが，空間反転 (2.175) を満たしていることを示せ．

5.5 時間反転で (2.187) のように変換するディラック場の4元電流密度が (2.182) を満たしていることを確かめよ．

5.6 荷電共役変換で (2.191) のように変換するディラック場の4元電流密度が (2.190) を満たしていることを確かめよ．

5.7 (2.70) の $\sigma^{\mu\nu}, S_{\alpha\beta}$ に対して，

$$C^{-1}\sigma^{\mu\nu}C = -(\sigma^{\mu\nu})^{\mathrm{T}}, \tag{2.200}$$

$$C^{-1}S_{\alpha\beta}C = \left(S^{-1}\right)_{\beta\alpha}, \quad \left(C^{-1}SC = \left(S^{-1}\right)^{\mathrm{T}}\right) \tag{2.201}$$

であることを示し，$\psi^{\mathrm{T}}C\psi$ がローレンツ変換 (2.69) のもとで，$\overline{\psi}\psi$ と同じようにスカラーであることを示せ．(こうした事実に基づく質量項 $M\psi^{\mathrm{T}}C\psi$ の質量 M をマヨラナ (**Majorana**) 質量という．)

5.8 CPT変換で理論が不変であることを以下のように調べよう．（これを **CPT-定理** という．）$\Theta \equiv \mathcal{CPT}$ とすると，$\theta_{\mathrm{tot}} \equiv \theta_{\mathrm{C}} + \theta_{\mathrm{P}} + \theta_{\mathrm{T}}$ と書いて，

$$\begin{aligned}\Theta\psi(x)\Theta^{-1} &= \mathrm{e}^{i\theta_{\mathrm{tot}}}\mathrm{TPC}\overline{\psi}^{\mathrm{T}}(-x) = i\gamma^0\gamma^5\overline{\psi}^{\mathrm{T}}(-x), \\ \Theta\overline{\psi}(x)\Theta^{-1} &= -\mathrm{e}^{-i\theta_{\mathrm{tot}}}\psi^{\mathrm{T}}(-x)(\mathrm{TPC})^{-1} = -\mathrm{e}^{-i\theta_{\mathrm{tot}}}\psi^{\mathrm{T}}(-x)i\gamma^0\gamma^5,\end{aligned} \tag{2.202}$$

$$\Theta A^\mu(x)\Theta^{-1} = -A^\mu(-x) \tag{2.203}$$

であることを示せ．
　さらに，ディラック場の4元電流密度が

$$\Theta J^\mu(x)\Theta^{-1} = -J^\mu(-x) \tag{2.204}$$

であること，QED Lagrangian (2.156) が

$$\Theta\mathcal{L}(x)\Theta^{-1} = \mathcal{L}(-x) \tag{2.205}$$

となることを示せ．

第 3 章
経路積分法

経路積分法は，ディラックのアイデアを推し進めたファインマンによってその完成をみた．正準量子化は演算子を扱うために，積の定義を含め面倒な問題があるが，経路積分は C–数のみを扱うため見通しがよく，広く用いられるようになった．ここでは，経路積分表示の構築，フェルミオンの経路積分，そして，経路積分がその独自の地位を築く上で欠かすことのできないユークリッド経路積分を議論する．

3.1 経路積分入門

例題 1.1 時間推進の演算子 $U(t, t_0)$,
$$|\psi(t)\rangle = U(t, t_0)|\psi(t_0)\rangle \tag{3.1}$$
は，
$$i\hbar \frac{\partial}{\partial t} U(t, t_0) = H(t) U(t, t_0) , \quad U(t_0, t_0) = \mathbf{I} \tag{3.2}$$
および，
$$U(t_2, t_1) U(t_1, t_0) = U(t_2, t_0) , \quad (t_2 > t_1 > t_0) \tag{3.3}$$
を満たすことを示せ．

解 (3.2) の右側の式は自明なので，左側を示そう．$|\psi(t)\rangle$ はシュレディンガー方程式，
$$i\hbar \frac{\partial}{\partial t} |\psi(t)\rangle = H(t) |\psi(t)\rangle \tag{3.4}$$

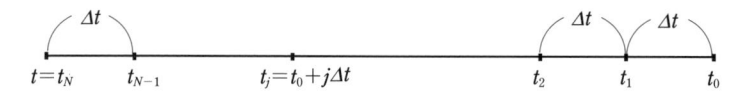

図 3.1 　時間間隔 $t - t_0$ の N 分割：$\Delta t \equiv (t - t_0)/N$.

を満たすから，

$$i\hbar \frac{\partial}{\partial t} U(t, t_0)|\psi(t_0)\rangle = H(t) U(t, t_0)|\psi(t_0)\rangle .$$

$|\psi(t_0)\rangle$ は任意であるから，(3.2) が得られる．(たとえば，$|\psi(t_0)\rangle \equiv |q\rangle$ として，右から $\langle q|$ を掛けて，**位置の完全性**，

$$\int_{-\infty}^{\infty} dq \, |q\rangle\langle q| = \mathbf{I} \tag{3.5}$$

を用いればよい．) (3.3) のほうは，時間推進演算子の定義より，

$$|\psi(t_2)\rangle = U(t_2, t_0)|\psi(t_0)\rangle ,$$
$$|\psi(t_2)\rangle = U(t_2, t_1)|\psi(t_1)\rangle , \quad |\psi(t_1)\rangle = U(t_1, t_0)|\psi(t_0)\rangle$$

であるから，

$$|\psi(t_2)\rangle = U(t_2, t_0)|\psi(t_0)\rangle = U(t_2, t_1) U(t_1, t_0)|\psi(t_0)\rangle .$$

ふたたび，$|\psi(t_0)\rangle$ は任意であることを用いれば (3.3) は導ける．

例題 1.2 　時間推進の演算子 (3.1) は図 3.1 のように時間間隔 $t - t_0$ を N 等分して $(t - t_0)/N = \Delta t$ と書くとき，

$$U(t, t_0) = \lim_{N \to \infty} \left(\mathbf{I} - \frac{i}{\hbar} \Delta t H(t \equiv t_N) \right) \left(\mathbf{I} - \frac{i}{\hbar} \Delta t H(t_{N-1}) \right)$$
$$\times \cdots \times \left(\mathbf{I} - \frac{i}{\hbar} \Delta t H(t_2) \right) \left(\mathbf{I} - \frac{i}{\hbar} \Delta t H(t_1) \right) , \tag{3.6}$$

そして Hamiltonian が時間によらないとするときは，

$$U(t, t_0) = \exp\left[-\frac{i}{\hbar}(t - t_0) H \right] \tag{3.7}$$

となることを示せ．

解 時間推進演算子の満たす方程式 (3.2) の解は，Δt を無限小時間とすると，

$$(3.2) \Longrightarrow i\hbar \frac{U(t+\Delta t, t) - U(t,t)}{\Delta t} = H(t)U(t,t) ,$$

$$U(t+\Delta t, t) = U(t,t) - \frac{i}{\hbar}\Delta t H(t)U(t,t) \stackrel{U(t,t)=\mathbf{I}}{=} \mathbf{I} - \frac{i}{\hbar}\Delta t H(t) ,$$

つまり，$t_j = t_{j-1} + \Delta t$, $(j=1,2,\cdots,N)$，と書くとき，

$$U(t_j, t_{j-1}) = \mathbf{I} - \frac{i}{\hbar}\Delta t H(t_j) \tag{3.8}$$

で与えられるので，(3.3) を繰り返し用いることで (3.6) はもとまる．$O(\Delta t^2)$ を無視していることに注意しよう．この原則は以下でも貫かれる．Hamiltonian が時間に依存しないときは，(3.6) は 1 つにまとまって指数関数の定義を用いれば

$$U(t,t_0) = \lim_{N\to\infty}\left(\mathbf{I} - \frac{i}{\hbar}\frac{(t-t_0)}{N}H\right)^N = \exp\left[-\frac{i}{\hbar}(t-t_0)H\right]$$

と (3.7) がもとまる．

例題 1.3 量子論では Hamiltonian は運動量 P と座標 Q（大文字は演算子を表す）の関数である．いま $H(t_j) \equiv H_j(P,Q)$ と書いて，

$$H_j^{(QP)}(P,Q) \equiv \sum_{m,n} a_{m,n}(t_j) Q^m P^n , \quad QP\text{-順序} \tag{3.9}$$

のように与えられるとき（QP-順序を示すため添字をつけた），(微小時間の) **ファインマン核**，

$$K(q_j, t_j; q_{j-1}, t_{j-1}) \equiv \langle q_j | \mathbf{I} - \frac{i}{\hbar}\Delta t H_j^{(QP)}(P,Q) | q_{j-1} \rangle \tag{3.10}$$

が，

$$K(q_j, t_j; q_{j-1}, t_{j-1}) = \int_{-\infty}^{\infty} \frac{dp_j}{2\pi\hbar} e^{i\left\{p_j(q_j - q_{j-1}) - \Delta t H_j^{(QP)}(p_j, q_j)\right\}/\hbar} \tag{3.11}$$

ともとめられることを示せ．

解 基本ケット（ブラ）$|p\rangle, |q\rangle$ ($\langle p|, \langle q|$) は，

$$P|p\rangle = p|p\rangle , \quad \langle p|P = \langle p|p ,$$
$$Q|q\rangle = q|q\rangle , \quad \langle q|Q = \langle q|q , \tag{3.12}$$

位置の完全性 (3.5) および**運動量の完全性**,

$$\int_{-\infty}^{\infty} dp\, |p\rangle\langle p| = \mathbf{I}\,, \tag{3.13}$$

さらに内積,

$$\langle q|p\rangle = \frac{\mathrm{e}^{ipq/\hbar}}{\sqrt{2\pi\hbar}}\,, \quad \langle p|q\rangle = \frac{\mathrm{e}^{-ipq/\hbar}}{\sqrt{2\pi\hbar}} \tag{3.14}$$

に従うことに注意する．そこで,

$$K(q_j,t_j\,;\,q_{j-1},t_{j-1}) \stackrel{(3.13)}{=} \int_{-\infty}^{\infty} dp_j \langle q_j| \left[\mathbf{I} - \frac{i}{\hbar}\Delta t H_j^{(QP)}(P,Q)\right] |p_j\rangle\langle p_j|q_{j-1}\rangle$$

$$\stackrel{(3.9)}{=} \int_{-\infty}^{\infty} dp_j \left(1 - \frac{i}{\hbar}\Delta t H_j^{(QP)}(p_j,q_j)\right) \langle q_j|p_j\rangle\langle p_j|q_{j-1}\rangle \tag{3.15}$$

$$\stackrel{(3.14)}{=} \int_{-\infty}^{\infty} \frac{dp_j}{2\pi\hbar} \exp\left[\frac{i}{\hbar}\Big\{p_j(q_j - q_{j-1}) - \Delta t H_j^{(QP)}(p_j,q_j)\Big\}\right].$$

最後は，指数の肩にあげて $O\left(\Delta t^2\right)$ を無視した．大事なことは，Hamiltonian が (3.9) のように QP–順序で与えられていたことである．もし，それが PQ–順序であれば,

$$H_j^{(PQ)}(P,Q) = \sum_{m,n} b_{m,n}(t_j) P^m Q^n\,, \quad PQ\text{–順序}\,, \tag{3.16}$$

$$\begin{aligned}K(q_j,t_j;q_{j-1},t_{j-1}) \\ = \int_{-\infty}^{\infty} \frac{dp_j}{2\pi\hbar} \exp\left[\frac{i}{\hbar}\Big\{p_j(q_j - q_{j-1}) - \Delta t H_j^{(PQ)}(p_j,q_{j-1})\Big\}\right]\end{aligned} \tag{3.17}$$

となる．q_j の足の違いに注意しよう．これらは，もちろん同じ Hamiltonian の単なる書き換えであるから当然結果は同じものである．仮に，$H = PQP$ という Hamiltonian があったとしよう．これは,

$$H = PQP = \begin{cases} H^{(QP)} = QP^2 - i\hbar P\,; & QP\text{–順序} \\ H^{(PQ)} = P^2 Q + i\hbar P\,; & PQ\text{–順序} \end{cases}$$

と双方の書き方で与えられるからである．

例題 1.4 ファインマン核

$$K(q_f,t_f;q_i,t_i) \equiv \langle q_f|U(t_f,t_i)|q_i\rangle \tag{3.18}$$

の経路積分表示が，$\Delta t \equiv (t_f - t_i)/N$, $\Delta q_j \equiv q_j - q_{j-1}$, と書いて,

3.1 経路積分入門

$$K(q_f, t_f; q_i, t_i) = \lim_{N \to \infty} \prod_{j=1}^{N-1} \left(\int_{-\infty}^{\infty} dq_j \right) \prod_{j=1}^{N} \left(\int_{-\infty}^{\infty} \frac{dp_j}{2\pi\hbar} \right)$$
$$\times \exp\left[\frac{i}{\hbar} \Delta t \sum_{j=1}^{N} \left\{ p_j \left(\frac{\Delta q_j}{\Delta t} \right) - H_j^{(QP)}(p_j, q_j) \right\} \right] \Bigg|_{q_0 = q_i}^{q_N = q_f}$$
(3.19)

と (QP-順序で) 与えられることを示せ．

解 時間推進演算子の積表現 (3.6) を用い，位置の完全性 (3.5) を順番に入れて，

$K(q_f, t_f; q_i, t_i)$
$= \prod_{j=1}^{N-1} \left(\int_{-\infty}^{\infty} dq_j \right) \lim_{N \to \infty} \langle q_f | \left(\mathbf{I} - \frac{i}{\hbar} \Delta t H^{(QP)}(t_N) \right) | q_{N-1} \rangle$
$\times \langle q_{N-1} | \left(\mathbf{I} - \frac{i}{\hbar} \Delta t H^{(QP)}(t_{N-1}) \right) | q_{N-2} \rangle \cdots \langle q_2 | \left(\mathbf{I} - \frac{i}{\hbar} \Delta t H^{(QP)}(t_2) \right) | q_1 \rangle$
$\times \langle q_1 | \left(\mathbf{I} - \frac{i}{\hbar} \Delta t H^{(QP)}(t_1) \right) | q_i \rangle$
$\stackrel{(3.10)}{=} \lim_{N \to \infty} \prod_{j=1}^{N-1} \left(\int_{-\infty}^{\infty} dq_j \right) \prod_{j=1}^{N} K(q_j, t_j; q_{j-1}, t_{j-1}) \Bigg|_{q_0 = q_i}^{q_N = q_f}.$

微小ファインマン核に表示 (3.11) を代入すれば題意の式が出る．(3.19) を **Hamiltonian 経路積分** という．形式的な極限 $N \to \infty$ (**連続極限**) を採ると，

$$\mathcal{K}(q_f, t_f; q_i, t_i) = \int \mathcal{D}q \mathcal{D}p \exp\left[\frac{i}{\hbar} \int_{t_i}^{t_f} dt \{ p\dot{q} - H(p, q; t) \} \right] \Bigg|_{q(0) = q_i}^{q(t) = q_f}$$
(3.20)

となって，これを連続表示の Hamiltonian 経路積分という．

例題 1.5 Hamiltonian が，

$$H(P, Q) = \frac{P^2}{2m} + V(Q)$$
(3.21)

で与えられるときの，経路積分表示をもとめよ．

解 (3.19) に代入すると，

$$K(q_f, t_f; q_i, t_i) = \lim_{N \to \infty} \prod_{j=1}^{N-1} \left(\int_{-\infty}^{\infty} dq_j \right) \prod_{j=1}^{N} \left(\int_{-\infty}^{\infty} \frac{dp_j}{2\pi\hbar} \right)$$
$$\times \exp\left[\frac{i}{\hbar} \Delta t \sum_{j=1}^{N} \left\{ p_j \left(\frac{\Delta q_j}{\Delta t} \right) - \frac{(p_j)^2}{2m} - V(q_j) \right\} \right] \Bigg|_{q_0 = q_i}^{q_N = q_f} .$$

p_j に関して平方完成し，

$$\frac{(p_j)^2}{2m} - p_j \left(\frac{\Delta q_j}{\Delta t} \right) = \frac{1}{2m} \left[p_j - m \left(\frac{\Delta q_j}{\Delta t} \right) \right]^2 - \frac{m}{2} \left(\frac{\Delta q_j}{\Delta t} \right)^2 .$$

フレネル積分 (2.52) を実行し，

$$K(q_f, t_f; q_i, t_i) = \lim_{N \to \infty} \sqrt{\frac{m}{2\pi i \hbar \Delta t}} \prod_{j=1}^{N-1} \left(\int_{-\infty}^{\infty} \sqrt{\frac{m}{2\pi i \hbar \Delta t}} dq_j \right)$$
$$\times \exp\left[\frac{i}{\hbar} \Delta t \sum_{j=1}^{N} \left\{ \frac{m}{2} \left(\frac{\Delta q_j}{\Delta t} \right)^2 - V(q_j) \right\} \right] \Bigg|_{q_0 = q_i}^{q_N = q_f}$$
(3.22)

を得る．これを，ファインマン (**Lagrangian**) 経路積分表示という．再び連続極限をとると，

$$\mathcal{K}(q_f, t_f; q_i, t_i) = \int \mathcal{D}q \exp\left[\frac{i}{\hbar} \int_{t_i}^{t_f} dt \left\{ \frac{m}{2} \dot{q}^2 - V(q) \right\} \right] \Bigg|_{q(t_i) = q_i}^{q(t_f) = q_f}$$
(3.23)

が得られる．指数の肩が，Lagrangian

$$L = \frac{m}{2} \dot{q}^2 - V(q) \tag{3.24}$$

で与えられていることに注意しよう．相対論的不変な理論では Lagrangian は不変量なのでこの表式が重要になる．

練習問題

1.1 いろいろな演算子順序を含むような経路積分表示をもとめよう．
(a) まず次の式を導け．

$$H(P,Q;t) = \iiint \left|q+\left(\frac{1}{2}+\alpha\right)v\right\rangle \left\langle q-\left(\frac{1}{2}-\alpha\right)v\right| H^{(\alpha)}(p,q;t)\, e^{ipv/\hbar} \frac{dp}{2\pi\hbar}\, dq dv \,, \tag{3.25}$$

$$H^{(\alpha)}(p,q;t) \equiv \int \left\langle p+\left(\frac{1}{2}-\alpha\right)u\right| H(P,Q;t) \left|p-\left(\frac{1}{2}+\alpha\right)u\right\rangle e^{iqu/\hbar} du \,. \tag{3.26}$$

α は演算子順序（α-順序）を表す定数である．
(b)

$$E(P,Q;a,b) \equiv e^{i(aP+bQ)/\hbar} \mapsto e^{i(ap+bq)/\hbar} \,, \quad a,b \text{ は } C\text{-数} \tag{3.27}$$

で定義される演算子順序をワイル（Weyl）-順序という．$\{P^m Q^n\}_{\text{Weyl}}$ をもとめるには，$E(P,Q;a,b)$ を a,b でそれぞれ m,n-階微分して $a=b=0$ とすればよい．たとえば，$\{PQ\}_{\text{Weyl}} = (PQ+QP)/2$，$\{P^2 Q\}_{\text{Weyl}} = (P^2 Q + PQP + QP^2)/3$ などである．(3.26) で $\alpha=0$ がワイル順序を与えることを示せ．また，$\alpha=1/2(-1/2)$ が $PQ(QP)$-順序であることを示せ．
(c) 微小時間のファインマン核で Hamiltonian として α-順序 (3.25) を採用したときの経路積分表示をもとめよ．

1.2 自由粒子 $V(Q)=0$ のファインマン核を計算せよ．

3.2 フェルミオンの経路積分

この節では，フェルミオンの経路積分を扱う．そのためには，グラスマン（Grassmann G–）**数**という全く新しいタイプの数が必要になる．それは，自分自身 ξ の自乗がゼロ（べきゼロ性），また他の G–数 ξ' とは，反可換である：

$$\xi^2 = \xi'^2 = 0 , \quad \{\xi, \xi'\} = 0 . \tag{3.28}$$

G–数と反可換なものを G–**奇要素**（G–奇），また可換なもの（C–数や偶数個の G–数の積で与えられる）を G–**偶要素**（G–偶）という．べきゼロ性のため ξ の関数 $f(\xi)$ は，必ず，

$$f(\xi) = f_0 + f_1 \xi \tag{3.29}$$

と書ける．G–数はこうした変なものであるが，我々の世界との関係は積分

$$\int d\xi = 0 , \quad \int \xi d\xi = i \, (\equiv \sqrt{-1}) \tag{3.30}$$

で与えられる．ここで，積分測度 $d\xi$ は，G–奇とした：

$$\{d\xi, \xi\} = d\xi^2 = 0 . \tag{3.31}$$

n 個の自由度 $\xi_1, \cdots, \xi_n$ があるときは，

$$\{\xi_i, \xi_j\} = \{d\xi_i, \xi_j\} = \{d\xi_i, d\xi_j\} = \cdots = 0 , \quad (i,j = 1, \cdots, n) \tag{3.32}$$

で積分は，

$$\int \xi_1 \xi_2 \cdots \xi_n d^n\boldsymbol{\xi} = i^n , \quad d^n\boldsymbol{\xi} \equiv d\xi_n \cdots d\xi_2 d\xi_1 , \tag{3.33}$$

$$\int \xi_{i_1} \cdots \xi_{i_j} d^n\boldsymbol{\xi} = 0 , \quad 0 \leq j < n . \tag{3.34}$$

例題 2.1 G–数 ξ の共役量を ξ^* とする．ξ^* は ξ とは独立な G–数，

$$\{\xi^*, \xi\} = \{d\xi^*, \xi\} = \{d\xi, \xi^*\} = \cdots = 0 \tag{3.35}$$

である．積分の定義 (3.30) は共役変換で不変なことを示せ．

3.2 フェルミオンの経路積分

解 (3.30) で共役変換（定義は (1.28) をみよ）をとると，

$$\left(\int d\xi\right)^* = \int d\xi^* = 0 , \quad \left(\int \xi d\xi\right)^* = \int d\xi^* \xi^* = -\int \xi^* d\xi^* = -i$$

であるから（$\{d\xi^*, \xi^*\} = 0$ を用いた），

$$\int d\xi^* = 0 , \quad \int \xi^* d\xi^* = i \tag{3.36}$$

となる.（右辺の虚数単位 i のおかげで共役変換不変である.）

例題 2.2 n 個の ξ_i を変数変換して新しい ξ'_i を

$$\xi'_i = \sum_{j=1}^{n} M_{ij} \xi_j + \zeta_i , \quad i = 1, \cdots, n \tag{3.37}$$

で定義する．ここで，ζ_i は別の G–数，M_{ij} は $n \times n$ の行列である（簡単のため，普通の数だけで構成されているものとする）．このとき，

$$\xi'_1 \xi'_2 \cdots \xi'_n = [\det M_{ij}] \xi_1 \xi_2 \cdots \xi_n + O(\zeta) \tag{3.38}$$

であること，また，変換の Jacobian は

$$d^n \boldsymbol{\xi}' = [\det M_{ij}]^{-1} d^n \boldsymbol{\xi} \tag{3.39}$$

で与えられることを示せ．

解 G–数のべきゼロ性より同じ G–数は積には入らず，異なる G–数では符号が変わることを考慮すると，

$$\xi'_1 \xi'_2 \cdots \xi'_n = \sum_{j_1 \cdots j_n = 1}^{n} \mathrm{sgn}(j_1, j_2, \cdots, j_n) M_{1j_1} M_{2j_2} \cdots M_{nj_n} \xi_1 \xi_2 \cdots \xi_n + O(\zeta)$$

である．符号関数 $\mathrm{sgn}(j_1, j_2, \cdots, j_n)$ は $\mathrm{sgn}(1, 2, \cdots, n) = 1$ で，$(1, 2, \cdots, n) \mapsto (j_1, j_2, \cdots, j_n)$ が奇置換のときは -1 で偶置換のときは $+1$ である．行列式の定義を思い出せば，右辺が (3.38) になることがわかる．また，ξ'_j が積分 (3.33) (3.34) を満たしているから，

$$i^n = \int \xi'_1 \xi'_2 \cdots \xi'_n d^n \boldsymbol{\xi}' \overset{(3.38)}{=} [\det M_{ij}] \int \xi_1 \xi_2 \cdots \xi_n d^n \boldsymbol{\xi}' .$$

ξ の積分も (3.33) を満たしているから (3.39) が出る．

例題 2.3 G–数デルタ関数は

$$\xi\delta(\xi-\xi') = \xi'\delta(\xi-\xi') \;,\quad \int \delta(\xi-\xi')d\xi = 1 \tag{3.40}$$

で定義される[*1]．これが，

$$\delta(\xi-\xi') = \frac{1}{i}(\xi-\xi') \tag{3.41}$$

で与えられること，また G–数フーリエ変換

$$\int e^{\xi^*(\xi-\xi')} d\xi^* = \delta(\xi-\xi') \tag{3.42}$$

で与えられることを示せ．

解 (3.41) を用いると，(3.40) は，

$$\xi\delta(\xi-\xi') = \frac{1}{i}\xi(\xi-\xi') = -\frac{1}{i}\xi\xi' = \frac{1}{i}\xi'\xi = \xi'\delta(\xi-\xi') \;,$$

$$\int \delta(\xi-\xi')d\xi = \int \frac{1}{i}(\xi-\xi')d\xi \stackrel{(3.30)}{=} 1 \;.$$

(3.42) は指数を展開して，積分の定義 (3.30) を用いると，

$$\int e^{\xi^*(\xi-\xi')} d\xi^* = \int \left(1 + \xi^*(\xi-\xi')\right) d\xi^* = \int \left(1 - (\xi-\xi')\xi^*\right) d\xi^*$$

$$\stackrel{(3.30)}{=} -i(\xi-\xi') = (3.42) \text{ の右辺} \;.$$

例題 2.4 G–数ガウス積分の公式

$$\int \exp\left[-\sum_{i,j=1}^{n} \xi_i^* M_{ij} \xi_j\right] d^n\boldsymbol{\xi} d^n\boldsymbol{\xi}^* = \det M_{ij} \;, \tag{3.43}$$

$$d^n\boldsymbol{\xi}^* \equiv d\xi_1^* d\xi_2^* \cdots d\xi_n^* \tag{3.44}$$

を証明せよ．

解 まず，公式

[*1] C–数デルタ関数のように，$f(0) = \int f(\xi)d\xi$ と，関数 $f(\xi)$ の展開 (3.29) を用いて出すこともできる．

3.2 フェルミオンの経路積分

$$\int e^{-\xi^*\xi} d\xi d\xi^* \left(= \int (1-\xi^*\xi) d\xi d\xi^* = -\int \xi^*\xi d\xi d\xi^* = -i^2 \right) = 1 \tag{3.45}$$

に注意しよう. 変数変換 $\sum_j M_{ij}\xi_j = \xi'_i$ を行い (3.39) に注意すると,

$$\int \exp\left[-\sum_i^n \xi_i^* \xi'_i\right] [\det M_{ij}] d^n \boldsymbol{\xi}' d^n \boldsymbol{\xi}^* = [\det M_{ij}] \prod_{j=1}^n \left(\int e^{-\xi_j^* \xi'_j} d\xi'_j d\xi_j^* \right)$$
$$= \det M_{ij} .$$

例題 2.5 フェルミオンの生成消滅演算子 $a^\dagger, a$ は G–奇である:

$$\{a,\xi\} = \{a,\xi^*\} = \{a^\dagger,\xi\} = \{a^\dagger,\xi^*\} = 0 . \tag{3.46}$$

$|0\rangle$ を真空 (1.19) とする. 次の状態（フェルミオンのコヒーレント状態）

$$|\xi\rangle = e^{a^\dagger \xi}|0\rangle , \quad \langle\xi| = \langle 0|\delta(\xi - a) \tag{3.47}$$
$$* \quad \Updownarrow \quad *$$
$$\langle\xi^*| = \langle 0|e^{\xi^* a} , \quad |\xi^*\rangle = \delta(a^\dagger - \xi^*)|0\rangle \tag{3.48}$$

($*$ は共役変換を表す) が,

$$a|\xi\rangle = \xi|\xi\rangle, \quad \langle\xi|a = \langle\xi|\xi , \tag{3.49}$$
$$\langle\xi^*|a^\dagger = \langle\xi^*|\xi^*, \quad a^\dagger|\xi^*\rangle = \xi^*|\xi^*\rangle , \tag{3.50}$$

および, **単位の分解式**

$$\int |\xi\rangle\langle\xi| d\xi = \mathbf{I} \stackrel{*}{\Longleftrightarrow} \int d\xi^* |\xi^*\rangle\langle\xi^*| = \mathbf{I} \tag{3.51}$$

を満たすことを示せ.

解 (3.49) の左側の式の証明: $e^{-a^\dagger \xi} a e^{a^\dagger \xi} = a - [a^\dagger \xi, a] = a + \xi\{a^\dagger, a\}$ を用いて得られる,

$$e^{-a^\dagger \xi} a e^{a^\dagger \xi} = a + \xi \tag{3.52}$$

に注意して, 右から真空 $|0\rangle$ を掛けて, $e^{-a^\dagger \xi} a e^{a^\dagger \xi}|0\rangle = \xi|0\rangle$. $a^\dagger \xi$ は G–偶要素だから, 左から $e^{a^\dagger \xi}$ を掛けて, ξ と入れ換えてやれば与式が出る. (3.50) の左側の式は, 共役変換すなわち,

$$e^{\xi^* a} a^\dagger e^{-\xi^* a} = a^\dagger + \xi^* \tag{3.53}$$

と，左から $\langle 0|$ を掛けることで同様にもとまる．次に (3.49) と (3.50) 右側を示す．
(3.41) より

$$\delta(\xi - a)a \stackrel{a^2=0}{=} \frac{1}{i}\xi a = -\frac{1}{i}a\xi \stackrel{\xi^2=0}{=} \delta(\xi - a)\xi ,$$

$$a^\dagger \delta(a^\dagger - \xi^*) \stackrel{(a^\dagger)^2=0}{=} \frac{1}{i}(-a^\dagger \xi^*) = \frac{1}{i}\xi^* a^\dagger \stackrel{\xi^{*2}=0}{=} \xi^* \delta(a^\dagger - \xi^*)$$

より直ちにわかる．最後に単位の分解式を示そう．$a^\dagger |0\rangle \equiv |1\rangle$，$\langle 0|a \equiv \langle 1|$ と書けば，$|\xi\rangle = |0\rangle - \xi|1\rangle$，$\langle \xi| = (\langle 0|\xi - \langle 1|)/i$ だから，

$$\int |\xi\rangle\langle\xi| d\xi = \frac{1}{i}\int \left(|0\rangle\langle 0|\xi + \xi|1\rangle\langle 1| - |0\rangle\langle 1| - \xi|1\rangle\langle 0|\xi\right) d\xi .$$

真空が G–偶，$\xi|0\rangle = |0\rangle\xi$，とすると，$\xi|1\rangle\langle 1| = |1\rangle\langle 1|\xi$，$\xi|1\rangle\langle 0|\xi = -|1\rangle\langle 0|(\xi)^2 = 0$ だから，

$$\int |\xi\rangle\langle\xi| d\xi = \frac{1}{i}\left(|0\rangle\langle 0| + |1\rangle\langle 1|\right)\int \xi d\xi - \frac{1}{i}|0\rangle\langle 1|\int d\xi = |0\rangle\langle 0| + |1\rangle\langle 1| = \mathbf{I}$$

となる．共役変換から (3.51) の右側は自明．自由度 n のときは $\sum_{k=1}^n a_k^\dagger \xi_k \equiv \boldsymbol{a}^\dagger \cdot \boldsymbol{\xi}$ と書いて，

$$|(\boldsymbol{\xi})_n\rangle \equiv \exp(\boldsymbol{a}^\dagger \cdot \boldsymbol{\xi})|0\rangle , \quad \langle(\boldsymbol{\xi})_n| \equiv \langle 0|\delta^{(n)}(\boldsymbol{\xi} - \boldsymbol{a}) , \tag{3.54}$$

$$\delta^{(n)}(\boldsymbol{\xi} - \boldsymbol{a}) \equiv \delta(\xi_1 - a_1)\delta(\xi_2 - a_2)\cdots\delta(\xi_n - a_n) , \tag{3.55}$$

$$* \Updownarrow *$$

$$\langle(\boldsymbol{\xi})_n^*| \equiv \langle 0|\exp(\boldsymbol{\xi}^* \cdot \boldsymbol{a}) , \quad |(\boldsymbol{\xi})_n^*\rangle \equiv \tilde{\delta}^{(n)}(\boldsymbol{a}^\dagger - \boldsymbol{\xi}^*)|0\rangle , \tag{3.56}$$

$$\tilde{\delta}^{(n)}(\boldsymbol{a}^\dagger - \boldsymbol{\xi}^*) \equiv \delta(a_n^\dagger - \xi_n^*)\delta(a_{n-1}^\dagger - \xi_{n-1}^*)\cdots\delta(a_1^\dagger - \xi_1^*) , \tag{3.57}$$

および，

$$\int |(\boldsymbol{\xi})_n\rangle\langle(\boldsymbol{\xi})_n| d^n\boldsymbol{\xi} = \mathbf{I} \stackrel{*}{\Longleftrightarrow} \int d^n\boldsymbol{\xi}^* |(\boldsymbol{\xi})_n^*\rangle\langle(\boldsymbol{\xi})_n^*| = \mathbf{I} \tag{3.58}$$

のように与えられる．

例題 **2.6** コヒーレント状態の間の内積

$$\langle \xi'|\xi\rangle = \delta(\xi' - \xi) , \quad \langle \xi'^*|\xi^*\rangle = \delta(\xi'^* - \xi^*) , \tag{3.59}$$

3.2 フェルミオンの経路積分

$$\langle \xi^*|\xi\rangle = e^{\xi^*\xi} , \quad \langle \xi|\xi^*\rangle = e^{-\xi^*\xi} \tag{3.60}$$

および，フェルミ演算子 $a, a^\dagger$ の関数で G–偶である A のトレースが（n 自由度のとき），

$$\mathrm{Tr}A = \int \langle(\boldsymbol{\xi})_n|A|(-\boldsymbol{\xi})_n\rangle d^n\boldsymbol{\xi} \tag{3.61}$$

で与えられることを示せ．（$\boldsymbol{\xi} = -\boldsymbol{\xi}$ で積分することを **反周期境界条件（AP: anti-periodic boundary condition）**という．）

解 共役変換でもとまる関係の片方だけ示す．$\langle 0|0\rangle = 1$，$\langle 0|e^{-a^\dagger\xi} = \langle 0|$ に注意して，

$$\begin{aligned}
\langle \xi'|\xi\rangle &= \langle 0|\delta(\xi'-a)e^{a^\dagger\xi}|0\rangle = \langle 0|e^{-a^\dagger\xi}\delta(\xi'-a)e^{a^\dagger\xi}|0\rangle \\
&\stackrel{(3.52)}{=} \langle 0|\delta(\xi'-a-\xi)|0\rangle = \delta(\xi'-\xi) . \\
\langle \xi^*|\xi\rangle &= \langle 0|e^{\xi^*a}e^{a^\dagger\xi}|0\rangle = \langle 0|e^{\xi^*a}e^{a^\dagger\xi}e^{-\xi^*a}|0\rangle \\
&\stackrel{(3.52)}{=} \langle 0|e^{(a^\dagger+\xi^*)\xi}|0\rangle = e^{\xi^*\xi}\langle 0|e^{a^\dagger\xi}|0\rangle = e^{\xi^*\xi} .
\end{aligned}$$

少し面倒なのは (3.60) の右側である．（左側の共役変換ではないことに注意．(3.60) はそれぞれで共役変換不変である．）G–数デルタ関数のフーリエ変換 (3.42) を用いて，

$$\langle \xi|\xi^*\rangle = \langle 0|\delta(\xi-a)\delta(a^\dagger-\xi^*)|0\rangle \stackrel{(3.42)}{=} \langle 0|\int e^{\lambda^*(\xi-a)}d\lambda^*\delta(a^\dagger-\xi^*)|0\rangle$$

$$= \int e^{\lambda^*\xi}d\lambda^*\langle 0|e^{-\lambda^*a}\delta(a^\dagger-\xi^*)|0\rangle = \int e^{\lambda^*\xi}d\lambda^*\langle 0|e^{-\lambda^*a}\delta(a^\dagger-\xi^*)e^{\lambda^*a}|0\rangle$$

$$\stackrel{(3.52)}{=} \int e^{\lambda^*\xi}d\lambda^*\langle 0|\delta(a^\dagger-\lambda^*-\xi^*)|0\rangle = \int e^{\lambda^*\xi}d\lambda^*\delta(-\lambda^*-\xi^*)$$

$$= \int e^{\lambda^*\xi}\delta(\lambda^*+\xi^*)d\lambda^* = e^{-\xi^*\xi} .$$

最後で G–数デルタ関数が G–奇であること，$d\lambda^*\delta(-\lambda^*-\xi^*) = -\delta(-\lambda^*-\xi^*)d\lambda^*$，さらに，$G$–数デルタ関数の表示 (3.41) より $-\delta(-\lambda^*-\xi^*) = \delta(\lambda^*+\xi^*)$ であることを用いた．n 自由度のときは，

$$\langle(\boldsymbol{\xi}')_n|(\boldsymbol{\xi})_n\rangle = \delta^{(n)}(\boldsymbol{\xi}'-\boldsymbol{\xi}) , \quad \langle(\boldsymbol{\xi}')_n^*|(\boldsymbol{\xi})_n^*\rangle = \tilde{\delta}^{(n)}(\boldsymbol{\xi}'^*-\boldsymbol{\xi}^*) , \tag{3.62}$$

$$\langle(\boldsymbol{\xi})_n^*|(\boldsymbol{\xi})_n\rangle = e^{\boldsymbol{\xi}^*\cdot\boldsymbol{\xi}} , \quad \langle(\boldsymbol{\xi})_n|(\boldsymbol{\xi})_n^*\rangle = e^{-\boldsymbol{\xi}^*\cdot\boldsymbol{\xi}} . \tag{3.63}$$

最後に，トレースの証明である．まず，m 個のフェルミオンからなる状態を

$$|m,r\rangle \equiv a_{i_1}^\dagger a_{i_2}^\dagger \cdots a_{i_m}^\dagger |0\rangle \,, \quad i_1 > i_2 > \cdots > i_m \,, \quad r \equiv \begin{pmatrix} n \\ m \end{pmatrix} \quad (3.64)$$

と書く．r はその個数を表している．トレースは，

$$\mathrm{Tr}A = \sum_{m=0}^{n} \sum_{r=1}^{\binom{n}{m}} \langle m,r|A|m,r\rangle \equiv \sum_{m,r} \langle m,r|A|m,r\rangle \quad (3.65)$$

で与えられる．単位の分解式 (3.58) を挿入する：

$$\mathrm{Tr}A = \sum_{m,r} \int \langle m,r|(\boldsymbol{\xi})_n\rangle\langle(\boldsymbol{\xi})_n|d^n\boldsymbol{\xi}\, A|m,r\rangle \,.$$

ここで，$a_{i_1}|(\boldsymbol{\xi})_n\rangle = \xi_{i_1}|(\boldsymbol{\xi})_n\rangle = |(\boldsymbol{\xi})_n\rangle\xi_{i_1}$ に注意して，

$$\langle m,r|(\boldsymbol{\xi})_n\rangle = \langle 0|a_{i_m}\cdots a_{i_2}a_{i_1}|(\boldsymbol{\xi})_n\rangle = \langle 0|(\boldsymbol{\xi})_n\rangle \xi_{i_m}\cdots \xi_{i_2}\xi_{i_1}$$
$$= \langle 0|e^{\boldsymbol{a}^\dagger\cdot\boldsymbol{\xi}}|0\rangle \xi_{i_m}\cdots \xi_{i_2}\xi_{i_1} = \xi_{i_m}\cdots \xi_{i_2}\xi_{i_1}$$

を得る．$d^n\boldsymbol{\xi}$ を右に移動すると $|m,r\rangle$ を通るときに符号 $(-)^{nm}$ が出る．$\langle m,r|(\boldsymbol{\xi})_n\rangle$ を右に移動させると，$\langle(\boldsymbol{\xi})_n|$ を通るとき $(-)^{nm}$ さらに $|m,r\rangle$ を通るとき $(-)^{m^2} = (-)^m$ が出る．全体の符号は，$(-)^{mn}(-)^{mn}(-)^m = (-)^m$ で，上の結果と合わせると，

$$(-)^m \langle m,r|(\boldsymbol{\xi})_n\rangle = (-\xi_{i_m})(-\xi_{i_{m-1}})\cdots(-\xi_{i_1}) = \langle m,r|(-\boldsymbol{\xi})_n\rangle$$

と書ける．したがって，完全性 $\sum_{m,r}|m,r\rangle\langle m,r| = \mathbf{I}$ を用いて，

$$\mathrm{Tr}A = \sum_{m,r}\int \langle(\boldsymbol{\xi})_n|\, A|m,r\rangle\langle m,r|(-\boldsymbol{\xi})_n\rangle d^n\boldsymbol{\xi} = \int \langle(\boldsymbol{\xi})_n|A|(-\boldsymbol{\xi})_n\rangle d^n\boldsymbol{\xi}$$

がもとまる．

例題 2.7 Hamiltonian が $H(t) = H(\boldsymbol{a}^\dagger,\boldsymbol{a}\,;t)$ で与えられ，$\boldsymbol{a}$ を左に $\boldsymbol{a}^\dagger$ を右に持ってくる演算子順序——反正規順序（**anti-normal ordering**）——を採るとき，時間推進の演算子が経路積分表示で

$$U(t_f,t_i) = \lim_{N\to\infty} \iint |(\boldsymbol{\xi}_N)_n\rangle\langle(\boldsymbol{\xi}_0)_n|\, d^n\boldsymbol{\xi}_0$$
$$\times \prod_{j=1}^{N}\left(\iint d^n\boldsymbol{\xi}_j d^n\boldsymbol{\xi}_j^* \exp\left[-\boldsymbol{\xi}_j^*\cdot\Delta\boldsymbol{\xi}_j - i\frac{\Delta t}{\hbar}H_j\left(\boldsymbol{\xi}_j^*,\boldsymbol{\xi}_j\right)\right]\right), \quad (3.66)$$

3.2 フェルミオンの経路積分

$$\Delta t \equiv \frac{t_f - t_i}{N}, \quad \Delta \boldsymbol{\xi}_j \equiv \boldsymbol{\xi}_j - \boldsymbol{\xi}_{j-1} \tag{3.67}$$

と与えられること $(H_j(\boldsymbol{a}^\dagger, \boldsymbol{a}) \equiv H(\boldsymbol{a}^\dagger, \boldsymbol{a}; t_j), \quad j = 1, 2, \cdots, N)$, また,

$$\begin{aligned}&Z(t) \equiv \mathrm{Tr} U(t_f, t_i) \\ &= \lim_{N \to \infty} \prod_{j=1}^{N} \left(\iint d^n \boldsymbol{\xi}_j d^n \boldsymbol{\xi}_j^* \right) \exp \left[-\sum_{j=1}^{N} \left\{ \boldsymbol{\xi}_j^* \cdot \Delta \boldsymbol{\xi}_j + i \frac{\Delta t}{\hbar} H_j \left(\boldsymbol{\xi}_j^*, \boldsymbol{\xi}_j \right) \right\} \right] \Bigg|_{\boldsymbol{\xi}_0 = -\boldsymbol{\xi}_N} \end{aligned} \tag{3.68}$$

と書けることを示せ.

解 時間推進の演算子 (3.6) に単位の分解式 (3.58) の左側の式を順に挿入して,

$$\begin{aligned}U(t_f, t_i) = \lim_{N \to \infty} \int \cdots \int &|(\boldsymbol{\xi}_N)_n\rangle \\ &\times \langle(\boldsymbol{\xi}_N)_n| d^n \boldsymbol{\xi}_N \left(\mathbf{I} - i \frac{\Delta t}{\hbar} H_N(\boldsymbol{a}^\dagger, \boldsymbol{a}) \right) |(\boldsymbol{\xi}_{N-1})_n\rangle \\ &\times \langle(\boldsymbol{\xi}_{N-1})_n| d^n \boldsymbol{\xi}_{N-1} \left(\mathbf{I} - i \frac{\Delta t}{\hbar} H_{N-1}(\boldsymbol{a}^\dagger, \boldsymbol{a}) \right) |(\boldsymbol{\xi}_{N-2})_n\rangle \\ &\cdots \\ &\times \langle(\boldsymbol{\xi}_1)_n| d^n \boldsymbol{\xi}_1 \left(\mathbf{I} - i \frac{\Delta t}{\hbar} H_1(\boldsymbol{a}^\dagger, \boldsymbol{a}) \right) |(\boldsymbol{\xi}_0)_n\rangle \langle(\boldsymbol{\xi}_0)_n| d^n \boldsymbol{\xi}_0,\end{aligned}$$

$\langle(\boldsymbol{\xi}_0)_n| d^n \boldsymbol{\xi}_0$ は G-偶であるから左に移動して,

$$U(t_f, t_i) = \lim_{N \to \infty} \int |(\boldsymbol{\xi}_N)_n\rangle \langle(\boldsymbol{\xi}_0)_n| d^n \boldsymbol{\xi}_0 \prod_{j=1}^{N} K_j,$$

$$K_j \equiv \int \langle(\boldsymbol{\xi}_j)_n| d^n \boldsymbol{\xi}_j \left(\mathbf{I} - i \frac{\Delta t}{\hbar} H_j(\boldsymbol{a}^\dagger, \boldsymbol{a}) \right) |(\boldsymbol{\xi}_{j-1})_n\rangle.$$

ここで, Hamiltonian が反正規順序で与えられていたことを思い出して,

$$K_j = \int \langle(\boldsymbol{\xi}_j)_n| d^n \boldsymbol{\xi}_j \left(\mathbf{I} - i \frac{\Delta t}{\hbar} H_j(\boldsymbol{a}^\dagger, \boldsymbol{a}) \right) |(\boldsymbol{\xi}_{j-1})_n\rangle$$

$$\Uparrow$$

$$\left(\int d^n \boldsymbol{\xi}_j^* |(\boldsymbol{\xi}_j)_n^*\rangle \langle(\boldsymbol{\xi}_j)_n^*| = 1 \right)$$

$$= \int \int \langle(\boldsymbol{\xi}_j)_n| d^n \boldsymbol{\xi}_j \left(\mathbf{I} - i \frac{\Delta t}{\hbar} H_j(\boldsymbol{a}^\dagger, \boldsymbol{a}) \right) d^n \boldsymbol{\xi}_j^* |(\boldsymbol{\xi}_j)_n^*\rangle \langle(\boldsymbol{\xi}_j)_n^*|(\boldsymbol{\xi}_{j-1})_n\rangle.$$

Hamiltonian は G–偶であるから，$d^n\boldsymbol{\xi}_j$ を右に移動して $d^n\boldsymbol{\xi}_j^*$ と一緒にすれば，全体で G–偶となるので自由に移動できる．さらに，Hamiltonian はコヒーレント状態で挟まれているので，

$$\langle(\boldsymbol{\xi}_j)_n| H_j(\boldsymbol{a}^\dagger, \boldsymbol{a}) |(\boldsymbol{\xi}_j)_n^*\rangle = H_j(\boldsymbol{\xi}_j^*, \boldsymbol{\xi}_j) e^{-(\boldsymbol{\xi}_j^* \cdot \boldsymbol{\xi}_j)}.$$

ここで，(3.63) の右側の式を用いた．したがって，(3.66) が導ける：

$$\begin{aligned}K_j &= \int\int d^n\boldsymbol{\xi}_j d^n\boldsymbol{\xi}_j^* \left(1 - i\frac{\Delta t}{\hbar} H_j(\boldsymbol{\xi}_j^*, \boldsymbol{\xi}_j)\right) e^{-(\boldsymbol{\xi}_j^* \cdot \boldsymbol{\xi}_j)} e^{(\boldsymbol{\xi}_j^* \cdot \boldsymbol{\xi}_{j-1})} \\ &= \int\int d^n\boldsymbol{\xi}_j d^n\boldsymbol{\xi}_j^* \exp\left[-\boldsymbol{\xi}_j^* \cdot (\boldsymbol{\xi}_j - \boldsymbol{\xi}_{j-1}) - i\frac{\Delta t}{\hbar} H_j(\boldsymbol{\xi}_j^*, \boldsymbol{\xi}_j)\right] + O(\Delta t^2).\end{aligned}$$

(3.68) はトレース公式 (3.61) を思い出し，

$$\begin{aligned}\operatorname{Tr} U(t_f, t_i) &= \int \langle(\boldsymbol{\xi})_n| U(t_f, t_i) |(-\boldsymbol{\xi})_n\rangle d^n\boldsymbol{\xi} \\ &\stackrel{(3.66)}{=} \lim_{N\to\infty} \iint \langle(\boldsymbol{\xi})_n|(\boldsymbol{\xi}_N)_n\rangle \langle(\boldsymbol{\xi}_0)_n| d^n\boldsymbol{\xi}_0 |(-\boldsymbol{\xi})_n\rangle d^n\boldsymbol{\xi} \prod_{j=1}^{N} K_j.\end{aligned}$$

K_j は G–偶だから右に移動した．さらに，$d^n\boldsymbol{\xi}_0$ を右に移動（$|(-\boldsymbol{\xi})_n\rangle$ は G–偶）して，内積 (3.62) を用いて，

$$\operatorname{Tr} U(t_f, t_i) = \iint \delta^{(n)}(\boldsymbol{\xi} - \boldsymbol{\xi}_N) \delta^{(n)}(\boldsymbol{\xi}_0 + \boldsymbol{\xi}) d^n\boldsymbol{\xi}_0 d^n\boldsymbol{\xi} \prod_{j=1}^{N} K_j = \prod_{j=1}^{N} K_j \bigg|_{\boldsymbol{\xi}_0 = -\boldsymbol{\xi}_N}$$

がもとまる．

練習問題

2.1 3.1 節・練習問題 1.1 の (3.25), (3.26) に対応するフェルミオンの α–順序を与える，

$$H(a^\dagger, a; t) = \iiint \left|\xi + \left(\frac{1}{2} + \alpha\right)\zeta\right\rangle \left\langle \xi - \left(\frac{1}{2} - \alpha\right)\zeta\right| H^{(\alpha)}(\xi^*, \xi; t) \, e^{\xi^*\zeta} d\xi^* d\xi d\zeta, \tag{3.69}$$

$$H^{(\alpha)}(\xi^*, \xi; t) \equiv \int \left\langle \xi^* + \left(\frac{1}{2} - \alpha\right)\zeta^* \right| H(a^\dagger, a; t) \left|\xi^* - \left(\frac{1}{2} + \alpha\right)\zeta^*\right\rangle e^{-\zeta^*\xi} d\zeta^* \tag{3.70}$$

を導け．

3.2 フェルミオンの経路積分   83

2.2 $H_1 \equiv a^\dagger a$, および, $H_2 \equiv aa^\dagger$ のとき, $H_i^{(\alpha)}$ ($i = 1, 2$) を計算せよ.

2.3 $\alpha = 1/2$ のとき, 正規順序 (**normal ordering**), $\alpha = -1/2$ のとき, 反正規順序, $\alpha = 0$ のとき, ワイル順序であることを示せ.

2.4 Hamiltonian が α–順序 (3.69) (3.70) で与えられているとき, 時間推進の演算子のトレース (3.68) が,

$$\mathrm{Tr}U(t_f, t_i) = \lim_{N \to \infty} \prod_{j=1}^{N} \left(\iint d^n\xi_j \, d^n\xi_j^* \right)$$
$$\times \exp\left[-\sum_{j=1}^{N} \left\{ \xi_j^* \Delta\xi_j + i\frac{\Delta t}{\hbar} H_j^{[\alpha]} \left(\xi_j^*, \xi_j^{(\alpha)} \right) \right\} \right]\bigg|_{\xi_0 = -\xi_N}, \tag{3.71}$$

$$\xi_j^{(\alpha)} \equiv \left(\frac{1}{2} - \alpha \right) \xi_j + \left(\frac{1}{2} + \alpha \right) \xi_{j-1} \tag{3.72}$$

で与えられることを示せ.

2.5 例題 2.4 を利用して, 次の式が成り立つことを示せ.

$$\int \exp\left[-\sum_{i,j=1}^{n} \xi_i^* M_{ij} \xi_j - \sum_{i=1}^{n} (\xi_i^* \eta_i + \eta_i^* \xi_i) \right] d^n\boldsymbol{\xi} d^n\boldsymbol{\xi}^*$$
$$= \det M_{ij} \exp\left[\sum_{i,j=1}^{n} \eta_i^* (M^{-1})_{ij} \eta_j \right]. \tag{3.73}$$

3.3 ユークリッド経路積分

3.1 節での議論より，経路積分は量子力学の書き換えであって，新たな近似計算などは可能になるものの，何ら新しい情報を与えるわけではないことになる．しかし，ここで議論する，ユークリッド経路積分表示は，経路積分に全く独自の立場を与える非常に強力なものである．

例題 3.1 時間推進の演算子 (3.2) での Hamiltonian が

$$H^J(t) \equiv H(P,Q) + QJ(t), \quad J(t) : C\text{-数} \tag{3.74}$$

で与えられ，真空 $|0\rangle$ が $H|0\rangle = E_0|0\rangle$ で定義されるとき，次の量（**生成母関数**）

$$Z^J(t_f, t_i) \equiv \langle 0|U^J(t_f, t_i)|0\rangle \tag{3.75}$$

を $J(t)$ で汎関数微分し，$J \to 0$ としたものがたとえば，

$$-\hbar^2 \left[Z^J(t_f, t_i)\right]^{-1} \left.\frac{\delta^2 Z^J(t_f, t_i)}{\delta J(t) \delta J(t')}\right|_{J \to 0} = \langle 0|TQ(t)Q(t')|0\rangle \tag{3.76}$$

と書けることを示せ．（$J(t)$ を**ソース** (**source**) **関数**という．）汎関数微分とは，$\Delta t \ll 1$，$t_n = n\Delta t$ $(n = 1, 2, \cdots)$，$J(n\Delta t) = J_n$ と書いて，

$$\frac{\delta}{\delta J(t)} \equiv \lim_{\Delta t \to 0} \frac{\partial}{\Delta t \partial J_n} \tag{3.77}$$

で定義される．また，T は**時間順序積** (**time ordered product**)

$$TA(t_1)B(t_2) \equiv \theta(t_1 - t_2)A(t_1)B(t_2) + \theta(t_2 - t_1)B(t_2)A(t_1), \tag{3.78}$$

($\theta(t)$ は (1.51) で定義された階段関数)，$Q(t)$ などはハイゼンベルグ演算子である．

解 (3.6) より，$\Delta t = (t_f - t_i)/N \equiv T/N$，$J_j = J(t_j)$ として，

$$Z^J(t_f, t_i) = \lim_{N \to \infty} \langle 0| \left(\mathbf{I} - \frac{i}{\hbar}\Delta t(H + J_N Q)\right)\left(\mathbf{I} - \frac{i}{\hbar}\Delta t(H + J_{N-1}Q)\right)$$
$$\times \cdots \times \left(\mathbf{I} - \frac{i}{\hbar}\Delta t(H + J_2 Q)\right)\left(\mathbf{I} - \frac{i}{\hbar}\Delta t(H + J_1 Q)\right)|0\rangle.$$

いま，$t \equiv t_j > t' \equiv t_k$ とする．$\partial^2/\partial J_j \partial J_k$ を作用させて，

$$\frac{\partial^2 Z^J(t_f,t_i)}{\partial J_j \partial J_k} = \lim_{N\to\infty} \langle 0| \left(\mathbf{I} - \frac{i}{\hbar}\Delta t(H + J_N Q)\right) \cdots$$
$$\times \left(\mathbf{I} - \frac{i}{\hbar}\Delta t(H + J_{j+1} Q)\right) \left(-\frac{i}{\hbar}\Delta t Q\right) \left(\mathbf{I} - \frac{i}{\hbar}\Delta t(H + J_{j-1} Q)\right)$$
$$\times \cdots\cdots$$
$$\times \left(\mathbf{I} - \frac{i}{\hbar}\Delta t(H + J_{k+1} Q)\right) \left(-\frac{i}{\hbar}\Delta t Q\right) \left(\mathbf{I} - \frac{i}{\hbar}\Delta t(H + J_{k-1} Q)\right)$$
$$\times \cdots \left(\mathbf{I} - \frac{i}{\hbar}\Delta t(H + J_1 Q)\right) |0\rangle \ .$$

$J \to 0$ とすると,

$$\left.\frac{\partial^2 Z^J(t_f,t_i)}{\partial J_j \partial J_k}\right|_{J=0}$$
$$= -\lim_{N\to\infty} \left(\frac{\Delta t}{\hbar}\right)^2 \langle 0| e^{-i\Delta t(N-j)H/\hbar} Q e^{-i\Delta t(j-k-1)H/\hbar} Q e^{-i\Delta t(k-1)H/\hbar} |0\rangle \ .$$

ここで, $\mathbf{I} - i\Delta t H/\hbar \simeq e^{-i\Delta t H/\hbar}$ を用いた. $j\Delta t = t_j$, $k\Delta t = t_k$ であったから, ハイゼンベルグ演算子の定義,

$$Q(t) = e^{iHt/\hbar} Q e^{-iHt/\hbar} \tag{3.79}$$

を思い出し, $t_{k-1} = t_k - \Delta t$ より Δt の高次の項を無視すれば,

$$\left.\frac{\partial^2 Z^J(t_f,t_i)}{\partial J_j \partial J_k}\right|_{J=0} = -\lim_{N\to\infty} \left(\frac{\Delta t}{\hbar}\right)^2 \langle 0| e^{-iTH/\hbar} Q(t_j) Q(t_k) |0\rangle$$
$$= -e^{-iTE_0/\hbar} \lim_{N\to\infty} \left(\frac{\Delta t}{\hbar}\right)^2 \langle 0| Q(t_j) Q(t_k) |0\rangle \ . \tag{3.80}$$

両辺を $(\Delta t)^2$ で割って,

$$Z^{J=0}(t_f,t_i) = e^{-iTE_0/\hbar} \tag{3.81}$$

であることに注意すれば $t_j \to t$, $t_k \mapsto t'$ と元に戻して,

$$\frac{(i\hbar)^2}{Z^J(t_f,t_i)} \left.\frac{\delta^2 Z^J(t_f,t_i)}{\delta J(t)\delta J(t')}\right|_{J=0} = \langle 0| Q(t) Q(t') |0\rangle$$

となり, 逆に $t_k > t_j$ とすれば j,k が入れ換わる. したがって, (3.76) が出る. こうして, 一般にソース関数についての n 階の汎関数微分より, n 点関数

$$\frac{(i\hbar)^n}{Z^J(t_f,t_i)} \frac{\delta^n Z^J(t_f,t_i)}{\delta J(t_1)\cdots\delta J(t_n)}\bigg|_{J\to 0} = \langle 0|\mathrm{T}Q(t_1)Q(t_2)\cdots Q(t_n)|0\rangle \tag{3.82}$$

がもとまる. n 点関数がもとまれば，そのフーリエ変換をすることにより，エネルギー固有値や，期待値が全てもとまることになるので，問題が解けたことになる．生成母関数をもとめることは，したがって，我々の主題である．

例題 3.2 例題 3.1 での時間を虚時間に $(t \mapsto -it)$ 置き換えたときの時間推進演算子を

$$\tilde{U}^J(t_f,t_i) \equiv \lim_{N\to\infty} \left(\mathbf{I} - \frac{\Delta t}{\hbar}(H+J_N Q)\right)\left(\mathbf{I} - \frac{\Delta t}{\hbar}(H+J_{N-1} Q)\right) \\ \times \cdots \times \left(\mathbf{I} - \frac{\Delta t}{\hbar}(H+J_2 Q)\right)\left(\mathbf{I} - \frac{\Delta t}{\hbar}(H+J_1 Q)\right) \tag{3.83}$$

と書く．ここで ソース関数は，$J_j \equiv \tilde{J}(t_j)\,(\equiv J(it_j))$ のように書いた．両者は，

$$\tilde{U}^J(t_f,t_i) \xleftarrow[-it \leftarrow t]{t \to it} U^J(t_f,t_i) \tag{3.84}$$

のように移り変わる．ソース関数の振る舞いが図 3.2 のようであるとする．つまり，

$$\begin{aligned} J(t) \neq 0 \,;\quad & |T_1| \geq |t| \geq |T_0|\,, \\ J(t) = 0 \,;\quad & |t| > |T_1|\,,\ |T_0| > |t|\,. \end{aligned} \tag{3.85}$$

このとき，次の量，(**ユークリッド生成母関数**という)

$$\tilde{Z}^J(t_f,t_i) \equiv \mathrm{Tr}\tilde{U}^J(t_f,t_i) \tag{3.86}$$

が, $T\,(\equiv(t_f - t_i)) \to \infty$ のもとで, (3.84) を考慮したとき,

$$\lim_{T\to\infty} \mathrm{e}^{TE_0/\hbar}\tilde{Z}^J(t_f,t_i) \Longrightarrow \left[Z^{J=0}(T_1,T_0)\right]^{-1} Z^J(T_1,T_0) \tag{3.87}$$

のように書けることを示せ．(こうした手続きを，**ユークリッド化の方法**という．)

解 (3.85) を考慮すると，

$$\tilde{U}^J(t_f,t_i) = \mathrm{e}^{-(t_f-T_1)H/\hbar}\,\tilde{U}^J(T_1,T_0)\,\mathrm{e}^{-(T_0-t_i)H/\hbar}\,. \tag{3.88}$$

したがって，

3.3 ユークリッド経路積分

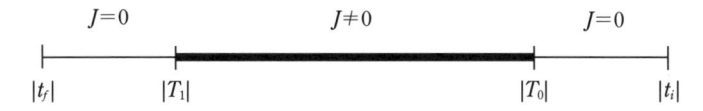

```
    J=0        J≠0         J=0
|----|---------■■■■■■■■■-------|----|
|t_f|     |T_1|           |T_0|   |t_i|
```

図 3.2 ソース関数の性質．時間の絶対値の大きい所ではゼロ．

$$\begin{aligned}
\tilde{Z}^J(t_f, t_i) &= \text{Tr}\tilde{U}^J(t_f, t_i) = \sum_{n=0}^{\infty} \langle n|\tilde{U}^J(t_f, t_i)|n\rangle \\
&\stackrel{(3.88)}{=} \sum_{n=0}^{\infty} e^{-(t_f - T_1)E_n/\hbar} \, e^{-(T_0 - t_i)E_n/\hbar} \langle n|\tilde{U}^J(T_1, T_0)|n\rangle \\
&= \sum_{n=0}^{\infty} e^{-TE_n/\hbar} \, e^{(T_1 - T_0)E_n/\hbar} \langle n|\tilde{U}^J(T_1, T_0)|n\rangle \, .
\end{aligned}$$

ここで，$H|n\rangle = E_n|n\rangle$ を用いた．虚数単位のない $e^{-TE_n/\hbar}$ のために，$T \to \infty$ をとると，真空以外は全てゼロになってしまう：

$$\lim_{T\to\infty} \tilde{Z}^J(t_f, t_i) = \lim_{T\to\infty} e^{-TE_0/\hbar} e^{(T_1 - T_0)E_0/\hbar} \langle 0|\tilde{U}^J(T_1, T_0)|0\rangle \, .$$

ここで，(3.84) を思い出し，$T_1 \geq t \geq T_0$ なる t を $t \mapsto it$ とすると，

$$\lim_{T\to\infty} \tilde{Z}^J(t_f, t_i) \Longrightarrow \lim_{T\to\infty} e^{-TE_0/\hbar} e^{i(T_1 - T_0)E_0/\hbar} \langle 0|U^J(T_1, T_0)|0\rangle \, .$$

(3.75) および (3.81) に注意すると題意を得る．虚時間へ移ると，ミンコフスキー空間での長さ $dx^\mu dx_\mu = (cdt)^2 - (d\boldsymbol{x})^2$ が，ユークリッド空間での長さ $(dx_\mu)^2 \equiv (cdt)^2 + (d\boldsymbol{x})^2$ （にマイナスを付けたもの）になるという意味でユークリッドという言葉を使っている．

例題 3.3 生成母関数 (3.75) および，(3.86) の経路積分表示が（α–順序で）

$$\begin{aligned}
Z^J(t_f, t_i) = \lim_{N\to\infty} \prod_{j=0}^{N} \left(\int_{-\infty}^{\infty} dq_j\right) \prod_{j=1}^{N} \left(\int_{-\infty}^{\infty} \frac{dp_j}{2\pi\hbar}\right) \psi_0^*(q_N) \\
\times \exp\left[\frac{i\Delta t}{\hbar} \sum_{j=1}^{N} \left\{p_j\left(\frac{\Delta q_j}{\Delta t}\right) - H^{(\alpha)}(p_j, q_j^{(\alpha)}) - J_j q_j^{(\alpha)}\right\}\right] \psi_0(q_0) \, .
\end{aligned}$$
(3.89)

ここで $\psi_0(q) \equiv \langle q|0\rangle$ は真空の波動関数，および，

$$\tilde{Z}^J(t_f, t_i) = \lim_{N\to\infty} \prod_{j=1}^{N} \left(\iint_{-\infty}^{\infty} \frac{dp_j dq_j}{2\pi\hbar} \right) \exp\left[\frac{\Delta t}{\hbar} \sum_{j=1}^{N} \left\{ ip_j \left(\frac{\Delta q_j}{\Delta t} \right) \right.\right.$$
$$\left.\left. - H^{(\alpha)}(p_j, q_j^{(\alpha)}) - J_j q_j^{(\alpha)} \right\} \right]\bigg|_{q_N = q_0}, \tag{3.90}$$

とそれぞれ与えられることを示せ.

解 (3.75) に位置の完全性 (3.5) を挿入すると,

$$Z^J(t_f, t_i) = \iint dq_f dq_i \; \psi_0^*(q_f) \langle q_f | U^J(t_f, t_i) | q_i \rangle \; \psi_0(q_i) .$$

$\langle q_f | U^J(t_f, t_i) | q_i \rangle$ はファインマン核 (第 3 章の解答 (8) 式) であるから (3.89) が得られる. (ただし, $q_f, q_i \mapsto q_N, q_0$ と書く.) 後半は, トレースを q–表示して,

$$\tilde{Z}^J(t_f, t_i) = \int_{-\infty}^{\infty} dq \; \langle q | \tilde{U}^J(t_f, t_i) | q \rangle$$

と書いて, ファインマン核 (第 3 章の解答 (8) 式) で, $\Delta t \mapsto -i\Delta t$ とした,

$$\tilde{K}(q_f, t_f; q_i, t_i) \equiv \langle q_f | \tilde{U}^J(t_f, t_i) | q_i \rangle$$
$$= \lim_{N\to\infty} \prod_{j=1}^{N-1} \left(\int_{-\infty}^{\infty} dq_j \right) \prod_{j=1}^{N} \left(\int_{-\infty}^{\infty} \frac{dp_j}{2\pi\hbar} \right)$$
$$\times \exp\left[\frac{\Delta t}{\hbar} \sum_{j=1}^{N} \left\{ ip_j \left(\frac{\Delta q_j}{\Delta t} \right) - H_j^{(\alpha)}(p_j, q_j^{(\alpha)}) \right\} \right]\bigg|_{\substack{q_N = q_f \\ q_0 = q_i}}$$
$$\tag{3.91}$$

に注意し, $q_i = q_f = q_N$ として, q_N で積分すればもとまる. $q_N = q_f$ を**周期境界条件 (PB: periodic-boundary-condition)** という.

ここで, (3.90) の重要性について述べよう. (3.89) を計算するには, 真空の波動関数 $\psi_0(q)$ の情報が必要であり, これはシュレディンガー方程式を解かなければわからない. 一方, $\tilde{Z}^J(t_f, t_i)$ (3.90) は周期境界条件で経路積分を計算すればよい. しかもそのあとで $T(\equiv t_f - t_i) \to \infty$ をとれば (3.87) を通して $Z^J(t_f, t_i)$ を得ることができるのである. ここに経路積分法の意義がある. 経路積分法は, こうしたユークリッド化の方法によってきわめて有効なものとなるのだ.

例題 3.4 3.1 節・例題 1.5 のように Hamiltonian が

$$H(t) = \frac{1}{2m}P^2 + V(Q) + QJ(t) \tag{3.92}$$

で与えられたときの経路積分表示をもとめよ.

解 p_j-積分は平方完成して,

$$-\frac{1}{2m}p_j^2 + ip_j\dot{q}_j = -\frac{1}{2m}(p_j - im\dot{q}_j)^2 - \frac{m}{2}\dot{q}_j^2, \quad \dot{q}_j \equiv \frac{\Delta q_j}{\Delta t}.$$

ガウス積分[*2] (第 1 章の解答 (11) 式) すれば,

$$\tilde{Z}^J(t_f, t_i) = \lim_{N\to\infty} \prod_{j=1}^{N}\left(\int_{-\infty}^{\infty}\sqrt{\frac{m}{2\pi\hbar\Delta t}}dq_j\right)\exp\left[-\frac{\Delta t}{\hbar}\sum_{j=1}^{N}\right.$$
$$\left.\times\left\{\frac{m}{2}\dot{q}_j^2 + V(q_j^{(\alpha)}) + q_j^{(\alpha)}J_j\right\}\right]\bigg|_{q_N=q_0} \tag{3.93}$$

ともとまる. 連続極限 $N \to \infty$ での経路積分表示は,

$$\tilde{\mathcal{Z}}^J(t_f, t_i) = \int \mathcal{D}q \exp\left[-\frac{1}{\hbar}\int_{t_i}^{t_f}dt\left\{\frac{m}{2}\dot{q}^2 + V(q) + qJ\right\}\right]\bigg|_{q_N=q_0} \tag{3.94}$$

と与えられる. (3.90) (3.93) (3.94) などを**ユークリッド経路積分表示**という. 指数の肩が, Lagrangian で $t \mapsto -it$ としたもの (にマイナスを付けた) **ユークリッド Lagrangian**,

$$L_\mathrm{E} \equiv \frac{m}{2}\dot{q}^2 + V(q) + qJ \tag{3.95}$$

であることに注意しよう.

統計力学での分配関数が, k_B をボルツマン定数, T を温度として,

$$z(\beta) = \mathrm{Tr}e^{-\beta H}, \quad \beta \equiv \frac{1}{k_\mathrm{B}T} \tag{3.96}$$

であったことを思い出すと,

[*2] フレネル積分 (2.52) ではない. フレネル積分はガウス積分で定義されていたことを思い出そう (2.2 節・練習問題 2.2 参照). この意味に置いても, ユークリッド経路積分が第一義的である.

$$z(\beta) = \tilde{Z}^{J=0}(t_f = \hbar\beta, t_i = 0) \tag{3.97}$$

と書け，統計力学と量子力学との関係が経路積分を通して見えてくる．

例題 3.5 スカラー場の Hamiltonian が $V(\hat{\phi})$ をポテンシャル，$J(x)$ をソース関数として，(演算子を表すため $\hat{\phi}$ を用い，系の体積を v とし，自然単位系 $\hbar = c = 1$ をとる)，

$$\hat{H}^J = \int_v d^3\boldsymbol{x} \left(\frac{1}{2}\hat{\pi}(x)^2 + \frac{1}{2}(\boldsymbol{\nabla}\hat{\phi}(x))^2 + V(\hat{\phi}(x)) + \hat{\phi}(x)J(x) \right) \tag{3.98}$$

で与えられたとき，生成母関数 $\tilde{\mathcal{Z}}[J] \equiv \mathrm{Tr}\tilde{U}^J(t_f, t_i)$ の連続極限でのユークリッド経路積分表示が，

$$\tilde{\mathcal{Z}}[J] = \int \mathcal{D}\phi \exp\left[-\int d^4x_\mathrm{E} \left\{ \frac{1}{2}(\partial_\mu\phi)^2 + V(\phi) + \phi J \right\} \right]\bigg|_\mathrm{PB} , \tag{3.99}$$

$$\int d^4x_\mathrm{E} \equiv \int_{t_i}^{t_f} dt \int_v d^3\boldsymbol{x} , \quad (\partial_\mu\phi)^2 \equiv \dot{\phi}^2 + (\boldsymbol{\nabla}\phi)^2 , \tag{3.100}$$

$$\mathcal{D}\phi \equiv \mathcal{N}^{-1} \prod_x d\phi(x) , \quad \mathcal{N} : 無限大の定数 , \tag{3.101}$$

(PB は周期境界条件 $\phi(t_f, \boldsymbol{x}) = \phi(t_i, \boldsymbol{x})$) で与えられることを示せ．

解 系が一辺 L の立方体に入っているとしよう．$L^3 = v$ と置く．それぞれの辺を N 等分して空間を格子に分解しよう．

$$\boldsymbol{x} = a\boldsymbol{n} = a(n_1, n_2, n_3) , \quad 0 \le n_i \le N , \quad (i = 1, 2, 3) . \tag{3.102}$$

格子定数は $a \equiv L/N$ である．それぞれの格子点上に場はあるとして，最後に $N \to \infty$ ($a \to 0$) をとるものと考える．いま，

$$\hat{\phi}(\boldsymbol{x}) \Longrightarrow \frac{1}{a}Q(\boldsymbol{n}) , \quad \hat{\pi}(\boldsymbol{x}) \Longrightarrow \frac{1}{a^2}P(\boldsymbol{n}) , \tag{3.103}$$

$\boldsymbol{x} = a\boldsymbol{n}$, $\boldsymbol{y} = a\boldsymbol{m}$ と書き，(2.22) のデルタ関数の定義，

$$\lim_{a\to 0} \frac{1}{a^3}\delta_{\boldsymbol{m},\boldsymbol{n}} = \delta^3(\boldsymbol{x} - \boldsymbol{y}) \tag{3.104}$$

を考慮すると，

$$\left[\hat{\phi}(\boldsymbol{x}),\hat{\pi}(\boldsymbol{y})\right]=i\delta^3(\boldsymbol{x}-\boldsymbol{y})\Longrightarrow[Q(\boldsymbol{n}),P(\boldsymbol{m})]=i\delta_{\boldsymbol{n},\boldsymbol{m}}\ . \quad (3.105)$$

これは有限個($=N^3$個)の量子力学系である．Hamiltonian (3.98) も，

$$\int_v d^3\boldsymbol{x}\Longrightarrow a^3\sum_{n_1=1}^{N}\sum_{n_2=1}^{N}\sum_{n_3=1}^{N}\equiv a^3\sum_{\boldsymbol{n}}\ ,\quad J(t,\boldsymbol{x})\Longrightarrow\frac{1}{a^3}J(t,\boldsymbol{n})$$
$$(3.106)$$

と書くと，

$$\hat{H}^J\Longrightarrow H(t)=\frac{1}{a}\sum_{\boldsymbol{n}}\left[\frac{P(\boldsymbol{n})^2}{2}+\frac{(\boldsymbol{\Delta}Q(\boldsymbol{n}))^2}{2}+a^4V(\frac{Q(\boldsymbol{n})}{a})+Q(\boldsymbol{n})J(t,\boldsymbol{n})\right]\ ,$$
$$(3.107)$$

$$[\boldsymbol{\Delta}Q(\boldsymbol{n})]_i\equiv Q(\boldsymbol{n})-Q(\boldsymbol{n}-\hat{i})\ ,\quad \hat{i}:i\,\text{方向の単位ベクトル}\ . \quad (3.108)$$

(虚) 時間と空間の大きさを等しくとり，$T=(t_f-t_i)=L$，それぞれの分割数 N も全て等しくとれば，$\Delta t=a$ となる（これによって，連続極限 $N\to\infty$ は時空についての連続極限となる）．経路積分表示 (3.90) の議論を繰り返せば，

$$Z[J]=\lim_{N\to\infty}\prod_n\left(\iint_{-\infty}^{\infty}\frac{dp(n_4,\boldsymbol{n})dq(n_4,\boldsymbol{n})}{2\pi}\right)\exp\left[\sum_n\Big\{ip(n_4,\boldsymbol{n})\Delta_4 q(n_4,\boldsymbol{n})\right.$$
$$\left.-\frac{p(n_4,\boldsymbol{n})^2}{2}-\frac{(\boldsymbol{\Delta}q(n_4,\boldsymbol{n}))^2}{2}-a^4V(\frac{q(n_4,\boldsymbol{n})}{a})-J(n_4,\boldsymbol{n})q(n_4,\boldsymbol{n})\Big\}\right]\bigg|_{\text{PB}},$$

$\Delta_4 q(n_4,\boldsymbol{n})\equiv q(n_4,\boldsymbol{n})-q(n_4-1,\boldsymbol{n})$，

$$\prod_n\equiv\prod_{n_4=1}^{N}\prod_{n_1=1}^{N}\prod_{n_2=1}^{N}\prod_{n_3=1}^{N}\ ,\quad \sum_n\equiv\sum_{n_4=1}^{N}\sum_{\boldsymbol{n}}\ ,$$

(PB は周期境界条件 $q(N,\boldsymbol{n})=q(0,\boldsymbol{n})$) と与えられる．$q(n_4,\boldsymbol{n}),J(n_4,\boldsymbol{n})\mapsto q(n),J(n)$ などと書くことにして，$p(n)$-積分を行うと，

$$Z[J]=\lim_{N\to\infty}\prod_n\left(\int_{-\infty}^{\infty}\frac{dq(n)}{\sqrt{2\pi}}\right)\exp\left[-\sum_n\Big\{\frac{1}{2}\left([\Delta_4 q(n)]^2+[\boldsymbol{\Delta}q(n)]^2\right)\right.$$
$$\left.-a^4V(\frac{q(n)}{a})-J(n)q(n)\Big\}\right]\bigg|_{\text{PB}} \quad (3.109)$$

が得られる．先の対応関係 (3.103)〜(3.106) を思い出せば，

$$\lim_{N\to\infty}\frac{q(n)}{a}=\phi(x)\ ,\quad \lim_{N\to\infty}\frac{J(n)}{a^3}=J(x)\ , \tag{3.110}$$

$$\lim_{N\to\infty}\frac{\Delta_4 q(n)}{a^2}=\dot\phi(x)\ ,\quad \lim_{N\to\infty}\frac{\boldsymbol{\Delta}q(n)}{a^2}=\boldsymbol{\nabla}\phi(x) \tag{3.111}$$

などとなるので，連続極限 $N\to\infty$ で (3.109) は (3.99) となる．このとき，

$$\int\mathcal{D}\phi\equiv\lim_{N\to\infty}\prod_n\left(\int_{-\infty}^{\infty}\frac{dq(n)}{\sqrt{2\pi}}\right)=\lim_{N\to\infty}\left(\frac{a}{\sqrt{2\pi}}\right)^{N^4}\prod_x\int_{-\infty}^{\infty}d\phi(x)\ , \tag{3.112}$$

$$\int d^4 x_{\mathrm{E}}\equiv\lim_{N\to\infty}a^4\sum_n\ .$$

したがって，

$$\mathcal{N}=\left(\frac{\sqrt{2\pi}}{a}\right)^{N^4}=\left(\frac{\sqrt{2\pi}N}{L}\right)^{N^4} \tag{3.113}$$

である．$d^4 x_{\mathrm{E}}$ の E は空間がユークリッド（Euclid）であることを示すために付けた．

練習問題

3.1 x_μ を D 次元ベクトルとする．このときソース関数 $J(x)$ の汎関数微分は以下のように定義される．空間を格子に分け格子定数を a として $x_\mu=an_\mu$ (n_μ：整数) と書き，格子上のソース関数を J_n とする．このとき (3.77) を一般化した，

$$\frac{\delta}{\delta J(x)}\equiv\lim_{a\to 0}\frac{1}{a^D}\frac{\partial}{\partial J_n} \tag{3.114}$$

が定義になる．これを用いて，

$$\frac{\delta}{\delta J(x)}J(y)\ ,\quad \frac{\delta}{\delta J(x)}\int d^D y F(J(y))$$

を計算せよ．

3.2 $d(=2,4)$ 次元ディラック場のユークリッド経路積分表示を以下の手順に従ってもとめよ．d 次元のディラック場のスピノの成分は $2^{d/2}$ 個だ．(4 次元スピノの成分は 4 個であった．2.3 節・例題 3.1 での議論参照．) また，その質量次元は $(d-1)/2$ である．例題 3.5 と同じように場を体積 L^3 の箱に入れて，それぞれを N 等分して格子の上にディラック場を載せる．

3.3 ユークリッド経路積分

$$\hat{\psi}_{\boldsymbol{n},\alpha} \equiv a^{(d-1)/2}\hat{\psi}_\alpha(a\boldsymbol{n}) \,, \quad 1 \leq n_i \leq N \,, (i=1,2,3) \,, \quad \alpha = 1,2,\cdots,2^{\frac{d}{2}} \,. \tag{3.115}$$

このとき，同時刻反交換関係 (2.103) は

$$\begin{aligned}\{\hat{\psi}_{\boldsymbol{m},\alpha}, \hat{\psi}_{\boldsymbol{n},\beta}^\dagger\} &= \delta_{\boldsymbol{mn}}\delta_{\alpha\beta} \,, \\ \{\hat{\psi}_{\boldsymbol{m},\alpha}, \hat{\psi}_{\boldsymbol{n},\beta}\} &= \{\hat{\psi}_{\boldsymbol{m},\alpha}^\dagger, \hat{\psi}_{\boldsymbol{n},\beta}^\dagger\} = 0\end{aligned} \tag{3.116}$$

となる．成分 α があるので，どれを生成消滅演算子と決めるのかによって，いろいろな経路積分表示が得られる．そこで，
(a) 次の性質を満たすような（ガンマ行列からできている[*3]）$\Gamma^{(\pm)}$ を考える．

$$\Gamma^{(+)} + \Gamma^{(-)} = \mathbf{I} \,, \quad \Gamma^{(\pm)\dagger} = \Gamma^{(\pm)} \,, \tag{3.120}$$

$$\Gamma^{(\pm)2} = \Gamma^{(\pm)} \,, \quad \Gamma^{(\pm)}\Gamma^{(\mp)} = 0 \,. \tag{3.121}$$

このとき，

$$\hat{\psi}_{\boldsymbol{n}}^{(\pm)} \equiv \Gamma^{(\pm)}\hat{\psi}_{\boldsymbol{n}} \,, \quad \hat{\psi}_{\boldsymbol{n}}^{(\pm)\dagger} \equiv \hat{\psi}_{\boldsymbol{n}}^\dagger \Gamma^{(\pm)} \tag{3.122}$$

で定義される演算子が，

$$\{\hat{\psi}_{\boldsymbol{m}}^{(\pm)}, \hat{\psi}_{\boldsymbol{n}}^{(\pm)\dagger}\} = \delta_{\boldsymbol{mn}} \,, \quad \{\hat{\psi}_{\boldsymbol{m}}^{(\pm)}, \hat{\psi}_{\boldsymbol{n}}^{(\mp)\dagger}\} = 0 \tag{3.123}$$

を満たすことを示せ．
(b) 生成消滅演算子を

$$a^{(k)} \equiv \left(\hat{\psi}_{\boldsymbol{n}}^{(+)}, \hat{\psi}_{\boldsymbol{n}}^{(-)\dagger}\right) \,, \quad (a^{(k)})^\dagger \equiv \left(\hat{\psi}_{\boldsymbol{n}}^{(+)\dagger}, \hat{\psi}_{\boldsymbol{n}}^{(-)}\right) \tag{3.124}$$

のように採り（k は格子点およびスピナの成分を表す）対応するコヒーレント状態のグラスマン数を

$$\xi^{(k)} \equiv \left(\psi_{\boldsymbol{n}}^{(+)}, \psi_{\boldsymbol{n}}^{(-)*}\right) \,, \quad \xi^{(k)*} \equiv \left(\psi_{\boldsymbol{n}}^{(+)*}, \psi_{\boldsymbol{n}}^{(-)}\right) \tag{3.125}$$

[*3] ユークリッド空間でのガンマ行列は (2.58) ではなく，

$$\{\gamma_\mu, \gamma_\nu\} = 2\delta_{\mu\nu} \tag{3.117}$$

で与えられ，$d=2,4$ でたとえば，

$$d=2: \quad \gamma_1 \equiv \sigma_1 \,, \quad \gamma_2 \equiv \sigma_2 \,, \quad \gamma_5 \equiv i\gamma_1\gamma_2(=-\sigma_3) \,, \tag{3.118}$$

$$d=4: \quad \gamma_4 \equiv \begin{pmatrix} 0 & \mathbf{I} \\ \mathbf{I} & 0 \end{pmatrix} \,, \quad \gamma_k \equiv \begin{pmatrix} 0 & -i\sigma_k \\ i\sigma_k & 0 \end{pmatrix} \,, (k=1,2,3) \,,$$
$$\gamma_5 \equiv \gamma_1\gamma_2\gamma_3\gamma_4 = \begin{pmatrix} \mathbf{I} & 0 \\ 0 & -\mathbf{I} \end{pmatrix} \tag{3.119}$$

と採ることができる．(2.3 節・練習問題 3.1 の定義 (2.108) と比べよ．)

としたとき，これらのグラスマン数はディラック演算子 (3.124) の固有値であるから，

$$\Gamma^{(\pm)}\psi_{\boldsymbol{n}}^{(\pm)} = \psi_{\boldsymbol{n}}^{(\pm)} \;, \quad \Gamma^{(\mp)}\psi_{\boldsymbol{n}}^{(\pm)} = 0 \tag{3.126}$$

を満たしている．このとき，3.2 節での経路積分表示 (3.68) の各項が，

$$\boldsymbol{\xi}_j^* \cdot \Delta\boldsymbol{\xi}_j \mapsto \sum_{j=1}^{N}\sum_{\boldsymbol{n}=1}^{N}\left\{\psi_{j,\boldsymbol{n}}^{(+)*}\left(\psi_{j,\boldsymbol{n}}^{(+)}-\psi_{j-1,\boldsymbol{n}}^{(+)}\right)+\psi_{j,\boldsymbol{n}}^{(-)}\left(\psi_{j,\boldsymbol{n}}^{(-)*}-\psi_{j-1,\boldsymbol{n}}^{(-)*}\right)\right\}, \tag{3.127}$$

$$d^n\boldsymbol{\xi}_j d^n\boldsymbol{\xi}_j^* \mapsto \begin{cases} \displaystyle\prod_{j=1}^{N}\prod_{\boldsymbol{n}=1}^{N} d\psi_{j,\boldsymbol{n}}^{(-)*}d\psi_{j,\boldsymbol{n}}^{(+)}d\psi_{j,\boldsymbol{n}}^{(+)*}d\psi_{j,\boldsymbol{n}}^{(-)} \;; \quad d=2 \;, \\[2ex] \displaystyle\prod_{j=1}^{N}\prod_{\boldsymbol{n}=1}^{N} d\psi_{j,\boldsymbol{n};1}^{(-)*}d\psi_{j,\boldsymbol{n};2}^{(-)*}d\psi_{j,\boldsymbol{n};2}^{(+)}d\psi_{j,\boldsymbol{n};1}^{(+)} \\[1ex] \quad\times d\psi_{j,\boldsymbol{n};1}^{(+)*}d\psi_{j,\boldsymbol{n};2}^{(+)*}d\psi_{j,\boldsymbol{n};2}^{(-)}d\psi_{j,\boldsymbol{n};1}^{(-)} \;; \quad d=4 \;, \end{cases} \tag{3.128}$$

のように書けることを示せ．(3.127) をフェルミオンの運動項という（4 次元のときは 2 成分であることに注意）．

(c) 射影演算子 $\Gamma^{(\pm)}$ として，

$$\Gamma^{(\pm)} = \frac{\mathbf{I}\pm\gamma_d \mathrm{e}^{i\theta\gamma_5}}{2} \tag{3.129}$$

を採ったとき，フェルミオンの運動項 (3.127) が

$$\frac{1}{2}\sum_{n=1}^{N}\left[\overline{\psi}_n\gamma_d\left(\psi_{n+\hat{d}}-\psi_{n-\hat{d}}\right)-\overline{\psi}_n\mathrm{e}^{i\theta\gamma_5}\left(\psi_{n+\hat{d}}+\psi_{n-\hat{d}}-2\psi_n\right)\right] \tag{3.130}$$

となることを示せ．ただし，$n\equiv(n_1,n_2,\cdots,n_d\equiv j)$ で $\hat{d}$ は n_d 方向の単位ベクトル，また，

$$\psi_n\equiv\psi_n^{(+)}+\psi_n^{(-)} \;, \quad \psi_n^*\equiv\psi_n^{(+)*}+\psi_n^{(-)*} \;, \quad \overline{\psi}_n\equiv\psi_n^*\gamma_d \tag{3.131}$$

である．

(d) ユークリッド（格子）空間でもっとも対称的なフェルミオンの作用をもとめるために，フェルミオンの運動項 (3.130) に対応した Hamiltonian

$$\hat{H} = \frac{1}{a}\left[\frac{1}{2}\sum_{\boldsymbol{n}=1}^{N}\sum_{k=1}^{d-1}\left\{\hat{\overline{\psi}}_{\boldsymbol{n}}\gamma_k\left(\hat{\psi}_{\boldsymbol{n}+\hat{\boldsymbol{k}}}-\hat{\psi}_{\boldsymbol{n}-\hat{\boldsymbol{k}}}\right)-\hat{\overline{\psi}}_{\boldsymbol{n}}\mathrm{e}^{i\theta\gamma_5}\left(\hat{\psi}_{\boldsymbol{n}+\hat{\boldsymbol{k}}}+\hat{\psi}_{\boldsymbol{n}-\hat{\boldsymbol{k}}}-2\hat{\psi}_{\boldsymbol{n}}\right)\right\}\right.$$

$$\left.+\sum_{\boldsymbol{n}=1}^{N}M\hat{\overline{\psi}}_{\boldsymbol{n}}\hat{\psi}_{\boldsymbol{n}}\right] \tag{3.132}$$

を採用すると(質量を m とすると $M=ma$ は次元のない質量である)，フェルミオンのユークリッド経路積分表示が

$$Z(T) = \lim_{N\to\infty} \prod_{n=1}^{N} \int d\psi_n d\overline{\psi}_n \exp\left[-I(\overline{\psi},\psi)\right]\ , \tag{3.133}$$

$$I(\overline{\psi},\psi) \equiv \frac{1}{2}\sum_{n=1}^{N}\sum_{\mu=1}^{d}\left[\overline{\psi}_n \gamma_\mu \left(\psi_{n+\hat{\mu}} - \psi_{n-\hat{\mu}}\right) - \overline{\psi}_n e^{i\theta\gamma_5}\left(\psi_{n+\hat{\mu}} + \psi_{n-\hat{\mu}} - 2\psi_n\right)\right]$$
$$+ \sum_{n=1}^{N} M\overline{\psi}_n \psi_n \tag{3.134}$$

ともとまることを示せ．第1項をナイーブディラック項，第2項を(一般化された)ウイルソン項，第3項を質量項とそれぞれ呼んでいる[*4]．

(e) 連続極限 $N\to\infty$ を採った，ユークリッド化されたフェルミオンの経路積分表示は，

$$Z(T) = \int \mathcal{D}\psi \mathcal{D}\overline{\psi} \exp\left[-\int d^d x_\mathrm{E} \overline{\psi}(x)\left(\gamma_\mu \partial_\mu + m\right)\psi(x)\right] \tag{3.135}$$

と与えられることを示せ．(摂動計算はこちらの表示を使って行われるが，非摂動計算は，(3.134) を用いなくてはならない．実際，計算機実験などは (3.134) (で $\theta=0$ とした作用) を用いて行なわれている．)

[*4] $\theta=0$ のときを，ウイルソン項という．

第 4 章
有効作用と近似法

　この章では，場の理論への経路積分の適用を行い，前章で導入した生成母関数の具体的な計算を行うことにする．全て，ユークリッド経路積分で議論する．簡単のため，実スカラー場で考えていく．

4.1　摂動論とファインマングラフ

　この節では，(3.99) のポテンシャル $V(\phi)$ を質量項をあらわに取り出して，

$$V(\phi) \implies \frac{m^2}{2}\phi^2(x) + V(\phi)$$

と書くことにする．

> **例題 1.1**　自由場の生成母関数
>
> $$Z_0[J] \equiv \int \mathcal{D}\phi \exp\left[-\int d^4x \left(\frac{1}{2}\left(\partial_\mu \phi(x)\right)^2 + \frac{m^2}{2}\phi^2(x) + \phi(x)J(x)\right)\right] \quad (4.1)$$
>
> を計算せよ．（$d^4 x_\mathrm{E} \mapsto d^4 x$ とこれからは書く．）

解　次の一般化されたガウス積分の公式に注意しよう．$\boldsymbol{x}$ は n 次元ベクトル，$\boldsymbol{M}$ は $n \times n$ 対称行列であるとする．

$$\int \frac{d^n \boldsymbol{x}}{(2\pi)^{n/2}} \exp\left[-\frac{1}{2}\boldsymbol{x}^\mathrm{T} \boldsymbol{M} \boldsymbol{x} - \boldsymbol{x}\cdot \boldsymbol{J}\right] = [\det \boldsymbol{M}]^{-1/2}\, e^{\boldsymbol{J}^\mathrm{T} \boldsymbol{M}^{-1} \boldsymbol{J}/2}. \quad (4.2)$$

4.1 摂動論とファインマングラフ

証明は以下のようにやる.まず平方完成,

$$\frac{1}{2}\boldsymbol{x}^{\mathrm{T}}\boldsymbol{M}\boldsymbol{x} + \boldsymbol{x}\cdot\boldsymbol{J} = \frac{1}{2}\left(\boldsymbol{x}^{\mathrm{T}} + \boldsymbol{J}^{\mathrm{T}}\boldsymbol{M}^{-1}\right)\boldsymbol{M}\left(\boldsymbol{x} + \boldsymbol{M}^{-1}\boldsymbol{J}\right) - \frac{1}{2}\boldsymbol{J}^{\mathrm{T}}\boldsymbol{M}^{-1}\boldsymbol{J} \ .$$

次に,変数変換 $\boldsymbol{x} + \boldsymbol{M}^{-1}\boldsymbol{J} \mapsto \boldsymbol{x}$ を行って,

$$(4.2)\text{の左辺} = \mathrm{e}^{\boldsymbol{J}^{\mathrm{T}}\boldsymbol{M}^{-1}\boldsymbol{J}/2} \int \frac{d^n\boldsymbol{x}}{(2\pi)^{n/2}} \exp\left[-\frac{1}{2}\boldsymbol{x}^{\mathrm{T}}\boldsymbol{M}\boldsymbol{x}\right] \ .$$

最後で,$\boldsymbol{x} \mapsto \boldsymbol{O}\boldsymbol{x}$ なる変換を行う.ここで,$\boldsymbol{O}$ は行列 $\boldsymbol{M}$ を対角化する直交行列 $\boldsymbol{O}^{\mathrm{T}}\boldsymbol{O} = \boldsymbol{I}$ である.

$$\boldsymbol{O}^{\mathrm{T}}\boldsymbol{M}\boldsymbol{O} = \begin{pmatrix} \lambda_1 & & & \\ & \lambda_2 & & \\ & & \ddots & \\ & & & \lambda_n \end{pmatrix} \ .$$

したがって,Jacobian は 1 で,$\det \boldsymbol{M} = \prod_{j=1}^n \lambda_j$ である.こうして,

$$(4.2)\text{の左辺} = \mathrm{e}^{\boldsymbol{J}^{\mathrm{T}}\boldsymbol{M}^{-1}\boldsymbol{J}/2} \prod_{j=1}^n \left(\int \frac{dx_j}{\sqrt{2\pi}} \mathrm{e}^{-\lambda_j x_j^2/2}\right) = \mathrm{e}^{\boldsymbol{J}^{\mathrm{T}}\boldsymbol{M}^{-1}\boldsymbol{J}/2} \prod_{j=1}^n \frac{1}{\sqrt{\lambda_j}}$$

と (4.2) がもとまる.

さて,(4.1) の指数の肩で部分積分を行うと,$\partial_\mu^2 \equiv \sum_{\mu=1}^4 \partial_\mu^2$,と書いて,

$$(4.1)\text{の指数の肩} = \int d^4x \left(\frac{1}{2}\phi(x)\left[(-\partial_\mu)^2 + m^2\right]\phi(x) + \phi(x)J(x)\right)$$

となるので,$\boldsymbol{x} \mapsto \phi(x)$,$\boldsymbol{M} \mapsto \left[-(\partial_\mu)^2 + m^2\right]$ の対応がある.そこで,$\boldsymbol{M}^{-1} \mapsto \Delta$ (2.1 節・練習問題 1.1 での不変デルタ関数と同じ記号を用いるが以下では不変デルタ関数は出てこない) と書く.これを,**伝播関数 (プロパゲーター)** という.

$$\left[-(\partial_\mu)^2 + m^2\right] \Delta(x) = \delta^4(x) \ , \tag{4.3}$$

$$\Delta(x) = \int \frac{d^4p}{(2\pi)^4} \frac{\mathrm{e}^{ipx}}{p^2 + m^2} \equiv \int \frac{d^4p}{(2\pi)^4} \mathrm{e}^{ipx} \tilde{\Delta}(p) \ , \tag{4.4}$$

$$px \equiv \sum_{\mu=1}^4 p_\mu x_\mu \ , \quad p^2 \equiv \sum_{\mu=1}^4 p_\mu^2 \ .$$

これらより,(4.2) は,

$$Z_0[J] = \left[\mathrm{Det}\left(-(\partial_\mu)^2 + m^2\right)\right]^{-1/2} \exp\left[\frac{1}{2}\int d^4x d^4y J(x)\Delta(x-y)J(y)\right]. \tag{4.5}$$

ここで，Det は**関数行列式**——行列の 2 つの足が連続な座標で与えられている行列式——

$$\mathrm{Det}\left(-(\partial_\mu)^2 + m^2\right) \equiv \det\left[\left(-(\partial_\mu)^2 + m^2\right)\delta^4(x-y)\right] \tag{4.6}$$

を意味する．これからは，いちいち積分記号を書くのはわずらわしいので，

$$Z_0[J] = \left[\mathrm{Det}\,\Delta^{-1}\right]^{-1/2} e^{\frac{1}{2}(J\Delta J)} = \exp\left[-\frac{1}{2}\mathrm{Tr}\ln\Delta^{-1} + \frac{1}{2}(J\Delta J)\right], \tag{4.7}$$

$$\int d^4x\,\phi(x)J(x) \equiv (\phi J)\,, \quad \int d^4x d^4y J(x)\Delta(x-y)J(y) \equiv (J\Delta J) \tag{4.8}$$

などと，可能な限り省略する．(ここで，$\det A = e^{\mathrm{Tr}\ln A}$ (本節・練習問題 1.1 参照) を用いた.)

例題 1.2 3.3 節・練習問題 3.1 で導入した汎関数微分（第 3 章の解答 (18) 式）は，今は 4 次元だから，

$$\frac{\delta}{\delta J(x)} J(y) = \delta^4(x-y) \tag{4.9}$$

となる．いま，生成母関数

$$Z[J] = \int \mathcal{D}\phi \exp\left[-\int d^4x \left\{\frac{1}{2}(\partial_\mu\phi)^2 + \frac{m^2}{2}\phi^2 + V(\phi) + \phi J\right\}\right] \tag{4.10}$$

が，自由場の生成母関数 (4.1) を用いて，

$$Z[J] = \exp\left[-\int d^4x V\left(-\frac{\delta}{\delta J(x)}\right)\right] Z_0[J] \equiv e^{-V(-\delta/\delta J)} Z_0[J] \tag{4.11}$$

と書けることを示せ．

解 指数関数の性質に基づく関係，

$$V(\phi(x))e^{-(\phi J)} = V\left(-\frac{\delta}{\delta J(x)}\right)e^{-(\phi J)} \tag{4.12}$$

に気がつけば (4.11) は出る.

例題 1.3 ϕ 4 乗理論 (2.157) で結合定数が小さいとき, $\lambda \ll 1$, 生成母関数を λ の 1 次まで計算せよ (こうした計算法を**摂動論**という).

解 (4.11) はいまの場合,

$$Z[J] = \mathrm{e}^{-\lambda(\delta/\delta J)^4/4!} Z_0[J] = \left(1 - \frac{\lambda}{4!}\left(\frac{\delta}{\delta J}\right)^4 + O\left(\lambda^2\right)\right) Z_0[J] \tag{4.13}$$

と書ける. さて,

$$\frac{\delta}{\delta J} Z_0[J] = (J\Delta) Z_0[J], \quad (J\Delta) \equiv \int d^4 x' J(x') \Delta(x' - x)$$

に注意しよう. ここで, $(J\Delta) = (\Delta J)$ を用いた ((4.4) より $\Delta(x' - x) = \Delta(x - x')$ であるから). 繰り返し用いることで,

$$-\frac{\lambda}{4!}\left(\frac{\delta}{\delta J}\right)^4 Z_0[J] = -\frac{\lambda}{4!}\left(3\Delta^2 + 6(J\Delta)^2 \Delta + (J\Delta)^4\right) Z_0[J]. \tag{4.14}$$

それぞれの項を具体的に計算する.

$$\Delta^2 = \int d^4 x \left(\Delta(0)\right)^2 \stackrel{(4.4)}{=} \int d^4 x \left(\int \frac{d^4 l}{(2\pi)^4} \frac{1}{l^2 + m^2}\right)^2, \tag{4.15}$$

$$(J\Delta)^2 \Delta = \int d^4 x d^4 x' d^4 x'' J(x') \Delta(x' - x) \Delta(x - x) \Delta(x - x'') J(x'')$$

$$= \int d^4 x d^4 x' d^4 x'' J(x') \Delta(x' - x) \Delta(x - x'') J(x'') \Delta(0)$$

$$= \iint \frac{d^4 p}{(2\pi)^4} \frac{d^4 q}{(2\pi)^4} \frac{\mathrm{e}^{ip(x'-x)}}{p^2 + m^2} \frac{\mathrm{e}^{iq(x-x'')}}{q^2 + m^2} J(x') J(x'') \Delta(0) d^4 x d^4 x' d^4 x''.$$

ここで, ソース関数 J のフーリエ変換を,

$$\tilde{J}(p) = \int d^4 x J(x) \mathrm{e}^{-ipx} \tag{4.16}$$

とすると,

100 第 4 章 有効作用と近似法

$$\begin{aligned}
(J\Delta)^2 \Delta &= \iint \frac{d^4p}{(2\pi)^4} \frac{d^4q}{(2\pi)^4} \frac{1}{p^2+m^2} \frac{1}{q^2+m^2} \tilde{J}(-p)\tilde{J}(q) e^{i(q-p)x} d^4x \Delta(0) \\
&\stackrel{d^4x}{=} \iint \frac{d^4p d^4q}{(2\pi)^4} \frac{1}{p^2+m^2} \frac{1}{q^2+m^2} \tilde{J}(-p)\tilde{J}(q) \delta^4(q-p) \Delta(0) \\
&\stackrel{(4.4)}{=} \int \frac{d^4p}{(2\pi)^4} \tilde{J}(-p) \frac{1}{p^2+m^2} \frac{1}{p^2+m^2} \tilde{J}(p) \int \frac{d^4l}{(2\pi)^4} \frac{1}{l^2+m^2} \, .
\end{aligned}$$
(4.17)

ポテンシャル項 $V(\phi(x))$ に関する積分 d^4x が（ユークリッド）運動量の保存則（"粒子がソース $\tilde{J}(q)$ から出てソース $\tilde{J}(-p)$ へ入る" と解釈して, $p_\mu = q_\mu$ が運動量の保存則）を出すことに注意しよう。同様に,

$$\begin{aligned}
(J\Delta)^4 &= \int d^4x d^4x' d^4x'' d^4y' d^4y'' J(x')\Delta(x'-x)J(y')\Delta(y'-x) \\
&\qquad\qquad \times \Delta(x-x'')J(x'')\Delta(x-y'')J(y'') \\
&= \int \frac{d^4p_1}{(2\pi)^4} \frac{d^4p_2}{(2\pi)^4} \frac{d^4p_3}{(2\pi)^4} \frac{d^4p_4}{(2\pi)^4} \tilde{J}(-p_1) \frac{1}{p_1^2+m^2} \tilde{J}(-p_2) \frac{1}{p_2^2+m^2} \\
&\quad \times \frac{1}{p_3^2+m^2} \tilde{J}(p_3) \frac{1}{p_4^2+m^2} \tilde{J}(p_4) (2\pi)^4 \delta^4(p_1+p_2-p_3-p_4) \, .
\end{aligned}$$
(4.18)

ここでも, d^4x が全体の運動量保存を出す.

上述の方法では摂動の次数が上がると, 微分の回数が増えて大変である. もうすこし見通しの良い方法が, ファインマングラフによるものである. これを議論しよう.

例題 1.4 ファインマングラフ (I)：次の関係を証明し, これを用いて前問の摂動を計算せよ.

$$\exp\left[-V\left(\frac{-\delta}{\delta J}\right)\right] e^{\frac{1}{2}(J\Delta J)} = \exp\left[\frac{1}{2}\left(\frac{\delta}{\delta\phi}\Delta\frac{\delta}{\delta\phi}\right)\right] e^{-V(\phi)-(\phi J)}\bigg|_{\phi=0} .$$
(4.19)

（ここでの, ϕ は, 汎関数積分される (4.10) などのそれではなく, 最後にゼロにする便宜的に導入した場である.）

解 指数関数 $e^{-(\phi J)}$ を導入して, 以下のように書き換えれば与式は出る.

4.1 摂動論とファインマングラフ

$$\begin{aligned}
\text{左辺} &= \exp\left[-V\left(\frac{-\delta}{\delta J}\right)\right] \left. e^{\frac{1}{2}(J\Delta J)-(\phi J)}\right|_{\phi=0} \\
&= \exp\left[-V\left(\frac{-\delta}{\delta J}\right)\right] \exp\left[\frac{1}{2}\left(\frac{\delta}{\delta\phi}\Delta\frac{\delta}{\delta\phi}\right)\right] \left. e^{-(\phi J)}\right|_{\phi=0} \\
&= \exp\left[\frac{1}{2}\left(\frac{\delta}{\delta\phi}\Delta\frac{\delta}{\delta\phi}\right)\right] \exp\left[-V\left(\frac{-\delta}{\delta J}\right)\right] \left. e^{-(\phi J)}\right|_{\phi=0} = \text{右辺}.
\end{aligned}$$

(4.19) から次のことがわかる．$\phi \to 0$ で生き残る項は，ポテンシャル $V(\phi)$ と (ϕJ) から生ずる ϕ が，2個ずつ取り除かれ（つまり微分して伝播関数 Δ で置き換える）全てなくなる場合である．(微分項 $\delta^2/(\delta\phi)^2$ の $1/2$ は伝播関数への置き換え係数が 1 であることを保証している．) こうした ϕ 2個の Δ への置き換えを，**ウィックの縮約**（**Wick-contraction**）と言って，

$$\overline{\phi\phi} \tag{4.20}$$

と書く．先の，ϕ 4 乗理論を例に議論してみよう．(a) ソース J に依らない項．λ の最低次では，$V(\phi) = \lambda\phi^4/4!$ からの 4 本の ϕ は

$$\overline{\phi\phi}\underline{\phi\phi}\,,\quad \overline{\phi\underline{\phi\phi}\phi}\,,\quad \overline{\phi\underline{\phi\phi\phi}} \tag{4.21}$$

の 3 通りの縮約がある．したがって全体の係数は，$3/4! = 1/8$ となって，これに，縮約で得られた Δ^2 と，最後に $-\lambda$ をかける．こうして得られた，$-\lambda\Delta^2/8$ はまさに前の結果を再現する．(b) J^2 項．このときは，$-\lambda J\phi\phi^4\phi J/(2\cdot 4!)$ の縮約である．これは，

$$J\overline{\phi\phi}^4\phi J \xrightarrow{4\,\text{通り}} J\overline{\phi\underline{\phi}\phi^3\phi}J \xrightarrow{3\,\text{通り}} J\overline{\phi\underline{\phi\phi}^2\phi\phi}J \tag{4.22}$$

であるから，係数は，$4\cdot 3/(2\cdot 4!) = 1/4$ で $-\lambda(J\Delta)\Delta(\Delta J)$ が掛かるから，これも先の結果を再現する．(c) J^4 項．このときは，$-\lambda J\phi J\phi J\phi J\phi^4/(4!\cdot 4!)$ であり，縮約は，

$$J\phi J\overline{\phi\phi}^4 J\phi J \xrightarrow{4\,\text{通り}} J\phi J\overline{\phi\underline{\phi\phi}^3\phi}J\phi J \xrightarrow{3\,\text{通り}} J\phi J\overline{\phi\phi}\,\phi^2\underline{\phi\phi}J\phi J$$
$$\xrightarrow{2\,\text{通り}} J\phi J\overline{\phi\phi}\,\underline{\phi\phi\phi\phi}J\phi J \tag{4.23}$$

である．係数は $4!/(4!4!) = 1/4!$ となり $(J\Delta)^4$ が掛かるので，これも先の結果を再現している．さらに，例題 1.3 での最後の表式 (4.15) (4.17) (4.18) も，図 4.1 および表 4.1 で与えられる**ファインマングラフ**，およびファインマン則を利用すればより

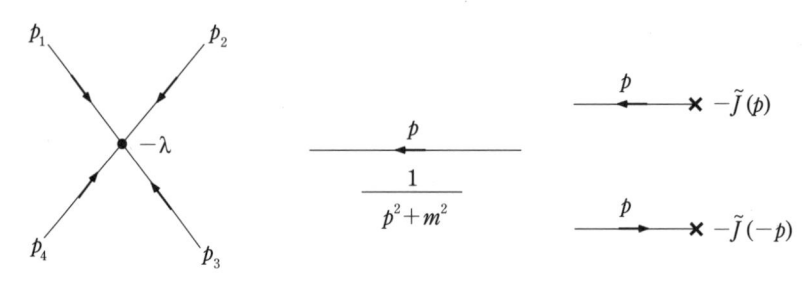

図 4.1 ファインマングラフ.左からバーテックス,伝播関数,外線.

表 4.1 ファインマン則.

1	ポテンシャルの 4 個の ϕ を図 4.1 の左の図のように書きバーテックス(**vertex**)と呼ぶ.バーテックスが現れるたびに,結合常数(のマイナス)$-\lambda$ をつける.さらに,バーテックスでの運動量保存 $(2\pi)^4\delta^4(p_1+p_2+p_3+p_4)$ を考慮する.
2	ウィック縮約に対して伝播関数 $\tilde{\Delta}(p)=1/(p^2+m^2)$ を図 4.1 の真ん中のように書き,運動量の積分 $\int d^4p/(2\pi)^4$ を行う.
3	ϕ の終点にはソース関数 $\tilde{J}(p)$ を図 4.1 の右図のように付ける.ソース J についている伝播関数を**外線**と呼び,ここでの運動量については積分しない.

直感的に素早くもとめることができる.

この手法で計算してみよう.1次の摂動であるから,バーテックスを1つ書く.次に,ソース J のゼロ次なら,4本の ϕ 同士をつないで閉じる.これを**ループ**(loop),また表 4.1 の 2 のルールによる運動量積分を**ループ運動量**という.いまは 2 個のループがあることになり 2 ループグラフであるという.J^2 では,4本のうちの2本を J とつなぎ,残った2本を閉じてループを作る.これは 1 ループグラフであるという.最後に,J^4 では4本全てを J と結ぶ.こうしたループのないグラフを**トゥリーグラフ**(tree-graph)という.

できたグラフが図 4.2 である.上記の規則にしたがって,J^2 のグラフを計算してみよう.運動量保存を考慮して図 4.2 の真ん中の図のように運動量を割り振ると,

$$J^2 \text{ のグラフ} = -\frac{1}{2}\int \frac{d^4p}{(2\pi)^4}\tilde{J}(-p)\frac{1}{p^2+m^2}\Pi\frac{1}{p^2+m^2}\tilde{J}(p), \quad (4.24)$$

$$\Pi \equiv \frac{\lambda}{2}\int \frac{d^4l}{(2\pi)^4}\frac{1}{l^2+m^2}. \quad (4.25)$$

これは確かに,(4.17) $\times(-\lambda/4)$ である.Π を(1次の)**自己エネルギー**という.これ

4.1 摂動論とファインマングラフ　　　103

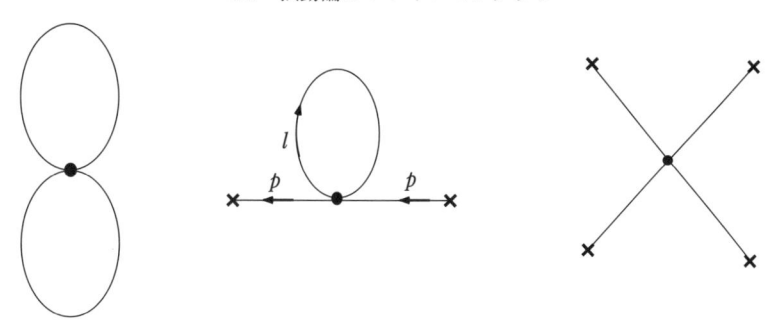

図 4.2　ϕ^4 乗理論における 1 次の摂動グラフ.

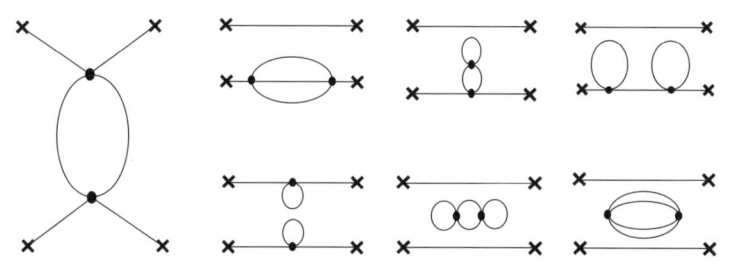

図 4.3　左のグラフは連結グラフという．残りは全て非連結グラフである．

は l の大きいところで発散する（分母は l の 2 乗で分子は 4 乗であるから，2 次発散する）．こうした発散は場の量子論では不可避なもので，**繰り込み**（**renormalization**）という操作で処理される．具体的な計算はあとで議論する．

例題 1.5　ファインマングラフ (II)：J^4 項に対する 2 次のファインマングラフを書き下し，ファインマン則（表 4.1）を適用して計算せよ．

解　λ の 2 次の摂動だから，バーテックス 2 個を用意する．4 本の外線とのつなぎ方は，図 4.3 にある．このように，グラフは**連結グラフ**と**非連結グラフ**に別れる．前問の図 4.2 では非連結グラフにはふれなかったが，実際には，図 4.4 のような非連結グラフがある．これらは例題 1.3 の (4.14) でいうと，ソース J に依存しない Δ^2 項と Z_0 の J についての 2 次および 4 次の展開項との積でそれぞれ与えられる．つまり，**非連結グラフは連結グラフ同士の積で与えられている**．したがって，連結グラフのみを計算すればよい．ウィック縮約は，外線につながる ϕ に番号を付けることにし

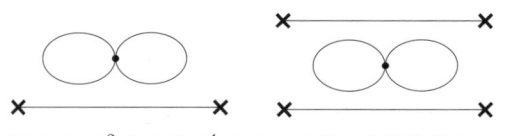

図 4.4 J^2 および J^4 の λ の 1 次の非連結グラフ.

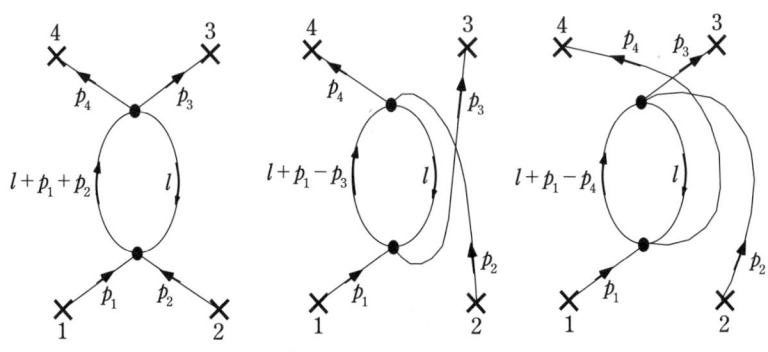

図 4.5 λ^2 のグラフ. 3 個の場合がある.

て，$\phi_1\phi_2\phi^4(x)\phi^4(y)\phi_3\phi_4$，を調べる．$\phi_1$ と x バーテックスとの縮約の仕方で 4 通り．ϕ_2 と残った x バーテックスとの縮約の仕方で 3 通り．ϕ_3,ϕ_4 と y バーテックスとの縮約で $4\cdot 3$ 通り．こうして $\phi^2(x)\phi^2(y)$ が残るがこれは $\overline{\phi\phi}\phi\phi$，$\phi\overline{\phi\phi}\phi$ の 2 通りを出す．$x\leftrightarrow y$ の取り換えで 2 通りあるので，都合 $(4\cdot 3\cdot 2)^2$ 通りある．一方，2 個のバーテックスからそれぞれ $1/4!$ が出て，$(J\phi)$ の展開は 4 次をとるのでここからも $1/4!$ が出る．結局，

$$\frac{1}{2\times 4!\times 4!\times 4!}\times (4!)^2 = \frac{1}{4!\times 2},$$

となる．最後に，外線の置き換え $\phi_2\leftrightarrow\phi_3$ および $\phi_2\leftrightarrow\phi_4$ を行い，運動量を図 4.5 のようにとる．先のルールに従えば，

$$\begin{aligned}
&J^4:O(\lambda^2)\text{ のグラフ}\\
&=\frac{\lambda}{4!}\int\frac{d^4p_1}{(2\pi)^4}\frac{d^4p_2}{(2\pi)^4}\frac{d^4p_3}{(2\pi)^4}\frac{d^4p_4}{(2\pi)^4}\\
&\quad\times\tilde{J}(-p_1)\frac{1}{p_1^2+m^2}\tilde{J}(-p_2)\frac{1}{p_2^2+m^2}\frac{1}{p_3^2+m^2}\tilde{J}(p_3)\frac{1}{p_4^2+m^2}\tilde{J}(p_4)\\
&\quad\times(2\pi)^4\delta^4(p_1+p_2-p_3-p_4)\varGamma(p_1,p_2,p_3,p_4), \quad (4.26)
\end{aligned}$$

$$\Gamma(p_1,p_2,p_3,p_4) \equiv \frac{\lambda}{2} \int \frac{d^4l}{(2\pi)^4} \frac{1}{(l^2+m^2)} \Bigg\{ \frac{1}{[(l+p_1+p_2)^2+m^2]} \\ + \frac{1}{[(l+p_1-p_3)^2+m^2]} + \frac{1}{[(l+p_1-p_4)^2+m^2]} \Bigg\} \tag{4.27}$$

となる．ここでも，$\Gamma(p_1,p_2,p_3,p_4)$ のループ積分は l の大きいところでは，分母 $\sim l^4$ であるから対数的に発散する．具体的な計算を始めよう．

例題 1.6 次元正則化による積分計算：J^2 への 1 次の摂動である自己エネルギー Π (4.25) を練習問題 1.2 の公式 (4.47) を用いて計算せよ．また，J^4 への 1 次の摂動 (4.27) に関して，

$$I(p) \equiv \int \frac{d^4l}{(2\pi)^4} \frac{1}{[(l+p)^2+m^2]} \frac{1}{(l^2+m^2)} \tag{4.28}$$

も (4.47) ならびに練習問題 1.4 にある公式 (4.51) を用いて計算せよ．

解 例題 1.4 の自己エネルギー Π (4.25) は l の大きいところで 2 次発散している．そこで，次元を D にした，

$$\Pi = \frac{\lambda}{2} \int \frac{d^Dl}{(2\pi)^D} \frac{1}{l^2+m^2} \tag{4.29}$$

を考えてみよう．この積分は公式 (4.47) で $\alpha=1$ と置いて $\Gamma(1)=1$ に注意して，

$$\Pi = \frac{\lambda}{2(4\pi)^{D/2}} \frac{\Gamma\left(1-\frac{D}{2}\right)}{(m^2)^{1-D/2}} \tag{4.30}$$

ともとまる．発散はどこへ行ったのだろうか？それを見るには，ガンマ関数の性質を知る必要がある．$\Gamma(z)$ は複素数 z に対して

$$\Gamma(z) = \int_0^\infty dt\, t^{z-1} e^{-t}, \quad \text{Re}\, z > 0 \tag{4.31}$$

で定義されていて，$z=-n(n=0,1,2,\cdots)$ に一位の極をもつ．(そこで発散するということ！) 今の場合，$1-D/2 \leq 0$ となるのは，$D \geq 2$ である．確かに，積分 (4.29) は $D=2$ で対数発散であり，$D=4$ で 2 次発散である．こうして，次元を D としておいて，最後に目的の次元 $D \mapsto 4$ にしてやることで積分の発散を評価することが

できることがわかる．これを，**次元正則化（dimensional regularization）**の方法という[*1]．(4.30) での発散は，$\epsilon \equiv 2 - D/2$ とおいて練習問題 1.3 の公式 (4.49) により，

$$\Pi = \frac{\lambda m^2}{32\pi^2}\left\{-\frac{1}{\epsilon} + (\ln m^2 - \ln 4\pi + \gamma - 1) + O(\epsilon)\right\} \tag{4.32}$$

ともとまる．同様に，積分 (4.28) は l の大きいところで対数的に発散する．したがって，次元正則化した，

$$I_D(p) \equiv \int \frac{d^D l}{(2\pi)^D} \frac{1}{[(l+p)^2 + m^2]} \frac{1}{(l^2 + m^2)} \tag{4.33}$$

を計算する．(4.27) は，

$$\Gamma(p_1, p_2, p_3, p_4) = \frac{\lambda}{2}\left[I_D(p_1 + p_2) + I_D(p_1 - p_3) + I_D(p_1 - p_4)\right] \tag{4.34}$$

と与えられる．公式 (4.51) で $a = b = 1$ とおいて，$\Gamma(1) = \Gamma(2) = 1$ に注意して，

$$I_D(p) = \int_0^1 dx \int \frac{d^D l}{(2\pi)^D} \frac{1}{(l^2 + 2xpl + p^2 x + m^2)^2}\ .$$

公式 (4.47) で $C^2 \mapsto m^2 + p^2 x$ ，$k \mapsto px$ とすれば，$M^2 = C^2 - k^2 \mapsto m^2 + p^2 x(1-x)$ となるから，

$$I_D(p) = \frac{\Gamma\left(2 - \frac{D}{2}\right)}{(4\pi)^{D/2}} \int_0^1 dx \frac{1}{[m^2 + p^2 x(1-x)]^{2-D/2}} \tag{4.35}$$

が得られる．再び，$\epsilon = 2 - D/2$ とおいて，$\epsilon \to 0$ としてやると，練習問題 1.3 より，

[*1) 発散する積分を有限化するには，その他にもいろいろ方法がある．たとえば，自己エネルギー積分の上限を (極座標の角度部分を積分したのち) 切断し，

$$\int_\Lambda \frac{d^4 l}{(2\pi)^4} \frac{1}{l^2 + m^2} \equiv \int_0^\Lambda \frac{dl}{8\pi^2} \frac{l^3}{l^2 + m^2}$$

として計算する方法がある．(**運動量切断の方法**という．) これは，ある物理的状況を想定したとき自然なものである．(たとえば，Λ 以上の運動量は系の何らかの理由でとり得ないようなとき．) しかし，相対論的不変性やその他の対称性を壊してしまう．(ゲージ不変性もその 1 つである．) したがって，対称性に重きを置くような解析においては，次元正則化がもっぱら使われる．

$$I_D(p) = \frac{1}{16\pi^2}\frac{1}{\epsilon} - \frac{1}{16\pi^2}\left(\int_0^1 dx \ln\left[m^2 + p^2 x(1-x)\right] + \gamma - \ln 4\pi\right) \tag{4.36}$$

ともとまる．$\epsilon \to 0$ でのこうした発散の処理を次で議論しよう．

例題 1.7　繰り込み：生成母関数に対する J^2 項の 1 次までの摂動計算で得られる表式が次のように変形できることを示せ：

$$\frac{1}{2}(J\Delta J) - \frac{1}{2}(J\Delta)\Pi(\Delta J) = \frac{1}{2}(J\Delta' J) , \tag{4.37}$$

$$\Delta'(x) = \int \frac{d^4 p}{(2\pi)^4} \tilde{\Delta}'(p) e^{ipx} , \quad \tilde{\Delta}'(p) \equiv \frac{1}{p^2 + m^2 + \Pi} . \tag{4.38}$$

解　(4.37) の左辺は，運動量表示で，

$$\int \frac{d^4 p}{(2\pi)^4} \left[\frac{1}{2}\tilde{J}(-p)\tilde{\Delta}(p)\tilde{J}(p) - \frac{1}{2}\tilde{J}(-p)\tilde{\Delta}(p)\Pi\tilde{\Delta}(p)\tilde{J}(p)\right]$$
$$= \int \frac{d^4 p}{(2\pi)^4} \frac{1}{2}\tilde{J}(-p)\left[\tilde{\Delta}(p) - \tilde{\Delta}(p)\Pi\tilde{\Delta}(p)\right]\tilde{J}(p) .$$

ここで，Π (4.25) は $O(\lambda)$ であることに留意し，

$$\frac{1}{p^2 + m^2 + \Pi} = \frac{1}{(p^2 + m^2)\left[1 + \Pi/(p^2 + m^2)\right]}$$

と変形して，$1/(1+x) = 1 - x + O(x^2)$ を利用すると，

$$\tilde{\Delta}'(p) = \frac{1}{p^2 + m^2}\left(1 - \frac{\Pi}{p^2 + m^2} + O(\lambda^2)\right)$$
$$= \tilde{\Delta}(p) - \tilde{\Delta}(p)\Pi\tilde{\Delta}(p) + O(\lambda^2) \tag{4.39}$$

であるから，(4.37) は成立する．

さて，(4.38) から次のことがわかる．もし，Lagrangian (2.155) の質量項が

$$\frac{m^2}{2}\phi^2(x) \longrightarrow \frac{m^2}{2}\phi^2(x) + \frac{A}{2}\phi^2(x) \tag{4.40}$$

のように与えられていたならば，(4.38) の伝搬関数の分母は $p^2 + m^2 + A + \Pi$ となるので，$A + \Pi$ が有限であるように A を採っておけば，全体を有限にすることができる．こうした $A\phi^2(x)/2$ のような項を**相殺項**（**counter term**）と呼ぶ．このときたとえば，

$$(p^2 + m^2 + A + \Pi)\big|_{p=0} = m^2 \tag{4.41}$$

となるように，(すなわち $A = -\Pi|_{p=0}$ と) A を採っておけば $\epsilon \to 0$ での発散は取り除かれる．A を決める条件 (4.41) を**繰り込み条件**という．相殺項は，J^4 項に対する発散にも，

$$\frac{\lambda}{4!}\phi^4(x) \longrightarrow \frac{\lambda}{4!}\phi^4(x) + \frac{B}{4!}\phi^4(x) \tag{4.42}$$

のように必要で，これにより，J^4 項は (4.18) (4.26) と共に，

$$\frac{1}{4!}(J\Delta)^4(\lambda + B - \lambda\Gamma) \tag{4.43}$$

で与えられる．((4.26) を $\lambda\Gamma(J\Delta)^4/4!$ と書いた．) このときの繰り込み条件はたとえば，

$$(\lambda + B - \lambda\Gamma)\big|_{p_1=p_2=p_3=p_4=0} = \lambda \tag{4.44}$$

と採る．これによって，B が ($B = \lambda\Gamma|_{p_1=\cdots=0}$ と) 決まり答えは有限になる．$\phi 4$ 乗理論の相殺項はそのほか，

$$\frac{1}{2}(\partial_\mu\phi)^2 \longrightarrow \frac{1}{2}(\partial_\mu\phi)^2 + \frac{C}{2}(\partial_\mu\phi)^2 \tag{4.45}$$

が必要であるが，これら 3 種類の相殺項だけで常に発散が取り除かれることがわかっている．こうした場合を，理論は**繰り込み可能**であるという．繰り込み不可能な場合は相殺項が無限に必要である．

練習問題

1.1 任意の $n \times n$ 行列 $\boldsymbol{M}$ の行列式は

$$\det \boldsymbol{M} = e^{\mathrm{Tr}\ln \boldsymbol{M}} \tag{4.46}$$

と書けることを証明せよ．

1.2 次元正則化法の公式 (α は任意の整数，$kp = \sum_\mu k_\mu p_\mu$ ，$M^2 \equiv C^2 - k^2 > 0$)

$$\int \frac{d^D p}{(2\pi)^D} \frac{1}{(p^2 + 2kp + C^2)^\alpha} = \frac{1}{(4\pi)^{D/2}\Gamma(\alpha)} \frac{\Gamma\left(\alpha - \frac{D}{2}\right)}{(M^2)^{\alpha - D/2}} \tag{4.47}$$

を証明せよ．

1.3 ガンマ関数は, $z \sim 0$ で

$$\Gamma(z) = \frac{1}{z} - \gamma + O(z) ,$$

$$-\gamma \equiv \left.\frac{d\Gamma(z)}{dz}\right|_{z=1} = -0.5772\cdots : \text{オイラーの定数} \tag{4.48}$$

となることを示せ. 次に, これを用いて,

$$\int \frac{d^D p}{(2\pi)^D} \frac{1}{p^2 + 2kp + C^2} = \frac{M^2}{16\pi^2}\left\{-\frac{1}{\epsilon} + \left(\ln\frac{M^2}{4\pi} + \gamma - 1\right) + O(\epsilon)\right\} , \tag{4.49}$$

$$\int \frac{d^D p}{(2\pi)^D} \frac{1}{(p^2 + 2kp + C^2)^2} = \frac{1}{16\pi^2}\left\{\frac{1}{\epsilon} - \left(\ln\frac{M^2}{4\pi} + \gamma\right) + O(\epsilon)\right\} , \tag{4.50}$$

$$\epsilon \equiv 2 - \frac{D}{2}$$

となることを示せ.

1.4 次の式 (ファインマンパラメータの公式)

$$\frac{1}{A^a B^b} = \frac{\Gamma(a+b)}{\Gamma(a)\Gamma(b)}\int_0^1 dx \frac{x^{a-1}(1-x)^{b-1}}{(Ax + B(1-x))^{a+b}} \tag{4.51}$$

を示せ.

1.5 自由フェルミオン場の生成母関数は, $\eta(x), \overline{\eta}(x)$ を G–数ソース関数として, 3.3 節・練習問題 3.2 の (e) より,

$$Z[\overline{\eta}, \eta] = \int \mathcal{D}\psi \mathcal{D}\overline{\psi} \exp\left[-\int d^d x \left\{\overline{\psi}\left(\gamma_\mu \partial_\mu + m\right)\psi + \overline{\eta}\psi + \overline{\psi}\eta\right\}\right] \tag{4.52}$$

で定義される. 3.2 節・練習問題 2.5 でのグラスマン数のガウス積分の結果を用いれば,

$$Z[\overline{\eta}, \eta] = \text{Det}(\gamma_\mu \partial_\mu + m) \exp\left[\int d^d x d^d y \overline{\eta}(x) S(x-y) \eta(y)\right] , \tag{4.53}$$

$$(\gamma_\mu \partial_\mu + m) S(x) = \delta(x) \tag{4.54}$$

となることを示せ. $S(x)$ をフェルミオンの伝播関数という. (ディラック場の不変デルタ関数 (2.104) と同じ記号であるが以下ではそれは出てこないので混乱する心配はない.)

4.2 生成母関数と有効作用

例題 2.1 非連結グラフは連結グラフの積で与えられたという事実 (4.1 節・例題 1.5) より，生成母関数 (4.10) の対数をとった，

$$W[J] \equiv -\ln Z[J], \quad Z[J] = e^{-W[J]} \tag{4.55}$$

が，連結成分のみを生成することを確かめよ．

解 4.1 節・例題 1.3 での λ の最低次の計算 (4.14) をつづける．

$$-\frac{\lambda}{4!}\left(\frac{\delta}{\delta J}\right)^4 Z_0 = -\frac{\lambda}{4!}\left(3\Delta^2 + 6(J\Delta)^2\Delta + (J\Delta)^4\right)Z_0 \equiv -W_1 Z_0 \tag{4.56}$$

と書く．$O(\lambda)$ まででは指数の肩に上げることができて，生成母関数は，

$$Z[J] = e^{-W_0 - W_1}, \quad W_0 \equiv \frac{1}{2}\mathrm{Tr}\ln\Delta^{-1} - \frac{1}{2}(J\Delta J) \tag{4.57}$$

となる（$Z_0[J]$ の具体的な表示 (4.7) を用いた）．2 次の摂動 λ^2 では，さらなるソース J に関する 4 階の微分が (4.56) へ作用するが，4 個の微分全てが Z_0 に作用すると，ふたたび $-W_1 Z_0$ で，全体として $W_1^2 Z_0$ となる．これは明らかに，非連結なグラフだ（練習問題 2.1 参照）．連結成分は微分が W_1 へ作用するときのみ生成される．こうしてできた連結グラフを，$-2W_2$（-2 は便宜的に書いた）と書く．したがって，2 次では $-2W_2 Z_0 + W_1^2 Z_0$ と与えられる．2 次までの摂動は，（摂動のテイラー展開の係数 2! で割って，）

$$Z[J] = \left(1 - W_1 - W_2 + \frac{1}{2!}W_1^2\right)Z_0.$$

これは再び，指数の肩に上げることができて，

$$Z[J] = e^{-W_0 - W_1 - W_2}. \tag{4.58}$$

ファインマングラフでこれらを書いたのが図 4.6 である．

こうした議論を繰り返していくことで，

$$Z[J] = \exp\left[-\sum_{n=0}^{\infty} W_n\right], \quad W_n : n \text{ 次の連結グラフ} \tag{4.59}$$

4.2 生成母関数と有効作用

と書ける.したがって,$Z[J]$ の対数をとった $W[J]$ は連結成分のみを含むものになる.

例題 2.2 $\hbar$ を復活させて,

$$Z[J] = \int \mathcal{D}\phi \, e^{-\{I[\phi]+(\phi J)\}/\hbar}, \tag{4.60}$$

$$I[\phi] = \int d^4x \left(\frac{1}{2}(\partial_\mu \phi)^2 + \frac{m^2}{2}\phi^2 + V(\phi)\right)$$

と書く.(4.1 節・例題 1.2〜1.4 の議論を繰り返すことにより,) V 個のバーテックス,I 本の**内線**(=運動量積分をする伝搬関数),E 本の**外線**(=ソース関数とそれについている伝搬関数)からなるファインマングラフを考えたとき,このグラフにかかる $\hbar$ のべきが

$$I - V - E = L - 1 \tag{4.61}$$

で与えられることを示せ.ただし,L はループの数を表すものとする.

解 (4.60) は,

$$\begin{aligned} Z[J] &= \exp\left[-\frac{1}{\hbar}V\left(-\hbar\frac{\delta}{\delta J}\right)\right] \int \mathcal{D}\phi \exp\left[-\frac{1}{2\hbar}\phi\Delta^{-1}\phi - \frac{1}{\hbar}(\phi J)\right] \\ &= [\text{Det}\Delta^{-1}]^{-1/2} \exp\left[-\frac{1}{\hbar}V\left(-\hbar\frac{\delta}{\delta J}\right)\right] \exp\left[\frac{1}{2\hbar}(J\Delta J)\right] \\ &\overset{(4.19)}{=} [\text{Det}\Delta]^{1/2} \exp\left[\frac{\hbar}{2}\left(\frac{\delta}{\delta\phi}\Delta\frac{\delta}{\delta\phi}\right)\right] e^{-\{V(\phi)+(\phi J)\}/\hbar}\bigg|_{\phi=0} \end{aligned}$$

と変形できる(1 行目の ϕ は積分変数で 3 行目の ϕ は最後にゼロにする便宜的に導入した場である).これから,$\hbar$ のべきはポテンシャル $V(\phi)$ とソース J からそれぞれ -1 が,伝播関数から $+1$ が来ることがわかるので,与えられたグラフに V 個のポテンシャル(=バーテックス),E 個のソース J,I 個の伝播関数があるとすれば,まさにこれは (4.61) の左辺である.右辺へは,まず,ループの数は残った運動量積分の数であることに留意し,ファインマン則(表 4.1)を思い出そう.伝播関数の数 I だけ運動量積分がある.しかし,ソース関数についている伝播関数の運動量積分はソース関数のフーリエ変換に使われてしまい残らない.この時点で残っているのは,$I - E$ 個の積分である.最後に,各バーテックスの座標積分から運動量保存のデルタ関数が生じて,その分だけ運動量積分ができてしまう.しかし自明な全体の運動量保存則はグラフの外に出して置かねばならないから($J^4 : \lambda$ の 2 次の計算 (4.26) を思い出そう),残った積分の数は,$I - E - (V - 1)$ でありこれがループの数 L であるから,

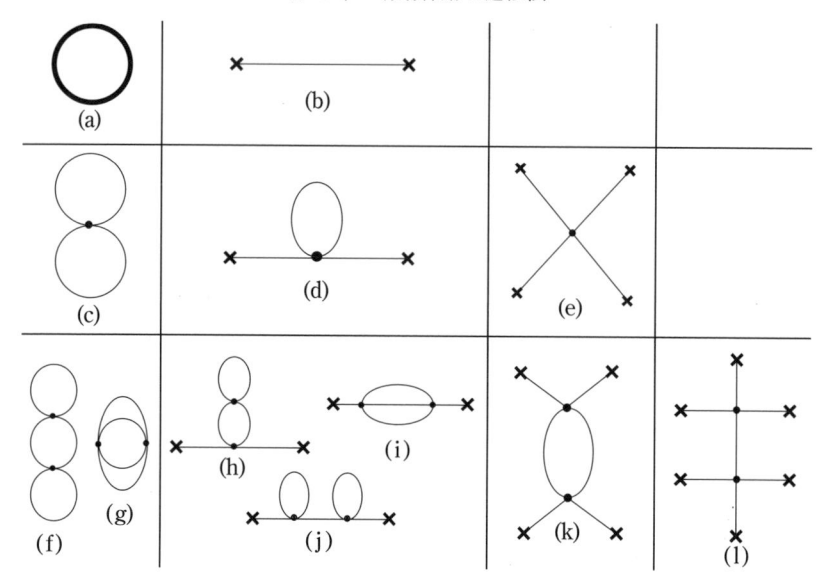

図 4.6 連結グラフ．上から順に λ の 0 次 W_0, 1 次 W_1, 2 次 W_2 のグラフ．左から順にソース J の 0, 2, 4, 6 次のオーダーである．(a) は特別で，$\mathrm{Tr}\ln\Delta$ を表し太い実線で書いた．

$$L \equiv I - E - V + 1 \tag{4.62}$$

となる．

この結果はすでに図 4.6 に現れていた．外線（ソース J の数）が $E = 0$ の一番左のグラフでは，(a)：これは $\ln\Delta$ だったので，伝播関数の数はゼロとみて，$I = 0, V = 0 \to L = 1$．(c)：$I = 2, V = 1 \to L = 2$．(f), (g)：$I = 4, V = 2 \to L = 3$．次の，$E = 2$ では，(b)：$I = 1, V = 0 \to L = 0$．(d)：$I = 3, V = 1 \to L = 1$．(h), (i), (j)：$I = 5, V = 2 \to L = 2$．$E = 4$ では，(e)：$I = 4, V = 1 \to L = 0$．(k)：$I = 6, V = 2 \to L = 1$．最後の，$E = 6$ では，(l)：$I = 7, V = 2 \to L = 0$ であり，確かに (4.62) の関係を満たしている．

以下では再び $\hbar = 1$ とする．

4.2 生成母関数と有効作用

例題 2.3 連結成分の生成母関数 $W[J]$ の n 階微分を n–点連結グリーン関数とよび，

$$\left.\frac{\delta^n W[J]}{\delta J(x_1)\delta J(x_2)\cdots \delta J(x_n)}\right|_{J=0} \equiv G_C^{(n)}(x_1, x_2, \cdots, x_n) \quad (4.63)$$

と書くことにしよう．ポテンシャルが ϕ の偶数べきだけで書けているとき，すなわち $V(\phi) = V(-\phi)$ のとき，n は偶数のみをとることを示せ．ポテンシャルにこうした制限のないときは，

$$W[J] = \sum_{n=0}^{\infty} \frac{1}{n!} \int \cdots \int d^4 x_1 d^4 x_2 \cdots d^4 x_n \\ \times J(x_1)J(x_2)\cdots J(x_n) G_C^{(n)}(x_1, x_2, \cdots, x_n) \quad (4.64)$$

と書けることを示せ．

解 次の事実に注意しよう．任意の ϕ の関数 $\mathcal{O} = \mathcal{O}(\phi)$ に対してその期待値を，

$$\langle \mathcal{O} \rangle \equiv \frac{\int \mathcal{D}\phi\, \mathcal{O}\, e^{-I[\phi]-(\phi J)}}{\int \mathcal{D}\phi\, e^{-I[\phi]-(\phi J)}} \quad (4.65)$$

と書く．すると，$V(\phi) = V(-\phi)$ より (4.60) をみれば $I[-\phi] = I[\phi]$ であるから，

$$\begin{aligned}
\left.\frac{\delta^{2n-1} W[J]}{\delta J(x_1)\delta J(x_2)\cdots \delta J(x_{2n-1})}\right|_{J=0} &= \langle \phi(x_1)\cdots\phi(x_{2n-1})\rangle|_{J=0} \\
&= \frac{\int \mathcal{D}\phi\, \phi(x_1)\cdots\phi(x_{2n-1})\, e^{-I[\phi]}}{\int \mathcal{D}\phi\, e^{-I[\phi]}} \\
&\stackrel{\phi \mapsto -\phi}{=} -\frac{\int \mathcal{D}\phi\, \phi(x_1)\cdots\phi(x_{2n-1})\, e^{-I[\phi]}}{\int \mathcal{D}\phi\, e^{-I[\phi]}} \\
&= -\langle \phi(x_1)\cdots\phi(x_{2n-1})\rangle|_{J=0}
\end{aligned}$$

となるから，$\langle \phi(x_1)\cdots\phi(x_{2n-1})\rangle|_{J=0} = 0$ である．(経路積分測度は，(3.112) より，$\int \mathcal{D}(-\phi) = \int \mathcal{D}\phi$ である．) 後半の部分は，(汎関数微分に対しての) テイラー展開を用いれば直ちにわかる．

例題 2.4 1本の伝播関数を切ったとき2個の非連結グラフに分かれることのないグラフを**1粒子規約なグラフ**（**1PI グラフ**：**1-Particle-Irreducible**）という．図 4.6 では，(j) と (l) 以外のグラフは全て 1PI グラフである．1PI グラフでソース J

と外線の伝播関数を取り除いたグラフを**バーテックスグラフ**という．こうした，バーテックスグラフは $W[J]$ をルジャンドル変換した**有効作用** $\Gamma[\varphi]$ と呼ばれる，

$$\Gamma[\varphi] = W[J] - \int d^4x\, \varphi(x)J(x)\,, \quad \frac{\delta W}{\delta J(x)} \equiv \varphi(x) \qquad (4.66)$$

から得られることを，$\Gamma[\varphi]$ の 3–点，4–点関数に対して示せ．

解 φ の定義式 (4.66) より，ソース J は φ の汎関数となることをふまえ，有効作用 Γ を φ で (汎関数) 微分する．このとき，

$$\frac{\delta \Gamma[\varphi]}{\delta \varphi(x)} = \frac{\delta W[J]}{\delta J(y)}\frac{\delta J(y)}{\delta \varphi(x)} - J(x) - \varphi(y)\frac{\delta J(y)}{\delta \varphi(x)} \stackrel{(4.66)}{=} -J(x)\,. \quad (4.67)$$

繰り返し出てくる関数の引数 y については，積分しているものと理解する．

$$\frac{\delta W[J]}{\delta J(y)}\frac{\delta J(y)}{\delta \varphi(x)} \equiv \int d^4y \frac{\delta W[J]}{\delta J(y)}\frac{\delta J(y)}{\delta \varphi(x)}\,.$$

(4.67) をもう一回微分すると，

$$\frac{\delta^2 \Gamma[\varphi]}{\delta \varphi(x)\delta \varphi(y)} = -\frac{\delta J(x)}{\delta \varphi(y)} \stackrel{J\to 0}{=} -\left[G_{\mathrm{C}}^{(2)}(x,y)\right]^{-1}\,. \quad (4.68)$$

なぜなら，J を φ の関数と見たときの恒等式，

$$\frac{\delta J(x)}{\delta J(z)} = \delta^4(x-z) = \frac{\delta J(x)}{\delta \varphi(y)}\frac{\delta \varphi(y)}{\delta J(z)}\,, \quad (4.69)$$

および，φ の定義 (4.66) を J で微分した

$$\frac{\delta \varphi(y)}{\delta J(z)} = \frac{\delta^2 W}{\delta J(y)\delta J(z)} \left(=\frac{\delta \varphi(z)}{\delta J(y)}\right) \quad (4.70)$$

が $J \to 0$ で (4.63) より $G_{\mathrm{C}}^{(2)}(y,z)$ となるからである．ここで，なぜ 1PI グラフに図 4.6 の (j) が含まれないかがわかる．というのは，(j) のグラフは前節の例題 1.7 で議論したように (d) のグラフから作られているからである．さて，3–点関数を計算しよう．

$$\frac{\delta^3 \Gamma[\varphi]}{\delta \varphi(x_1)\delta \varphi(x_2)\delta \varphi(x_3)} = -\frac{\delta^2 J(x_1)}{\delta \varphi(x_2)\delta \varphi(x_3)}\,.$$

右辺は，恒等式 (4.69) を微分した式,

$$0 = \frac{\delta}{\delta\varphi(x')}\left(\frac{\delta J(x)}{\delta\varphi(y)}\frac{\delta\varphi(y)}{\delta J(z)}\right)$$
$$= \frac{\delta^2 J(x)}{\delta\varphi(x')\delta\varphi(y)}\frac{\delta\varphi(y)}{\delta J(z)} + \frac{\delta J(x)}{\delta\varphi(y)}\frac{\delta J(y')}{\delta\varphi(x')}\frac{\delta^2\varphi(y)}{\delta J(y')\delta J(z)}$$

より，

$$\begin{aligned}-\frac{\delta^2 J(x_1)}{\delta\varphi(x_2)\delta\varphi(x_3)} &= \frac{\delta J(x_1)}{\delta\varphi(y_1)}\frac{\delta J(y_2)}{\delta\varphi(x_2)}\frac{\delta J(y_3)}{\delta\varphi(x_3)}\frac{\delta^3 W[J]}{\delta J(y_1)\delta J(y_2)\delta J(y_3)}\\ &\stackrel{x_1\leftrightarrow y_1}{=} \frac{\delta J(y_1)}{\delta\varphi(x_1)}\frac{\delta J(y_2)}{\delta\varphi(x_2)}\frac{\delta J(y_3)}{\delta\varphi(x_3)}\frac{\delta^3 W[J]}{\delta J(y_1)\delta J(y_2)\delta J(y_3)}\end{aligned} \tag{4.71}$$

となる．ここで，(4.70) を J で微分した

$$\frac{\delta^2\varphi(x_1)}{\delta J(x_2)\delta J(x_3)} = \frac{\delta^3 W[J]}{\delta J(x_1)\delta J(x_2)\delta J(x_3)}$$

と，(4.70) での $y\leftrightarrow z$ 対称性を最後に使った．したがって，

$$\begin{aligned}\frac{\delta^3 \Gamma[\varphi]}{\delta\varphi(x_1)\delta\varphi(x_2)\delta\varphi(x_3)} &= \frac{\delta J(y_1)}{\delta\varphi(x_1)}\frac{\delta J(y_2)}{\delta\varphi(x_2)}\frac{\delta J(y_3)}{\delta\varphi(x_3)}\frac{\delta^3 W[J]}{\delta J(y_1)\delta J(y_2)\delta J(y_3)}\\ &\stackrel{J\to 0}{=} \left[G_{\rm C}^{(2)}(x_1,y_1)\right]^{-1}\left[G_{\rm C}^{(2)}(x_2,y_2)\right]^{-1}\left[G_{\rm C}^{(2)}(x_3,y_3)\right]^{-1}G_{\rm C}^{(3)}(y_1,y_2,y_3)\ .\end{aligned} \tag{4.72}$$

確かに外線の足が取り除かれていることがわかる．これをグラフで

と書く．4-点関数は，

$$\begin{aligned}&\frac{\delta^4 \Gamma[\varphi]}{\delta\varphi(x_1)\delta\varphi(x_2)\delta\varphi(x_3)\delta\varphi(x_4)}\\ &= \frac{\delta J(y_1)}{\delta\varphi(x_1)}\frac{\delta J(y_2)}{\delta\varphi(x_2)}\frac{\delta J(y_3)}{\delta\varphi(x_3)}\frac{\delta J(y_4)}{\delta\varphi(x_4)}\frac{\delta^4 W[J]}{\delta J(y_1)\delta J(y_2)\delta J(y_3)\delta J(y_4)}\\ &+ \frac{\delta^2 J(y_1)}{\delta\varphi(x_1)\delta\varphi(x_4)}\frac{\delta J(y_2)}{\delta\varphi(x_2)}\frac{\delta J(y_3)}{\delta\varphi(x_3)}\frac{\delta^3 W[J]}{\delta J(y_1)\delta J(y_2)\delta J(y_3)} + (1\leftrightarrow 2) + (1\leftrightarrow 3)\ .\end{aligned}$$

第 2 項以下は，(4.71) を考慮して，

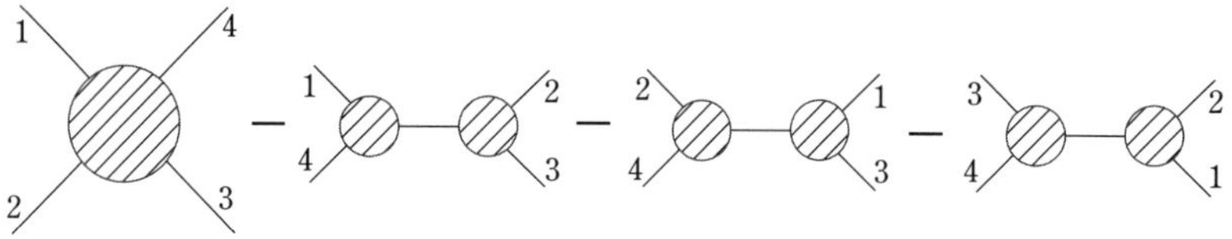

図 4.7 4 点の 1PI グラフ.

$$\text{第 2 項以下} = -\frac{\delta J(z_2)}{\delta \varphi(x_1)} \frac{\delta J(z_3)}{\delta \varphi(x_4)} \frac{\delta^3 W[J]}{\delta J(z_2)\delta J(z_3)\delta J(z_1)} \frac{\delta J(z_1)}{\delta \varphi(y_1)}$$
$$\times \frac{\delta^3 W[J]}{\delta J(y_1)\delta J(y_2)\delta J(y_3)} \frac{\delta J(y_2)}{\delta \varphi(x_2)} \frac{\delta J(y_3)}{\delta \varphi(x_3)}$$
$$- \left(\left\{ \begin{array}{c} x_1 \\ y_1 \end{array} \right\} \leftrightarrow \left\{ \begin{array}{c} x_2 \\ y_2 \end{array} \right\} \right) - \left(\left\{ \begin{array}{c} x_1 \\ y_1 \end{array} \right\} \leftrightarrow \left\{ \begin{array}{c} x_3 \\ y_3 \end{array} \right\} \right).$$

$J \to 0$ とすると,これらは,2 個の 3–点関数を 1/伝搬関数 でつないだ 1 粒子規約でないグラフを表している.全体のグラフを書いてみると図 4.7 のようになり,1 粒子規約であることがわかる. n–点バーテックス関数を $\Gamma^{(n)}(x_1, x_2, \cdots, x_n)$ と書くと,(4.64) と同様に有効作用は,

$$\Gamma[\varphi] = \sum_{n=0}^{\infty} \frac{1}{n!} \int \cdots \int d^4 x_1 d^4 x_2 \cdots d^4 x_n$$
$$\times \varphi(x_1)\varphi(x_2)\cdots\varphi(x_n) \Gamma^{(n)}(x_1, x_2, \cdots, x_n) \tag{4.73}$$

と書ける.

例題 2.5 $W[J]$ や有効作用 $\Gamma[\varphi]$ の物理的意味を考えるために,ソース $J(x)$ を座標に依らない定数とする: $J(x) \mapsto J$. このときの真空を $|0; J\rangle$ と書いたとき,以下のことを示せ. (1) $\varphi(x)$ も座標によらない定数である: $\varphi(x) \mapsto \varphi$. あるいは,

$$\langle 0; J | \hat{\phi}(x) | 0; J \rangle \equiv \varphi \tag{4.74}$$

と書ける. (2) T を(ユークリッド)時間とし,系が一辺 L の立方体に入っている($L^3 \equiv v$)としたとき,

$$W[J] \mapsto T v \varepsilon(J) = T \left(\langle 0; J | \hat{H} | 0; J \rangle + v \varphi J \right), \tag{4.75}$$

4.2 生成母関数と有効作用

$$\Gamma[\varphi] \mapsto TvV_{\text{eff}}(\varphi) = T\langle 0;J|\hat{H}|0;J\rangle \tag{4.76}$$

と与えられる．ここで，$V_{\text{eff}}(\varphi)$ を**有効ポテンシャル**という．

解 (1) $|0;J\rangle$ が真空であるから $P^\mu|0;J\rangle = 0$．また 2.5 節・例題 5.3 より，

$$\hat{\phi}(x) = e^{iPx}\hat{\phi}(0)e^{-iPx}$$

だから，

$$\langle 0;J|\hat{\phi}(x)|0;J\rangle = \langle 0;J|\hat{\phi}(0)|0;J\rangle$$

となって，φ は座標に依らないことがわかる．

(2) 3.3 節・例題 3.5 での議論を思い出すと，(3.98) の Hamiltonian は，

$$\hat{H}^J = \int_v d^3\boldsymbol{x} \left(\frac{1}{2}\hat{\pi}^2(\boldsymbol{x}) + \frac{1}{2}(\boldsymbol{\nabla}\hat{\phi}(\boldsymbol{x}))^2 + V(\hat{\phi}(\boldsymbol{x})) + \hat{\phi}(\boldsymbol{x})J \right)$$
$$\equiv \hat{H} + \int_v d^3\boldsymbol{x}\hat{\phi}(\boldsymbol{x})J \tag{4.77}$$

となり，時間に依らなくなるから，(3.7) のユークリッド化した表式が使えて，

$$e^{-W[J]} = \text{Tr}e^{-T\hat{H}^J} \stackrel{T\to\infty}{\equiv} \langle 0;J|e^{-T\hat{H}^J}|0;J\rangle = e^{-Tv\varepsilon(J)}, \tag{4.78}$$

$$\hat{H}^J|0;J\rangle \equiv v\varepsilon(J)|0;J\rangle. \tag{4.79}$$

(4.79) の左から，$\langle 0;J|$ を掛け，(4.77) を考慮すると，

$$v\varepsilon(J) = \langle 0;J|\hat{H}|0;J\rangle + J\int_v d^3\boldsymbol{x}\langle 0;J|\hat{\phi}(\boldsymbol{x})|0;J\rangle$$

となりこれに (4.74) を用いれば (4.75) がでる．(4.76) は，有効作用の定義 (4.66) を思い出せば直ちに導くことができる．(4.76) からわかることは，有効ポテンシャルの最低値は，系の（ソース J に，すなわち，φ に依存している）基底状態のエネルギーを与えるということである．真の基底状態はその中で一番小さい筈であるから，

$$\epsilon_0 = \min\left\{ V_{\text{eff}}(\varphi_i) \middle| \varphi_i \ (i=1,2,\cdots) ; \left.\frac{\partial V_{\text{eff}}(\varphi)}{\partial \varphi}\right|_{\varphi_i} = 0 \right\} \tag{4.80}$$

でもとめられる．この意味で，有効ポテンシャルは非常に重要な役割を担っている．

練習問題

2.1 例題 1.1 での $Z_0[J]$ (4.7) に対する，2 次の摂動の計算を具体的に行って，確かに，連結グラフと，非連結グラフが出てくることを確かめよ．

2.2 ソース関数に依存しない W の 1 ループ部分，

$$W_0[J=0] = \frac{1}{2}\mathrm{Tr}\ln \Delta^{-1} \tag{4.81}$$

を次元正則化の方法で計算せよ．

4.3 WKB近似

例題 3.1 鞍点法：積分

$$Z \equiv \int_{-\infty}^{\infty} \frac{dx}{\sqrt{2\pi g}} e^{-I(x)/g} \tag{4.82}$$

を考えよう．$g \to 0$ のとき，$I(x)$ が $x = x_0$ で**安定条件**，

$$\left\{ I_0^{(1)} = 0 \ , \ |I_0^{(0)}| \equiv |I_0| < \infty \ , \ I_0^{(2)} > 0 \ ; \ I_0^{(n)} \equiv \left. \frac{d^n}{dx^n} I(x) \right|_{x_0} \right\} \tag{4.83}$$

を満たすとき，

$$Z = e^{-I_0/g} \frac{1}{\sqrt{I_0^{(2)}}} \left(1 - \frac{g}{8} \frac{I_0^{(4)}}{(I_0^{(2)})^2} + \frac{5g}{24} \frac{(I_0^{(3)})^2}{(I_0^{(2)})^3} + O(g^2) \right) \tag{4.84}$$

ともとまることを示せ．

解 $g \to 0$ では $I(x)$ が動く領域では積分はゼロ．残るのは $I(x)$ の**停留点** $dI(x)/dx = 0$; $x = x_0$ で，この周りで $I(x)$ をテイラー展開する．

$$I(x) = I_0 + \frac{I_0^{(2)}}{2}(x-x_0)^2 + \frac{I_0^{(3)}}{3!}(x-x_0)^3 + \frac{I_0^{(4)}}{4!}(x-x_0)^4 \cdots .$$

これを，(4.82) に代入して $x - x_0 \mapsto x$ と変数変換を行って，

$$Z \simeq e^{-I_0/g} \int_{-\infty}^{\infty} \frac{dx}{\sqrt{2\pi g}} \exp\left[-\frac{I_0^{(2)}}{2g} x^2 - \frac{I_0^{(3)}}{3!g} x^3 - \frac{I_0^{(4)}}{4!g} x^4 \cdots \right]$$

$$\stackrel{x \mapsto \sqrt{g}x}{=} e^{-I_0/g} \int_{-\infty}^{\infty} \frac{dx}{\sqrt{2\pi}} \exp\left[-\frac{I_0^{(2)}}{2} x^2 - \sqrt{g}\frac{I_0^{(3)}}{3!} x^3 - g\frac{I_0^{(4)}}{4!} x^4 \cdots \right]$$

$$\simeq e^{-I_0/g} \int_{-\infty}^{\infty} \frac{dx}{\sqrt{2\pi}} e^{-I_0^{(2)} x^2/2} \left(1 - g\frac{I_0^{(4)}}{4!} x^4 + \frac{g}{2}\left(\frac{I_0^{(3)}}{3!}\right)^2 x^6 + O(g^2) \right) .$$

ガウス積分の公式，

$$\int_{-\infty}^{\infty} \frac{dx}{\sqrt{2\pi}} e^{-ax^2/2} x^{2n} = \{(2n-1)(2n-3)\cdots 3\cdot 1\} a^{-(2n+1)/2} \tag{4.85}$$

を用いれば，(4.84) が出る．これは，g が小さいとして展開しているから摂動展開のようであるが，最初の項 $e^{-I_0/g}$ のため摂動では決して得られない（$g=0$ の周りでべき展開できない！）．

例題 3.2 $\hbar$ を含む生成母関数の定義 (4.60)

$$e^{-W[J]/\hbar} = Z[J] = \int \mathcal{D}\phi \, e^{-\{I[\phi]+(\phi J)\}/\hbar} \tag{4.86}$$

を考えよう．例題 3.1 と比べると，g を $\hbar$ と置き換えれば $\hbar \to 0$ とするときの近似計算が得られる．これを量子力学の近似法の名を借りて **WKB 近似**（準古典近似）という[*2]．$\phi_0(x)$ を運動方程式，

$$\left.\frac{\delta I[\phi]}{\delta \phi(x)}\right|_{\phi_0} + J(x) = 0 \tag{4.87}$$

の解としたとき，

$$W[J] = I_0 + (\phi_0 J) + \frac{\hbar}{2}\text{Tr}\ln\Delta^{-1}[\phi_0] + O(\hbar^2), \tag{4.88}$$

$$I_0 \equiv I[\phi_0], \quad \Delta^{-1}[\phi_0](x_1,x_2) \equiv \left.\frac{\delta^2 I}{\delta\phi(x_1)\delta\phi(x_2)}\right|_{\phi_0} \tag{4.89}$$

（トレースは関数に対する $\text{Tr}F \equiv \int dx F(x,x)$ である）を示せ．

解 例題 3.1 のように指数関数の肩を $\phi_0(x)$ の周りで（汎関数微分による）テイラー展開して，

$$I[\phi] + (\phi J) = I_0 + (\phi_0 J) + \frac{1}{2}\left(I_0^{(2)}(\phi-\phi_0)^2\right) + \frac{1}{3!}\left(I_0^{(3)}(\phi-\phi_0)^3\right) + \cdots,$$

$$\left(I_0^{(n)}\phi^n\right) \equiv \int d^4x_1 \cdots d^4x_n \left.\frac{\delta^n I}{\delta\phi(x_1)\cdots\delta\phi(x_n)}\right|_{\phi_0} \phi(x_1)\cdots\phi(x_n)$$

と書く．(4.86) は，$\phi - \phi_0 \mapsto \phi$ として，

$$\begin{aligned}
Z[J] &\simeq e^{-\{I_0+(\phi_0 J)\}/\hbar} \int \mathcal{D}\phi \exp\left[-\frac{1}{2\hbar}\left(I_0^{(2)}\phi^2\right) - \frac{1}{3!\hbar}\left(I_0^{(3)}\phi^3\right)\cdots\right] \\
&\stackrel{\phi \mapsto \sqrt{\hbar}\phi}{=} e^{-\{I_0+(\phi_0 J)\}/\hbar} \int \mathcal{D}\phi \exp\left[-\frac{1}{2}\left(I_0^{(2)}\phi^2\right) - \frac{\sqrt{\hbar}}{3!}\left(I_0^{(3)}\phi^3\right)\cdots\right].
\end{aligned}$$

[*2] 開発者 Wentzel–Kramers–Brillouin の頭文字である．「準古典近似」の方が $\hbar \sim 0$ の近似という意味でわかりやすいかもしれない．

4.3 WKB 近似

ここで，4.1 節・例題 1.1 でやったように，ϕ について（汎関数）積分すれば，

$$Z[J] = e^{-\{I_0+(\phi_0 J)\}/\hbar} \left(\mathrm{Det} I_0^{(2)}\right)^{-1/2} (1+O(\hbar))$$
$$= \exp\left[-\frac{I_0+(\phi_0 J)}{\hbar} - \frac{1}{2}\mathrm{Tr}\ln I_0^{(2)} + O(\hbar)\right].$$

（安定条件 (4.83) — $|I_0+(\phi_0 J)| < \infty$，および，2 階微分の固有値が全て正，

$$\left\{\lambda_n > 0 \ ; \ {}^\forall n \ \Big| \ \int d^4 y \Delta^{-1}[\phi_0](x,y)F_n(y) = \lambda_n F_n(x)\right\} \quad (4.90)$$

— は満たされているとする．）これより，(4.89) は示される．

4.2 節・例題 2.2 で議論したように，$\hbar$ の展開は $\hbar^{L-1}$ で行われるから，**ループ展開**とも呼ばれる．(4.88) の第 1 項と第 2 項は $L=0$ で第 3 項は $L=1$ であるからそれぞれ，トゥリー，1 ループ項である．

例題 3.3 有効作用を WKB 近似でもとめると，

$$\Gamma[\varphi] = I[\varphi] + \frac{\hbar}{2}\mathrm{Tr}\ln\Delta^{-1}[\varphi] + O\left(\hbar^2\right) \quad (4.91)$$

となることを示せ．（トゥリーグラフでは有効作用は古典作用そのものであり，名前の由来がわかる．）

解 まず次の事実に注意しよう．運動方程式 (4.87) より，I は ϕ_0 を通じてのみ J に依存する．このことを踏まえ，φ の定義 (4.66) と $W[J]$ の WKB 近似 (4.88) から，

$$\varphi \stackrel{(4.66)}{=} \frac{\delta W}{\delta J}$$
$$\stackrel{(4.88)}{=} \phi_0 + \left(\frac{\delta I}{\delta \phi_0}\frac{\delta \phi_0}{\delta J}\right) + \left(J\frac{\delta \phi_0}{\delta J}\right) + \frac{\hbar}{2}\left(\mathrm{Tr}\Delta[\phi_0]I_0^{(3)}\frac{\delta\phi_0}{\delta J}\right) + O\left(\hbar^2\right)$$
$$\stackrel{(4.87)}{=} \phi_0 + \frac{\hbar}{2}\left(\mathrm{Tr}\Delta[\phi_0]I_0^{(3)}\frac{\delta\phi_0}{\delta J}\right) + O\left(\hbar^2\right)$$
$$= \phi_0 + \hbar\phi_1 + O\left(\hbar^2\right), \quad (4.92)$$
$$\phi_1(x) \equiv \frac{1}{2}\left(\mathrm{Tr}\Delta[\phi_0]I_0^{(3)}\Delta[\phi_0]\right)_x$$
$$= \frac{1}{2}\int d^4x_1 d^4x_2 d^4x_3 \Delta[\phi_0](x_1,x_2)\frac{\delta^3 I_0}{\delta\phi_0(x_2)\delta\phi_0(x)\delta\phi_0(x_3)}\Delta[\phi_0](x_3,x_1). \quad (4.93)$$

ここで (4.69) 同様に，

$$\delta^4(x-z) = \frac{\delta J(x)}{\delta \phi_0(y)} \frac{\delta \phi_0(y)}{\delta J(z)} \tag{4.94}$$

を用いた．これは，量子場 φ に対する 1 ループの寄与を表している．有効作用の定義式 (4.66) に (4.88) と (4.92) を代入すると，

$$\Gamma[\varphi] = I[\varphi - \hbar\phi_1] + ((\varphi - \hbar\phi_1)J) + \frac{\hbar}{2}\mathrm{Tr}\ln\Delta^{-1}[\varphi - \hbar\phi_1] - (\varphi J) + O(\hbar^2)$$
$$= I[\varphi] - \hbar\phi_1\left(\frac{\delta I}{\delta \varphi} + J\right) + \frac{\hbar}{2}\mathrm{Tr}\ln\Delta^{-1}[\varphi] + O(\hbar^2) \ .$$

最後に運動方程式 (4.87) を用いれば題意は満たされる．

例題 3.4 $\phi\,4$ 乗理論での有効ポテンシャル (4.76) を 1 ループまでもとめたものが，

$$V_{\mathrm{eff}}(\varphi) = \frac{m^2}{2}\varphi^2 + \frac{\lambda}{4!}\varphi^4 + \frac{\hbar}{2}\int \frac{d^4p}{(2\pi)^4}\ln\left(p^2 + m^2 + \frac{\lambda}{2}\varphi^2\right) \tag{4.95}$$

となること，また積分の発散は作用 $I[\phi]$ に相殺項

$$I[\phi] \mapsto I[\phi] + \int d^4x \left\{\frac{A}{2}\phi(x)^2 + \frac{B}{4!}\phi(x)^4 + D\right\}$$

(D は場の量に依存しない発散量で $A, B, D = O(\hbar)$ である) を加えることで消すことができること，繰り込み条件は (4.41) (4.44) に対応する

$$\left.\frac{d^2 V_{\mathrm{eff}}}{d\varphi^2}\right|_{\varphi=0} = m^2 \ , \tag{4.96}$$

$$\left.\frac{d^4 V_{\mathrm{eff}}}{d\varphi^4}\right|_{\varphi=M} = \lambda \tag{4.97}$$

(M はゼロでない定数) の他に，

$$\left.V_{\mathrm{eff}}\right|_{\varphi=0} = 0 \tag{4.98}$$

と採ることで，最終的に $m^2 = 0$ とした有効ポテンシャルが ($\hbar \to 1$ として)

$$V_{\mathrm{eff}}(\varphi) = \frac{\lambda}{4!}\varphi^4 + \frac{\lambda^2 \varphi^4}{256\pi^2}\left(\ln\frac{\varphi^2}{M^2} - \frac{25}{6}\right) \tag{4.99}$$

ともとまることを示せ．これからわかるように $m^2 = 0$ のときは $M \to 0$ とするこ

とはできない.

解

$$\Delta^{-1}[\varphi](x_1, x_2) = \left.\frac{\delta^2 I}{\delta\phi(x_1)\delta\phi(x_2)}\right|_\varphi = \left(-\partial_\mu^2 + m^2 + \frac{\lambda\varphi^2}{2}\right)\delta^4(x_1 - x_2)$$

であるから, 有効作用の 1 ループの表式 (4.91) および有効ポテンシャルの定義 (4.76) を思い出して, (4.95) は直ちに得られる. 積分は 4.2 節・練習問題 2.2 で $m^2 \mapsto m^2 + \lambda\varphi^2/2$ とすればもとめることができ, 相殺項を含めて

$$V_{\text{eff}}(\varphi) = \frac{m^2}{2}\varphi^2 + \frac{\lambda}{4!}\varphi^4 + \hbar\frac{(m^2 + \lambda\varphi^2/2)^2}{64\pi^2}\left(\frac{1}{\epsilon} - \gamma + \frac{3}{2} - \ln\frac{m^2 + \lambda\varphi^2/2}{4\pi}\right)$$
$$+ \frac{A\varphi^2}{2} + \frac{B\varphi^4}{4!} + D$$

となる. 微分を次々と行って,

$$\frac{dV_{\text{eff}}}{d\varphi} = (m^2 + A)\varphi + \frac{1}{3!}(\lambda + B)\varphi^3$$
$$+ \hbar\frac{\lambda\varphi}{32\pi^2}\left(\frac{1}{\epsilon} - \gamma + 1 - \ln\frac{m^2 + \lambda\varphi^2/2}{4\pi}\right),$$

$$\frac{d^2 V_{\text{eff}}}{d\varphi^2} = m^2 + A + \frac{1}{2}(\lambda + B)\varphi^2 + \hbar\frac{\lambda m^2}{32\pi^2}\left(\frac{1}{\epsilon} - \gamma + 1 - \ln\frac{m^2 + \lambda\varphi^2/2}{4\pi}\right)$$
$$+ \hbar\frac{\lambda^2\varphi^2}{64\pi^2}\left(\frac{3}{\epsilon} - 3\gamma + 1 - 3\ln\frac{m^2 + \lambda\varphi^2/2}{4\pi}\right),$$

$$\frac{d^3 V_{\text{eff}}}{d\varphi^3} = (\lambda + B)\varphi - \hbar\frac{\lambda^3\varphi^3}{32\pi^2(m^2 + \lambda\varphi^2/2)}$$
$$+ \hbar\frac{3\lambda^2\varphi}{32\pi^2}\left(\frac{1}{\epsilon} - \gamma - \ln\frac{m^2 + \lambda\varphi^2/2}{4\pi}\right),$$

$$\frac{d^4 V_{\text{eff}}}{d\varphi^4} = \lambda + B - \hbar\frac{\lambda^3\varphi^2(3m^2 + \lambda\varphi^2)}{16\pi^2(m^2 + \lambda\varphi^2/2)^2}$$
$$+ \hbar\frac{3\lambda^2}{32\pi^2}\left(\frac{1}{\epsilon} - \gamma - \ln\frac{m^2 + \lambda\varphi^2/2}{4\pi}\right).$$

繰り込み条件 (4.96) (4.97) (4.98) より相殺項は,

$$A = -\hbar\frac{\lambda m^2}{32\pi^2}\left(\frac{1}{\epsilon} - \gamma + 1 - \ln\frac{m^2}{4\pi}\right),$$
$$B = -\hbar\frac{3\lambda^2}{32\pi^2}\left(\frac{1}{\epsilon} - \gamma - \ln\frac{m^2 + \lambda M^2/2}{4\pi}\right) + \hbar\frac{\lambda^3 M^2(3m^2 + \lambda M^2)}{16\pi^2(m^2 + \lambda M^2/2)^2},$$

$$D = -\hbar \frac{m^4}{64\pi^2}\left(\frac{1}{\epsilon} - \gamma + \frac{3}{2} - \ln\frac{m^2}{4\pi}\right)$$

ともとまって，繰り込まれた有効ポテンシャルは

$$\begin{aligned}
V_{\text{eff}} = &-\hbar\frac{m^4}{64\pi^2}\ln\frac{m^2+\lambda\varphi^2/2}{m^2}\\
&+\frac{m^2}{2}\varphi^2\left[1+\hbar\frac{\lambda}{64\pi^2}\left(1-\ln\frac{m^2+\lambda\varphi^2/2}{m^2}\right)\right]\\
&+\frac{\lambda}{4!}\varphi^4\left(1+\hbar\frac{9\lambda}{64\pi^2}+\hbar\frac{\lambda^2(3m^2+\lambda M^2)M^2}{16\pi^2(m^2+\lambda M^2/2)^2}-\hbar\frac{3\lambda}{32\pi^2}\ln\frac{m^2+\lambda\varphi^2/2}{m^2+\lambda M^2/2}\right).
\end{aligned}$$
(4.100)

ここで，$m=0$ と置くと (4.99) がもとまる．

練習問題

3.1 湯川相互作用をしているフェルミ粒子と擬スカラー粒子のユークリッド生成母関数を (2.157) より，

$$\begin{aligned}
e^{-W[J]/\hbar} = \int \mathcal{D}\psi\mathcal{D}\overline{\psi}\mathcal{D}\phi \exp\Bigg[&-\frac{1}{\hbar}\int d^4x\bigg(\overline{\psi}\left(\gamma_\mu\partial_\mu+m_{\text{f}}\right)\psi\\
&-g\overline{\psi}i\gamma_5\phi\psi+\frac{1}{2}(\partial_\mu\phi)^2+\frac{m_{\text{s}}^2}{2}\phi^2+\frac{\lambda}{4!}\phi^4+\phi J\bigg)\Bigg]
\end{aligned}$$
(4.101)

と与えよう（G-数ソース $\overline{\eta},\eta$ は導入しない）．ここで，1 ループ（$\hbar$ のオーダー）までの有効ポテンシャルを以下の手順に従って計算せよ．

(a) フェルミオン積分を遂行せよ．
(b) フェルミオン積分の結果得られる関数行列式は，指数の肩に上げてみると，

$$\begin{aligned}
e^{-W[J]/\hbar} = \int \mathcal{D}\phi \exp\Bigg[&\text{Tr}\ln\left(\gamma_\mu\partial_\mu+m_{\text{f}}-ig\gamma_5\phi\right)-\frac{1}{\hbar}\int d^4x\bigg(\frac{1}{2}(\partial_\mu\phi)^2\\
&+\frac{m_{\text{s}}^2}{2}\phi^2+\frac{\lambda}{4!}\phi^4+\phi J\bigg)\Bigg]
\end{aligned}$$
(4.102)

となり $\hbar$ だけ次数が高いので（例題 3.2～3.4 での議論を思い出せば WKB 近似での）古典解をもとめる際，無視することができる（(4.92) で $\hbar$ のオーダーの場 ϕ_1 が無視できたことを思い出そう）．その効果は，$\phi \mapsto \varphi$(定数) と置き換えたかたちで，1 ループ有効ポテンシャルとしてのみ寄与することがわかる．さて，この関数行列式 $\text{Det}\left(\gamma_\mu\partial_\mu+m_{\text{f}}-ig\gamma_5\varphi\right)$

が,
$$\text{Det}(\gamma_\mu \partial_\mu + m_f - ig\gamma_5\varphi) = \text{Det}(\gamma_\mu \partial_\mu + M), \quad M \equiv \sqrt{m_f^2 + (g\varphi)^2} \tag{4.103}$$

と書けることを示せ.
(c)
$$\text{Det}(\gamma_\mu \partial_\mu + M) = \left[\text{Det}(-\partial_\mu^2 + M^2)\right]^2 \tag{4.104}$$

を示せ.
(d) (くり込まれていない — 相殺項を含まない —) 1 ループまでの有効ポテンシャルが,
$$V_0(\varphi) = \frac{m_s^2}{2}\varphi^2 + \frac{\lambda}{4!}\varphi^4 + \frac{\hbar}{2}\int \frac{d^4p}{(2\pi)^4} \ln\left(p^2 + m_s^2 + \frac{\lambda}{2}\varphi^2\right)$$
$$- 2\hbar \int \frac{d^4p}{(2\pi)^4} \ln\left(p^2 + m_f^2 + (g\varphi)^2\right) \tag{4.105}$$

であることを示し,次元正則化の方法で計算せよ.

第 5 章
ゲージ場の量子論

QED は我々の歴史上最も精密な理論として知られている．理論がゲージ不変であることは以前からわかっていたが，それをゲージ原理としてより一般化したのはヤンとミルズ（Yang–Mills）であった．ここではゲージ原理の紹介として，電磁場中での量子力学の議論から始める．さらに，ゲージ群を非可換にしたいわゆるヤン–ミルズ理論について調べ，それらの共変量子化を経路積分で議論する．最後に，質量のないゲージ場に質量を持たせる機構として，対称性の破れおよびヒッグス（Higgs）機構を議論する．

5.1 ゲージ原理とゲージ場

例題 1.1 Hamiltonian として $e > 0$ とした

$$H = \frac{1}{2m}\left[\boldsymbol{p} - e\boldsymbol{A}(x)\right]^2 + e\phi(x) \tag{5.1}$$

を採用したとき（本節・練習問題 1.1 参照），シュレディンガー方程式は，

$$i\hbar\left(\frac{\partial}{\partial t} + i\frac{e}{\hbar}\phi(x)\right)\Psi(x) = -\frac{\hbar^2}{2m}\left(\boldsymbol{\nabla} - i\frac{e}{\hbar}\boldsymbol{A}(x)\right)^2\Psi(x), \tag{5.2}$$

で与えられる．これが，次の変換（ゲージ変換）で不変であることを示せ．

$$\Psi(x) \longrightarrow \Psi'(x) = e^{-ie\Lambda(x)/c\hbar}\,\Psi(x), \tag{5.3}$$

$$\begin{pmatrix} \phi(x) \\ \boldsymbol{A}(x) \end{pmatrix} \longrightarrow \begin{pmatrix} \phi'(x) = \phi(x) + \dfrac{1}{c}\dfrac{\partial}{\partial t}\Lambda(x) \\ \boldsymbol{A}'(x) = \boldsymbol{A}(x) - \dfrac{1}{c}\boldsymbol{\nabla}\Lambda(x) \end{pmatrix}. \tag{5.4}$$

また，(5.4) は相対論的な表示 (2.126) に

$$A^\mu = (\phi, c\boldsymbol{A}) \tag{5.5}$$

と書けば一致することを確かめよ．

解 ダッシュの付いた方程式，

$$i\hbar\left(\frac{\partial}{\partial t} + i\frac{e}{\hbar}\phi'(x)\right)\Psi'(x) = -\frac{\hbar^2}{2m}\left(\boldsymbol{\nabla} - i\frac{e}{\hbar}\boldsymbol{A}'(x)\right)^2\Psi'(x)$$

に (5.3) と (5.4) を代入すれば，

$$\boldsymbol{\nabla}\Psi'(x) = \mathrm{e}^{-ie\Lambda(x)/c\hbar}\left(\boldsymbol{\nabla} - \frac{ie}{c\hbar}\boldsymbol{\nabla}\Lambda(x)\right)\Psi(x)$$

などとなることから明らかである．

後半も，(5.5) と

$$\partial_\mu = \left(\frac{\partial}{c\partial t}, \boldsymbol{\nabla}\right) \tag{5.6}$$

を用いれば明らか．

ここでゲージ原理と呼ばれるゲージ不変なシュレディンガー方程式 (5.2) の違った見方について述べる．シュレディンガー方程式を導くド・ブロイ場の Lagrangian (2.41) は，2.2 節・例題 2.1 でやったように位相変換 (2.42) で不変であり，保存量は電荷 (2.44) であった．しかし，こうした変換 (2.42) は場の理論の哲学とは相容れない．というのは，場の理論は「局所的な領域の振る舞いだけで世界を理解しよう」というものであるから，全ての場所で同じ位相変換を行うというのは，その思想に反する．自然な変換はむしろゲージ変換 (5.3) である．ところがこうするとド・ブロイ場だけでは理論は不変にならず (5.4) のように変換するゲージ場の導入が不可欠であり，それがシュレディンガー方程式 (5.2) の成立する理由であると考える．これを**ゲージ原理**による相互作用の導入という．

古典論でのゲージ不変量は $F_{\mu\nu}$ でありベクトルポテンシャル A_μ は単なる数学的な補助量であった．ところが，ここでの議論のように基礎方程式であるシュレディンガー方程式 (5.2) にはベクトルポテンシャル A_μ があらわに顔を出す．したがって，量子力学では $F_{\mu\nu}$ ではなく A_μ が物理に効いてくることが期待される．このことを肯定的に議論したのが本節・練習問題 1.2〜1.5 で議論する**アハロノフ–ボーム効果**である．

例題 1.2 自然単位系に戻り，2.3 節のディラック場の Lagrangian (2.63) にゲージ原理を適用すると，

$$(2.63) \Longrightarrow \overline{\psi}(x)\left[i\gamma^\mu(\partial_\mu + ieA_\mu(x)) - m\right]\psi(x) \tag{5.7}$$

となること，また

$$D_\mu \equiv \partial_\mu + ieA_\mu(x) \tag{5.8}$$

を共変微分と呼ぶとき，電磁場の場の強さ (2.118) は，

$$[D_\mu, D_\nu] = ieF_{\mu\nu} \tag{5.9}$$

と与えられることを示せ．

解 ディラック場の Lagrangian (2.63) は，ド・ブロイ場の Lagrangian が (2.42) の位相変換で不変であったように，

$$\psi(x) \mapsto e^{-ie\Lambda}\psi(x) \ ; \quad \overline{\psi}(x) \mapsto \overline{\psi}(x)e^{ie\Lambda} \ ; \tag{5.10}$$

で不変である．しかし，上述のようにこの不変性は局所的に満たされるべきであるから，

$$\psi(x) \mapsto e^{-ie\Lambda(x)}\psi(x) \ ; \quad \overline{\psi}(x) \mapsto \overline{\psi}(x)e^{ie\Lambda(x)} \ ; \tag{5.11}$$

の元で不変であるべきである．しかし，微分 ∂_μ のため $-ie\partial_\mu\Lambda$ が余計に現れてしまう．そこでゲージ場を導入して，

$$i\partial_\mu \Longrightarrow i\partial_\mu - eA_\mu(x) \ ;$$

としてやれば，不変性を保つことが出来るわけである．(5.9) は，

$$[D_\mu, D_\nu] = [\partial_\mu + ieA_\mu(x), \partial_\nu + ieA_\nu(x)] = ie(\partial_\mu A_\nu(x) - \partial_\nu A_\mu(x)) \ ;$$

となることから分かる．こうして，ディラック場のゲージ原理から得られる Lagrangian は，QED のそれ (2.156)

$$\mathcal{L}_{\text{QED}} = -\frac{1}{4}F_{\mu\nu}(x)F^{\mu\nu}(x) + \overline{\psi}(x)\left(i\partial\!\!\!/ - m\right)\psi(x) - e\overline{\psi}(x)\gamma^\mu\psi(x)A_\mu(x) \ ;$$

である．電子の場合は $e < 0$ なので，

$$D_\mu \equiv \partial_\mu - ieA_\mu(x) \ , \tag{5.12}$$

となる．

5.1 ゲージ原理とゲージ場

例題 1.3 同じ質量を持つ N 種類のディラック場

$$\boldsymbol{\psi}_\alpha \equiv \begin{pmatrix} \psi_\alpha^1 \\ \psi_\alpha^2 \\ \vdots \\ \psi_\alpha^N \end{pmatrix} ; \tag{5.13}$$

($\alpha = 1, 2, 3, 4$ はスピナの成分を表す) を考える．その自由場の Lagrangian

$$\mathcal{L} = \overline{\boldsymbol{\psi}}(x)\,(i\slashed{\partial} - m)\,\boldsymbol{\psi}(x) ; \tag{5.14}$$

の不変性を論じよ．

解 ディラック場を

$$\boldsymbol{\psi} \mapsto \boldsymbol{\psi}' = \boldsymbol{U}\boldsymbol{\psi}\,, \quad \overline{\boldsymbol{\psi}} \mapsto \overline{\boldsymbol{\psi}}' = \overline{\boldsymbol{\psi}}\boldsymbol{U}^\dagger \tag{5.15}$$

と変換する．ここで，$(\boldsymbol{U})_{jk}$ ($j, k = 1, 2, \cdots, N$) は複素数値をとる $N \times N$ 行列であり，γ 行列とは可換である．すると不変性は

$$\boldsymbol{U}^\dagger \boldsymbol{U} = \mathbf{I} \tag{5.16}$$

を要求する．これは，

$$\boldsymbol{U}^\dagger = \boldsymbol{U}^{-1} \tag{5.17}$$

を意味し，$\boldsymbol{U}$ は $U(N)$ (N 次元ユニタリー群) に属するという．$\boldsymbol{U}$ の行列式は

$$\det \boldsymbol{U} = \mathrm{e}^{i\phi}\,, \quad \phi : \text{実数} \tag{5.18}$$

と書ける．(なぜなら，$\det \boldsymbol{U} \equiv z$，$z$：複素数，と置き (5.17) の両辺の行列式を考えると，$z^* = z^{-1}$ であり，$z = re^{i\phi}$ と置けば $r = 1$ となる．)

$N = 1$ のときは，電磁場の場合 (5.10) に対応する．このときは，2 種の変換は可換 $U_1 U_2 = U_2 U_1$ であり**可換群**と呼ばれる．$N \geq 2$ のときは，ディラック場各成分の位相を適当に調節することで，(5.18) の右辺を 1 にすることができる．

$$\det \boldsymbol{U} = 1 \tag{5.19}$$

こうした群を**特殊ユニタリー群**と呼び，$SU(N)$ と書く．それは非可換 $\boldsymbol{U}_1 \boldsymbol{U}_2 \neq \boldsymbol{U}_2 \boldsymbol{U}_1$ であり**非可換群**である．

特殊ユニタリー群 $SU(N)$ は，T_a ($a = 1, 2, \cdots, N^2 - 1$) をエルミート行列 $T_a^\dagger = T_a$

とするとき（T_a をリー代数という），

$$U = \exp\left[i\sum_{a=1}^{N^2-1}\theta_a T_a\right] \equiv \exp[i\boldsymbol{\theta}] \tag{5.20}$$

と書ける．これは $SU(N)$ の独立な要素の数を思い出せばわかる．元々は，複素 $N\times N$ 行列だったから，$2N^2$ の要素があった．ところが，ユニタリーの条件 (5.16) は N^2 あり，行列式 (5.18) の 1 を引くと，独立な要素の数は N^2-1 となるから，それを θ_a で表したわけである．T_a は

$$[T_a, T_b] = if_{abc}T_c \tag{5.21}$$

および，

$$\text{Tr}\,(T_a T_b) = \frac{1}{2}\delta_{ab} \tag{5.22}$$

を満たす．いまは，T_a は N 成分のディラック場に作用する $N\times N$ 行列であるとしている．これを**基本表現**と呼ぶ（$SU(2)$ ではスピン 1/2 の場合に相当する）．N^2-1 成分量（たとえば θ_a）に作用する $(N^2-1)\times(N^2-1)$ 行列の場合を**随伴表現**という（$SU(2)$ のスピン 1 に相当する）．随伴表現は

$$(T_a)_{bc} \equiv -if_{abc} \tag{5.23}$$

で与えられ，もちろん (5.21) (5.22) に従う．

f_{abc} は**構造定数**と呼ばれる群の性質を決める定数であり，

$$\frac{i}{2}f_{abc} = \text{Tr}\,([T_a, T_b]\,T_c) \tag{5.24}$$

で与えられる（(5.21) (5.22) より明らか）．トレースの性質を用いれば，2 つの添字の入れ換えに対して符号を変えることがわかる．

$$f_{abc} = -f_{bac} = f_{bca} = -f_{cba} = f_{cab} = -f_{acb}\,. \tag{5.25}$$

$N=2$ の $SU(2)$ の場合は，$f_{abc} \mapsto \epsilon_{abc}$ となる．

例題 1.4 Lagrangian (5.14) にゲージ原理

$$U \mapsto U(x) = \exp[i\boldsymbol{\theta}(x)] \equiv \exp\left[i\sum_{a=1}^{N^2-1}\theta_a(x)T_a\right] \tag{5.26}$$

を適用することで，**非可換ゲージ場** $\boldsymbol{A}_\mu(x)$（以下では，**ヤン–ミルズ**（Yang–Mills）**場**と呼ぶ）が，（電磁場のときの共変微分 (5.8) にならって）

$$\mathcal{L} = \overline{\boldsymbol{\psi}}(x)\left[i\gamma^\mu \boldsymbol{D}_\mu - m\right]\boldsymbol{\psi}(x) \tag{5.27}$$

と共変微分

$$\boldsymbol{D}_\mu \equiv \partial_\mu \mathbf{I} - ig\boldsymbol{A}_\mu(x) \tag{5.28}$$

を通して導入され（g の符号は，電子のそれ (5.12) に合わせた），そのゲージ変換が，

$$\boldsymbol{A}_\mu(x) \mapsto \boldsymbol{A}_\mu^{\mathrm{U}}(x) \equiv \boldsymbol{U}(x)\boldsymbol{A}_\mu(x)\boldsymbol{U}^\dagger(x) + \frac{i}{g}\boldsymbol{U}(x)\partial_\mu \boldsymbol{U}^\dagger(x) \tag{5.29}$$

で与えられること，無限小ゲージ変換 $|\boldsymbol{\theta}(x)| \ll 1$ を考えるとこれは，

$$\boldsymbol{A}_\mu(x) = \sum_{a=1}^{N^2-1} A_\mu^a(x) T_a \tag{5.30}$$

と書いて，

$$A_\mu^a(x) \mapsto A_\mu^a(x) + \partial_\mu \theta^a(x) + g \sum_{b,c=1}^{N^2-1} f_{abc} A_\mu^b(x) \theta^c(x) \tag{5.31}$$

と与えられること（これからは，和の記号，および，場の座標 x は可能な限り省略する），また，対応するヤン–ミルズ場の強さが，

$$\boldsymbol{F}_{\mu\nu} = \partial_\mu \boldsymbol{A}_\nu - \partial_\nu \boldsymbol{A}_\mu - ig\left[\boldsymbol{A}_\mu, \boldsymbol{A}_\nu\right] \tag{5.32}$$

で，そのゲージ変換が

$$\boldsymbol{F}_{\mu\nu} \mapsto \boldsymbol{F}_{\mu\nu}^{\mathrm{U}} = \boldsymbol{U} \boldsymbol{F}_{\mu\nu} \boldsymbol{U}^\dagger \tag{5.33}$$

で与えられることを示せ．

解 例題 1.2 でやったように，$\boldsymbol{U}(x)$ のために，微分が残ってしまうので，それを消すにはゲージ場 $\boldsymbol{A}_\mu$ が必要になる．それは明らかに $N \times N$ 行列である．ゲージ変換を

$$\boldsymbol{\psi} \mapsto \boldsymbol{\psi}^{\mathrm{U}} \equiv \boldsymbol{U}\boldsymbol{\psi}, \quad \overline{\boldsymbol{\psi}} \mapsto \overline{\boldsymbol{\psi}}^{\mathrm{U}} \equiv \overline{\boldsymbol{\psi}}\boldsymbol{U}^\dagger, \quad \boldsymbol{A} \mapsto \boldsymbol{A}^{\mathrm{U}}$$

と書いたとき，Lagrangian が不変，

$$\begin{aligned}
\overline{\psi}i\gamma^\mu\left[\partial_\mu - ig\boldsymbol{A}_\mu\right]\psi &= \overline{\psi}^{\mathrm{U}}i\gamma^\mu\left[\partial_\mu - ig\boldsymbol{A}_\mu^{\mathrm{U}}\right]\psi^{\mathrm{U}} \\
&= \overline{\psi}\boldsymbol{U}^\dagger i\gamma^\mu\left[\partial_\mu - ig\boldsymbol{A}_\mu^{\mathrm{U}}\right]\boldsymbol{U}\psi \\
&= \overline{\psi}i\gamma^\mu\left[\partial_\mu + \boldsymbol{U}^\dagger\partial_\mu\boldsymbol{U} - ig\boldsymbol{U}^\dagger\boldsymbol{A}_\mu^{\mathrm{U}}\boldsymbol{U}\right]\psi
\end{aligned}$$

である（ディラック場の質量項は自明なので無視）ことより，

$$-ig\boldsymbol{A}_\mu = -ig\boldsymbol{U}^\dagger\boldsymbol{A}_\mu^{\mathrm{U}}\boldsymbol{U} + \boldsymbol{U}^\dagger\partial_\mu\boldsymbol{U}$$

となり，両辺を $\boldsymbol{U}$ と $\boldsymbol{U}^\dagger$ で挟み，$\boldsymbol{U}\boldsymbol{U}^\dagger = \mathbf{I}$ を微分して得られる，

$$\partial_\mu\boldsymbol{U}\,\boldsymbol{U}^\dagger = -\boldsymbol{U}\partial_\mu\boldsymbol{U}^\dagger$$

を用いればゲージ変換 (5.29) が得られる．

無限小ゲージ変換は，(5.26) を $\boldsymbol{\theta}$ の 1 次まで展開して，

$$\boldsymbol{U} = \mathbf{I} + ig\boldsymbol{\theta}\ .$$

ディラック場は，

$$\begin{aligned}
\psi^{\mathrm{U}} &\mapsto \psi^\theta = (\mathbf{I} + ig\boldsymbol{\theta})\psi\ , \\
\overline{\psi}^{\mathrm{U}} &\mapsto \overline{\psi}^\theta = \overline{\psi}(\mathbf{I} - ig\boldsymbol{\theta})
\end{aligned} \qquad (5.34)$$

と変換され，ゲージ場のゲージ変換は，(5.29) に代入すると，

$$\boldsymbol{A}_\mu^{\mathrm{U}} \mapsto \boldsymbol{A}_\mu^\theta = \boldsymbol{A}_\mu + ig\left[\boldsymbol{\theta}, \boldsymbol{A}_\mu\right] + \partial_\mu\boldsymbol{\theta} \qquad (5.35)$$

$$\equiv \boldsymbol{A}_\mu + \boldsymbol{D}_\mu\boldsymbol{\theta} \qquad (5.36)$$

となる．

まず，(5.35) をみると，ヤン–ミルズ場は $\boldsymbol{\theta} = \theta^a T_a$ 同様，リー代数上に値を持つことがわかり展開 (5.30) が成立することがわかる．したがって，(5.35) の両辺に T_a を掛けてトレースをとり (5.22) を用いれば (5.31) がもとまる．

次に，(5.36) では，基本表現の共変微分 (5.28) と同じ記号 $\boldsymbol{D}_\mu$ を使ったが，それが正しいことを示そう．(5.35) (5.36) より，

$$\boldsymbol{D}_\mu\boldsymbol{\theta} = \partial_\mu\boldsymbol{\theta} + ig\left[\boldsymbol{\theta}, \boldsymbol{A}_\mu\right] \qquad (5.37)$$

であり，それぞれの項が，T_a で展開されているからその係数は，(T_a を掛けてトレースをとれば)

$$(\boldsymbol{D}_\mu\boldsymbol{\theta})^a \stackrel{(5.21)}{=} \partial_\mu\theta^a - gf_{abc}\theta^b A_\mu^c \stackrel{(5.25)}{=} \partial_\mu\theta^a + gf_{abc}A_\mu^b\theta^c \qquad (5.38)$$

5.1 ゲージ原理とゲージ場

となる. これが共変微分 (5.28) の形をしていることは, (5.23) を見れば,

$$(5.38) \stackrel{(5.23)}{=} \partial_\mu \theta^a - ig A_\mu^b (T_b)_{ac} \theta^c = ((\partial_\mu \mathbf{I} - ig \mathbf{A}_\mu) \cdot \boldsymbol{\theta})^a \quad (5.39)$$

からわかる. つまり, ここでの共変微分は随伴表現に属する $\boldsymbol{\theta}$ に作用していたわけである. このように, 共変微分は T_a の属する表現を指定すれば, いつも基本表現 (5.28) と同じ形で書けている.

ヤン–ミルズ場の強さをもとめるには (5.9) 同様に, (5.28) を用いて

$$-ig \boldsymbol{F}_{\mu\nu} = [\boldsymbol{D}_\mu, \boldsymbol{D}_\nu]$$

とすれば, (5.32) がもとまる. (5.30) のように,

$$\boldsymbol{F}_{\mu\nu} = F_{\mu\nu}^a T_a \quad (5.40)$$

と書いて両辺に T_a を掛けてトレースをとれば

$$F_{\mu\nu}^a = \partial_\mu A_\nu^a - \partial_\nu A_\mu^a + g f_{abc} A_\mu^b A_\nu^c \quad (5.41)$$

となることに注意しよう.

最後に, 共変微分 (5.28) のゲージ変換が,

$$\boldsymbol{D}_\mu^{\mathrm{U}} \equiv \partial_\mu \mathbf{I} - ig \boldsymbol{A}_\mu^{\mathrm{U}} = \boldsymbol{U} \boldsymbol{D}_\mu \boldsymbol{U}^\dagger \quad (5.42)$$

と書けることに注意しよう. ((5.29) より明らか.) これを用いれば, (5.33) は

$$-ig \boldsymbol{F}_{\mu\nu}^{\mathrm{U}} = [\boldsymbol{D}_\mu^{\mathrm{U}}, \boldsymbol{D}_\nu^{\mathrm{U}}] = \boldsymbol{U} [\boldsymbol{D}_\mu, \boldsymbol{D}_\nu] \boldsymbol{U}^\dagger$$

より明らかである.

例題 1.5 ヤン–ミルズ場の Lagrangian が,

$$\mathcal{L} = -\frac{1}{4} F_{\mu\nu}^a F^{\mu\nu a} \quad (5.43)$$

で与えられることを示せ. (a についても和をとっている.)

解 (5.33) を考慮すれば, ゲージ不変で場の 2 階微分を含むものとして,

$$\mathrm{Tr} \boldsymbol{F}_{\mu\nu} \boldsymbol{F}^{\mu\nu}$$

が得られる. (ゲージ不変性は

$$\mathrm{Tr} \boldsymbol{F}_{\mu\nu}^{\mathrm{U}} \boldsymbol{F}^{\mu\nu \mathrm{U}} \stackrel{(5.29)}{=} \mathrm{Tr} \boldsymbol{U} \boldsymbol{F}_{\mu\nu} \boldsymbol{F}^{\mu\nu} \boldsymbol{U}^\dagger$$

で，トレースの性質から U をぐるっとまわせば不変になることがわかる．）あとは係数を決めるだけである．これは，$N=1$ の電磁場の場合を参考にする．したがって，

$$\mathcal{L} = -\frac{1}{2}\mathrm{Tr}\boldsymbol{F}_{\mu\nu}\boldsymbol{F}^{\mu\nu} \tag{5.44}$$

となり，(5.40) を代入し (5.22) を考慮すれば (5.43) がもとまる．

例題 1.6 N 成分複素スカラー場

$$\boldsymbol{\Phi} = \begin{pmatrix} \Phi_1 \\ \Phi_2 \\ \vdots \\ \Phi_N \end{pmatrix} \tag{5.45}$$

の Lagrangian

$$\mathcal{L} = \partial_\mu \boldsymbol{\Phi}^\dagger \partial^\mu \boldsymbol{\Phi} - V\left(\boldsymbol{\Phi}^\dagger \boldsymbol{\Phi}\right) \tag{5.46}$$

(V はポテンシャル）にゲージ原理を適用すると，

$$\begin{aligned}\mathcal{L}_s &= \left(\boldsymbol{D}_\mu \boldsymbol{\Phi}\right)^\dagger \left(\boldsymbol{D}^\mu \boldsymbol{\Phi}\right) - V\left(\boldsymbol{\Phi}^\dagger \boldsymbol{\Phi}\right) \\ &= \partial_\mu \boldsymbol{\Phi}^\dagger \partial^\mu \boldsymbol{\Phi} + ig\left(\boldsymbol{\Phi}^\dagger \boldsymbol{A}_\mu \partial^\mu \boldsymbol{\Phi} - \partial^\mu \boldsymbol{\Phi}^\dagger \boldsymbol{A}_\mu \boldsymbol{\Phi}\right) \\ &\quad + g^2 \boldsymbol{\Phi}^\dagger \boldsymbol{A}_\mu \boldsymbol{A}_\mu \boldsymbol{\Phi} - V\left(\boldsymbol{\Phi}^\dagger \boldsymbol{\Phi}\right)\end{aligned} \tag{5.47}$$

となることを示せ．

解 例題 1.4 と同様に，Lagrangian (5.46) は $U(N)$ ユニタリー変換 U

$$\boldsymbol{\Phi}(x) \mapsto \boldsymbol{U}\boldsymbol{\Phi}(x), \quad \boldsymbol{\Phi}^\dagger(x) \mapsto \boldsymbol{\Phi}^\dagger(x)\boldsymbol{U}^\dagger$$

で，不変であるからゲージ原理にしたがって局所変換 $U(x)$ を導入する．

$$\boldsymbol{\Phi}(x) \mapsto \boldsymbol{\Phi}^\mathrm{U}(x) = \boldsymbol{U}(x)\boldsymbol{\Phi}(x), \quad \left(\boldsymbol{\Phi}^\dagger(x) \mapsto \boldsymbol{\Phi}^{\mathrm{U}\dagger}(x) = \boldsymbol{\Phi}^\dagger(x)\boldsymbol{U}^\dagger(x)\right). \tag{5.48}$$

先と同様の議論でゲージ不変性は共変微分

$$\boldsymbol{D}_\mu \boldsymbol{\Phi}(x) \equiv \left(\partial_\mu \mathbf{I} - ig\boldsymbol{A}_\mu(x)\right)\boldsymbol{\Phi}(x) \tag{5.49}$$

（いま，スカラー場は，先のディラック場と同様に $SU(N)$ の基本表現に属するので，$\boldsymbol{A}_\mu = A_\mu^a T_a$ の T_a は $N \times N$ 行列である．）が共変微分のゲージ変換 (5.42) より，

$$D_\mu \boldsymbol{\Phi}(x) \mapsto D_\mu^{\mathrm{U}} \boldsymbol{\Phi}^{\mathrm{U}}(x) = U(x)\left(D_\mu \boldsymbol{\Phi}(x)\right) \tag{5.50}$$

と変換されることで（このことからその共変という名前の由来がわかる．$\boldsymbol{\Phi}$ の変換 (5.48) と 共に変っている！），(5.47) のゲージ不変性が保証されている（最後の表式は共変微分 (5.49) を展開したものである）．

Lagrangian (5.47) は非常に重要な役割を果たすことが後でわかる（5.3 節参照）．というのは，ゲージ場はゲージ不変性より質量を持つことができない．しかし，自然界には質量のない粒子は電磁場のほか，限られたものしかなく，ゲージ原理を適用して模型を作ってもその応用性は限られてしまうからである．

練習問題

1.1 古典力学における荷電粒子の運動を記述する Lagrangian,
$$L = \frac{m}{2}\dot{\boldsymbol{x}}^2 - e\phi(x) + e\boldsymbol{A}(x) \cdot \dot{\boldsymbol{x}} \tag{5.51}$$
がローレンツ力を導くこと，
$$m\ddot{\boldsymbol{x}} = e\left(\boldsymbol{E} + \dot{\boldsymbol{x}} \times \boldsymbol{B}\right) \tag{5.52}$$
を示せ．また，Hamiltonian が (5.1) で与えられることを示せ．

1.2 アハロノフ–ボーム効果（Aharonov–Bohm (**AB**) 効果）（その一）．図 5.1 のように（無限に）長く，半径が R の円筒の内側に巻き付いたコイルに電流を流したとする．磁場 $\boldsymbol{B}$ は円筒の内部にのみ存在する．円筒の軸を z-軸としよう．すると $r^2 = x^2 + y^2$ として，
$$\boldsymbol{B} = \begin{cases} (0,0,B)\,; & 0 \leq r \leq R\,, \\ (0,0,0)\,; & R < r < \infty \end{cases} \tag{5.53}$$
である．磁場は円筒の外部でゼロであるが，ベクトルポテンシャルはそうではない．ベクトルポテンシャル，
$$\boldsymbol{A} = \begin{cases} \left(-\dfrac{By}{2}, \dfrac{Bx}{2}, 0\right)\,; & 0 \leq r \leq R\,, \\ \left(-\dfrac{BR^2 y}{2r^2}, \dfrac{BR^2 x}{2r^2}, 0\right)\,; & R < r < \infty \end{cases} \tag{5.54}$$
が，この磁場を再現することを確かめよ．次に，円筒座標
$$x = r\cos\phi\,, \quad y = r\sin\phi\,, \quad z = z \tag{5.55}$$
に移る．そこでは，

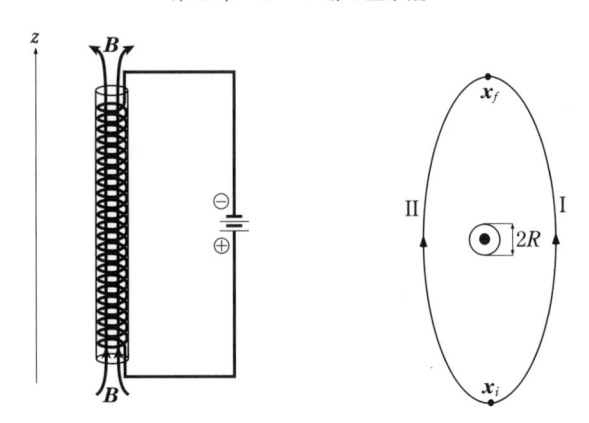

図 5.1 アハロノフ–ボーム効果．左がコイルの模式図．右が真上から見た図．粒子は $\boldsymbol{x}_i$ を出て経路 I あるいは II を通って $\boldsymbol{x}_f$ に到達する．

$$A_r = 0 \ , \ A_\phi = \begin{pmatrix} \dfrac{Br^2}{2} \ ; \ 0 \leq r \leq R \\ \dfrac{BR^2}{2} \ ; \ R < r < \infty \end{pmatrix} , \quad A_z = 0 \quad (5.56)$$

と書けることを示せ．

1.3 AB 効果（その二）．次にこうした状況の下，時刻 $t=0$ で $\boldsymbol{x}_i$ から出発して $t=T$ で $\boldsymbol{x}_f$ に到達する粒子の作用，

$$S[\boldsymbol{x}_f, \boldsymbol{x}_i] \equiv \int_0^T dt \left(\frac{m}{2} \dot{\boldsymbol{x}}^2 + e\boldsymbol{A}(x) \cdot \dot{\boldsymbol{x}} \right) \quad (5.57)$$

はその経路に依ることを示せ．

1.4 AB 効果（その三）．量子論に移ろう．議論を精密にするため，円筒内に粒子が入れないことを保証するようにポテンシャル，$V(\boldsymbol{x}) = +\infty$；$\boldsymbol{x} \in$ 円筒内，を Hamiltonian に加えておく．

$$H = \frac{1}{2m} \left[\boldsymbol{p} - e\boldsymbol{A}(x) \right]^2 + V(\boldsymbol{x}) .$$

前題 1.3 から，粒子が $t=0$ で $\boldsymbol{x}_i$ を出発して円筒の周りを n–回転して $t=T$ で $\boldsymbol{x}_f$ に到達するときのファインマン核も n に依るだろうと考えられる．これを $K\left(\boldsymbol{x}_f^{(n)}, \boldsymbol{x}_i; T\right)^{[n]}$ と書くとき，経路積分で，

5.1 ゲージ原理とゲージ場

$$K^{[n]}\left(\boldsymbol{x}_f^{(n)}, \boldsymbol{x}_i; T\right)$$
$$= \int \mathcal{D}\boldsymbol{x} \exp\left[\frac{i}{\hbar}\int_0^T dt\left(\frac{m}{2}\dot{\boldsymbol{x}}^2 - V(\boldsymbol{x})\right) + e\int_{\boldsymbol{x}_i}^{\boldsymbol{x}_f^{(n)}} d\boldsymbol{x}\cdot\boldsymbol{A}(\boldsymbol{x})\right]\Bigg|_{\boldsymbol{x}(0)=\boldsymbol{x}_i}^{\boldsymbol{x}(T)=\boldsymbol{x}_f^{(n)}} \tag{5.58}$$

と与えられることを示せ.

1.5 AB 効果（その四）. もとめるファインマン核は, 全ての可能な経路を足し上げたものだから, 前問でもとめた $K^{[n]}\left(\boldsymbol{x}_f^{(n)}, \boldsymbol{x}_i; T\right)$ を用いて,

$$K(\boldsymbol{x}_f, \boldsymbol{x}_i; T) = \sum_{n=-\infty}^{\infty} K^{[n]}\left(\boldsymbol{x}_f^{(n)}, \boldsymbol{x}_i; T\right) \tag{5.59}$$

となる. これが,

$$K(\boldsymbol{x}_f, \boldsymbol{x}_i; T) = e^{i\alpha(\phi_f - \phi_i)} \sum_{n=-\infty}^{\infty} e^{i2\pi n\alpha} K_{(0)}^{[n]}\left(\boldsymbol{x}_f^{(n)}, \boldsymbol{x}_i; T\right), \tag{5.60}$$

$$\alpha \equiv \frac{e\Phi}{2\pi\hbar} = \frac{e\Phi}{h}, \tag{5.61}$$

$$K_{(0)}^{[n]}\left(\boldsymbol{x}_f^{(n)}, \boldsymbol{x}_i; T\right) \equiv \int \mathcal{D}\boldsymbol{x} \exp\left[\frac{i}{\hbar}\int_0^T dt\left(\frac{m}{2}\dot{\boldsymbol{x}}^2 - V(\boldsymbol{x})\right)\right]\Bigg|_{\boldsymbol{x}(0)=\boldsymbol{x}_i}^{\boldsymbol{x}(T)=\boldsymbol{x}_f^{(n)}} \tag{5.62}$$

と書けることを示せ（$K_{(0)}^{[n]}\left(\boldsymbol{x}_f^{(n)}, \boldsymbol{x}_i; T\right)$ はベクトルポテンシャルのない場合のファインマン核である）. これより, 磁場はなくても粒子はベクトルポテンシャルの影響を受けることがわかる. これをアハロノフ–ボーム効果という.

5.2 ゲージ場の量子化

> **例題 2.1** 経路積分法によって電磁場を量子化しよう．まず素朴に，電磁場の Lagrangian (2.122) を出発点として経路積分してみよう．
> $$Z = \int \mathcal{D}A_\mu \exp\left[i \int d^4x \left(-\frac{1}{4}F^{\mu\nu}F_{\mu\nu}\right)\right] . \tag{5.63}$$
> これが，無限大になることを示せ．

解 2.4 節・例題 4.3 でのマックスウェル場 Lagrangian の書き換えの表式 (2.135) と (2.136) を用いる．

$$Z = \int \mathcal{D}A_\mu \exp\left[-i\int d^4x \frac{1}{2}A^\mu(-\Box g_{\mu\nu} + \partial_\mu\partial_\nu)A^\nu\right] \tag{5.64}$$

$$= \int \mathcal{D}A_\mu \exp\left[-i\frac{1}{2}\int d^4x \left\{\left(A^0 + \boldsymbol{\nabla}\cdot\dot{\boldsymbol{A}}\frac{1}{\boldsymbol{\nabla}^2}\right)\boldsymbol{\nabla}^2\left(A^0 + \frac{1}{\boldsymbol{\nabla}^2}\boldsymbol{\nabla}\cdot\dot{\boldsymbol{A}}\right)\right.\right.$$
$$\left.\left.+ \sum_{j,k=1,2,3} A^j \Box \left(\delta_{jk} - \frac{\partial_j\partial_k}{\boldsymbol{\nabla}^2}\right)A^k\right\}\right] \tag{5.65}$$

のようになる．(5.65) で A_0 に関して積分すれば，

$$Z \to \int \mathcal{D}\boldsymbol{A} \exp\left[-i\int d^4x \sum_{j,k=1,2,3} A^j \Box \left(\delta_{jk} - \frac{\partial_j\partial_k}{\boldsymbol{\nabla}^2}\right)A^k\right]$$

$$\stackrel{(2.138)}{=} \int \mathcal{D}\boldsymbol{A} \exp\left[-i\int d^4x \boldsymbol{A}\Box\boldsymbol{P}\boldsymbol{A}\right]$$

$$\stackrel{(2.140)}{=} \int \mathcal{D}\boldsymbol{A}_\mathrm{T}\mathcal{D}\boldsymbol{A}_\mathrm{L} \exp\left[-i\int d^4x \boldsymbol{A}_\mathrm{T}\Box\boldsymbol{A}_\mathrm{T}\right]$$

となり，縦方向の電磁場 $\boldsymbol{A}_\mathrm{L}$ を作用が含まないので積分 $\mathcal{D}\boldsymbol{A}_\mathrm{L}$ のため発散してしまう．

事情は，共変的な経路積分表示 (5.64) でも同じで，このとき，射影演算子は

$$P_{\mu\nu} \equiv g_{\mu\nu} - \frac{\partial_\mu\partial_\nu}{\Box} \tag{5.66}$$

である．$(1/(-\Box)) = D_\mathrm{F}$ を採る．2.4 節・練習問題 4.2 参照．)

5.2 ゲージ場の量子化

$$\partial^\mu P_{\mu\nu} = 0 , \quad P_{\mu\lambda} P^\lambda_\nu = P_{\mu\nu} , \tag{5.67}$$

$$A^{\mathrm{T}}_\mu \equiv P_{\mu\nu} A^\nu , \quad \partial^\mu A^{\mathrm{T}}_\mu = 0 , \tag{5.68}$$

$$A^{\mathrm{L}}_\mu \equiv A_\mu - A^{\mathrm{T}}_\mu , \quad \partial^\mu A^{\mathrm{L}}_\mu = \partial^\mu A_\mu \tag{5.69}$$

などとなるから，(5.64) は

$$Z = \int \mathcal{D}A^{\mathrm{T}}_\mu \mathcal{D}A^{\mathrm{L}}_\mu \exp\left[-i \int d^4x \frac{1}{2} A^{\mu\mathrm{T}}(-\Box) A^{\mathrm{T}}_\mu\right] \tag{5.70}$$

であり，ふたたび $\mathcal{D}A^{\mathrm{L}}_\mu$ のために積分は発散する．

こうした発散は，理論がゲージ不変であるために生じる必然的なものであることに注意しよう．$\boldsymbol{A}_{\mathrm{L}}$ や A^{L}_μ はゲージ変換で変わる部分であり，

$$\boldsymbol{A}_{\mathrm{L}} \mapsto \boldsymbol{A}_{\mathrm{L}} - \boldsymbol{\nabla} \Lambda , \quad A^{\mathrm{L}}_\mu \mapsto A^{\mathrm{L}}_\mu + \partial_\mu \Lambda ,$$

こうした成分が含まれていないのは理論がゲージ不変であるからである．

例題 2.2 ゲージ条件 (2.127) (2.128) で，左辺のゲージ場に依る量をゲージ固定項と呼び $F(A)$ と書くことにしよう．さらに，ゲージ変換されたゲージ場を A^Λ と書く．このとき，ゲージ関数 Λ に関する恒等式，

$$1 = \left|\mathrm{Det}\left(\frac{\delta F(A^\Lambda)}{\delta \Lambda}\right)\right| \int \mathcal{D}\Lambda \, \delta\left[F(A^\Lambda)\right] \tag{5.71}$$

$$= \left|\mathrm{Det}\left(-\partial_\mu \frac{\delta F(A)}{\delta A_\mu}\right)\right| \int \mathcal{D}\Lambda \, \delta\left[F(A^\Lambda)\right] \tag{5.72}$$

が成立することを示せ．ただし，

$$\delta[\Lambda - f] \equiv \prod_x \delta\left(\Lambda(x) - f(x)\right) \tag{5.73}$$

は，デルタ汎関数である．次に，ファディーフ-ポポフ行列式（Faddeev–Popov (**FP**) 行列式）と呼ばれる関数行列式は Λ に依らず，ゲージ不変，

$$\mathrm{Det}\left(\frac{\delta F(A^\Lambda)}{\delta \Lambda}\right) = \mathrm{Det}\left(\frac{\delta F(A^{\Lambda'})}{\delta \Lambda'}\right) \tag{5.74}$$

であることを示せ．

解 デルタ関数の性質 (1.53) の N 次元版を考えよう．$\boldsymbol{x} = (x^1, x^2, \cdots, x^N)$ を N 次元ベクトル，$f^\alpha(\boldsymbol{x}) = 0$ の解を $\boldsymbol{x}_0$ とする（いま解は 1 つであるとしよう）．$f^\alpha(\boldsymbol{x})$

を $\bm{x}_0$ の周りで展開する．

$$f^\alpha(\bm{x}) = (x-x_0)^\beta \left.\frac{\partial f^\alpha}{\partial x^\beta}\right|_{x-x_0} + O\left((\bm{x}-\bm{x}_0)^2\right) \equiv A^\alpha_\beta(x_0)(x-x_0)^\beta + \cdots. \tag{5.75}$$

一方，N 次元のデルタ関数はガウス関数を用いた 1 次元の表示 (1.54) より，

$$\delta^N(\bm{x}) = \lim_{\epsilon \to 0} \left(\frac{1}{2\pi\epsilon}\right)^{N/2} e^{-\bm{x}^2/(2\epsilon)} \tag{5.76}$$

と書けるので，

$$\begin{aligned}\delta^N(\bm{f}(\bm{x})) = \lim_{\epsilon \to 0} &\left(\frac{1}{2\pi\epsilon}\right)^{N/2} \\ &\times \exp\left[-\frac{(\bm{x}-\bm{x}_0)^{\mathrm{T}}\left(A^{\mathrm{T}}A\right)(\bm{x}-\bm{x}_0)}{2\epsilon}\{1+O(\bm{x}-\bm{x}_0)\}\right]\end{aligned}$$

が得られる．ここで，直交変換 $(\bm{x}-\bm{x}_0) \mapsto (\bm{x}-\bm{x}_0)' = \bm{O}\cdot(\bm{x}-\bm{x}_0)$，$\bm{O}^{\mathrm{T}}\bm{O} = \bm{I}$ を行って $\bm{A}^{\mathrm{T}}\bm{A}$ を対角化する．

$$\bm{O}\left(\bm{A}^{\mathrm{T}}\bm{A}\right)\bm{O}^{\mathrm{T}} = \begin{pmatrix} \lambda_1 & 0 & 0 & 0 \\ 0 & \lambda_2 & 0 & 0 \\ 0 & 0 & \ddots & 0 \\ 0 & 0 & 0 & \lambda_N \end{pmatrix} \tag{5.77}$$

$$(\det \bm{A})^2 = \prod_{\alpha=1}^N \lambda_\alpha . \tag{5.78}$$

(5.78) は，(5.77) の行列式をとって，$\det\bm{O} = 1$（直交変換だから）を用いた．これより，

$$\delta^N(\bm{f}(\bm{x})) = \lim_{\epsilon \to 0}\left(\frac{1}{2\pi\epsilon}\right)^{N/2}\prod_{\alpha=1}^N \exp\left[-\frac{\lambda_\alpha\left((x-x_0)'^\alpha\right)^2}{2\epsilon}\{1+O(\bm{x}-\bm{x}_0)\}\right].$$

ここで，新しい無限小量 $\epsilon_\alpha \equiv \epsilon/\lambda_\alpha$ を導入すると，

$$\begin{aligned}&\delta^N(\bm{f}(\bm{x})) \\ &= \prod_{\alpha=1}^N \left(\sqrt{\frac{1}{\lambda_\alpha}}\lim_{\epsilon_\alpha \to 0}\left(\frac{1}{2\pi\epsilon_\alpha}\right)^{1/2}\exp\left[-\frac{\left((x-x_0)_\alpha{}'\right)^2}{2\epsilon_\alpha}\{1+O(\bm{x}-\bm{x}_0)\}\right]\right).\end{aligned}$$

5.2 ゲージ場の量子化

固有値 λ_α は指数関数の外に出すことができたから，ここで無限少量を $\epsilon_\alpha \mapsto \epsilon$ と全て同じに採ると，

$$\delta^N(\boldsymbol{f}(\boldsymbol{x})) = \left(\prod_{\alpha=1}^N \sqrt{\frac{1}{\lambda_\alpha}}\right) \lim_{\epsilon \to 0} \left(\frac{1}{2\pi\epsilon}\right)^{N/2} \exp\left[-\frac{(\boldsymbol{x}-\boldsymbol{x}_0)^2}{2\epsilon}\right] \{1 + O(\boldsymbol{x}-\boldsymbol{x}_0)\} .$$

ここで直交変換だから，$(\boldsymbol{x}'-\boldsymbol{x}_0')^2 = (\boldsymbol{x}-\boldsymbol{x}_0)^2$ を最後で用いた．したがって，(5.78) を用いて，

$$\delta^N(\boldsymbol{f}(\boldsymbol{x})) = \frac{\delta^N(\boldsymbol{x}-\boldsymbol{x}_0)}{|\det \boldsymbol{A}|} = \frac{\delta^N(\boldsymbol{x}-\boldsymbol{x}_0)}{|\det(\partial f^\alpha/\partial x^\beta)|} \quad (5.79)$$

が得られる．

さて，$F(A^\Lambda) = 0$ のゲージ関数に関する解を $\Lambda = \Lambda_0$ であるとしよう．(5.79) で $N \to \infty$ とすれば，

$$\delta[F(A^\Lambda)] = \frac{\delta[\Lambda - \Lambda_0]}{|\text{Det}(\delta F/\delta \Lambda)|} \quad (5.80)$$

が得られる．FP 行列式はデルタ関数のため Λ_0 のみによっているので，積分の外に追い出すことができ (5.71) が示された．

もう 1 つの式 (5.72) については，ゲージ変換 (2.126) より

$$\frac{\delta A^\Lambda_\mu(x)}{\delta \Lambda(y)} = \partial^x_\mu \delta^4(x-y)$$

であるから，

$$\frac{\delta F(A^\Lambda(x))}{\delta \Lambda(y)} = \frac{\delta F(A(x))}{\delta A_\mu(z)} \partial^z_\mu \delta^4(z-y) \stackrel{\text{部分積分}}{=} -\partial^y_\mu \frac{\delta F(A(x))}{\delta A_\mu(y)} . \quad (5.81)$$

(ここで繰り返しの座標 z は積分されていることを思い出そう．) 両辺の（関数）行列式をとれば，(5.71) と (5.72) の同等性がいえる．

最後に，FP 行列式のゲージ不変性 (5.74) は FP 行列式の表式 (5.80) において，$\Lambda \mapsto \Lambda'$ と置き換えても FP 行列式が Λ_0 にのみ依ることから明らかである．

例題 2.3 例題 2.2 での結果をふまえると，例題 2.1 の素朴な Z (5.63) の発散はゲージ関数 Λ の汎関数積分における発散として理解されることを示せ．

解 (5.63) へ (5.71) を代入する.

$$Z = \int \mathcal{D}\Lambda \mathcal{D}A_\mu \left|\text{Det}\left(\frac{\delta F(A^\Lambda)}{\delta \Lambda}\right)\right| \delta\left[F(A^\Lambda)\right] \exp\left[i\int d^4x \left(-\frac{1}{4}F^{\mu\nu}F_{\mu\nu}\right)\right].$$

ここで,逆ゲージ変換 $A_\mu^\Lambda \mapsto A_\mu$ を行う.このもとで,積分測度 $\mathcal{D}A_\mu$ は不変,指数の肩の作用,および FP 行列式はゲージ不変であったから,

$$Z = \int \mathcal{D}\Lambda \left(\int \mathcal{D}A_\mu \left|\text{Det}\left(\frac{\delta F(A^\Lambda)}{\delta \Lambda}\right)\right| \delta\left[F(A)\right] \exp\left[i\int d^4x \left(-\frac{1}{4}F^{\mu\nu}F_{\mu\nu}\right)\right]\right)$$

となり,被積分量はゲージ関数 Λ に依らなくなる.したがって,例題 2.1 の発散はいまや,ゲージ関数 Λ に関する汎関数積分の発散と理解される.

こうした発散の分離は共変的な量子化にとって非常に都合のよいものである.というのは,例題 2.1 では,発散は電磁場の縦成分から生じておりこれを分離するのは共変性と矛盾する.しかし,今や汎関数積分の発散は,スカラーであるゲージ関数の発散として理解されてしまったから,電磁場の汎関数測度は全ての成分が生き残って共変性を保つことができるわけである.具体的に見ていこう.

例題 2.4 電磁場の経路積分表示を

$$Z^F \equiv \int \mathcal{D}A_\mu \left|\text{Det}\left(-\partial_\mu \frac{\delta F(A)}{\delta A_\mu}\right)\right|$$
$$\times \delta\left[F(A) - f\right] \exp\left[i\int d^4x \left(-\frac{1}{4}F^{\mu\nu}F_{\mu\nu}\right)\right] \quad (5.82)$$

としよう.$f(x)$ は任意関数である.(これまでは,$f(x) = 0$ の場合を議論した.)この式を出発点にすると,

$$Z^F = \int \mathcal{D}A_\mu \left|\text{Det}\left(-\partial_\mu \frac{\delta F(A)}{\delta A_\mu}\right)\right|$$
$$\times \exp\left[i\int d^4x \left(-\frac{1}{4}F^{\mu\nu}F_{\mu\nu} - \frac{1}{2\xi}F(A)^2\right)\right] \quad (5.83)$$

が得られることを示せ.ただし,ξ はゲージパラメータと呼ばれる任意の数である.

さらに,ゲージ固定項を $F(A) = \partial_\mu A^\mu$ (共変ゲージ固定という) としたとき,

$$Z_\text{L} = \int \mathcal{D}A_\mu \left|\text{Det}(-\Box)\right| \exp\left[i\int d^4x \left(-\frac{1}{4}F^{\mu\nu}F_{\mu\nu} - \frac{1}{2\xi}(\partial_\mu A^\mu)^2\right)\right]$$
$$(5.84)$$

となることを示せ.

[解] フレネル汎関数積分による恒等式,

$$1 = \int \mathcal{D}f \exp\left(-\frac{i}{2\xi}\int d^4x f^2(x)\right)$$

((無限大の) 係数は汎関数測度に含まれているとする) を, (5.82) に挿入して, 積分順序を変更すると (5.83) が得られる.

次に, $F(A) = \partial_\mu A^\mu$ であるから,

$$\frac{\delta F(A(x))}{\delta A^\mu(y)} = \partial_\mu \delta^4(x-y)$$

となり, (5.83) に代入すれば (5.84) が得られる.

例題 2.5 電磁場のユークリッド生成母関数が, A_μ ($\mu = 1,2,3,4$), $F_{\mu\nu} = \partial_\mu A_\nu - \partial_\nu A_\mu$ ($\mu,\nu = 1,2,3,4$) と書いたとき,

$$Z[J] = \int \mathcal{D}A_\mu \exp\left[-\int d^4x_{\rm E}\left(\frac{1}{4}F_{\mu\nu}^2 + \frac{1}{2\xi}(\partial_\mu A_\mu)^2 + J_\mu A_\mu\right)\right] \tag{5.85}$$

で与えられることを示し, 経路積分を遂行せよ.

[解] 3.3 節での議論を思い出すと, ユークリッド化は $x^0 \mapsto -ix_4$ で実現されたので, ($\partial/\partial x^\mu$ がベクトル場 $A_\mu(x)$ のように振舞うことに注意すれば)

$$A_0(x) \sim \frac{\partial}{\partial x^0} \mapsto i\frac{\partial}{\partial x_4} \sim iA_4(x)$$

という関係が得られるので, ベクトル場のユークリッド化

$$A_0(x) \mapsto iA_4(x) \tag{5.86}$$

が導入される. これより,

$$F_{0k} \mapsto iF_{4k}, \tag{5.87}$$

$$\begin{pmatrix} F_{\mu\nu}F^{\mu\nu} = -F_{0k}^2 + F_{ij}^2 \\ \partial^\mu A_\mu = \partial_0 A_0 - \boldsymbol{\nabla}\cdot\boldsymbol{A} \end{pmatrix} \longmapsto \begin{pmatrix} F_{\mu\nu}^2 = F_{4k}^2 + F_{ij}^2 \\ -\partial_\mu A_\mu = -(\partial_4 A_4 + \boldsymbol{\nabla}\cdot\boldsymbol{A}) \end{pmatrix} \tag{5.88}$$

であるから, (5.84) の指数の肩は (5.85) のそれと等しくなる. 生成母関数を導入す

るにはソース関数 $J_\mu(\mu=1,2,3,4)$ が必要で、それを $J_\mu A_\mu$ のかたちで入れたものが (5.85) である。ただし、FP 行列式は電磁場に依らない量であり、汎関数測度に含めてあらわに書かない。

指数の肩を書き直す.

$$-\int d^4 x_{\rm E} \left[\frac{1}{2} A_\mu \left\{ -\partial^2 \delta_{\mu\nu} + \left(1 - \frac{1}{\xi}\right) \partial_\mu \partial_\nu \right\} A_\nu + J_\mu A_\mu \right]$$
$$\equiv -\left(\frac{1}{2} A_\mu (D_{\mu\nu})^{-1} A_\nu\right) - (J_\mu A_\mu) .$$

これより、ガウス積分の公式 (4.2) を用いれば、

$$Z[J] = \exp\left[\frac{1}{2}\int d^4 x_{\rm E} d^4 y_{\rm E} J_\mu(x) D_{\mu\nu}(x-y) J_\nu(y)\right]$$
$$\equiv \exp\left[\frac{1}{2}(J_\mu D_{\mu\nu} J_\nu)\right] \qquad (5.89)$$

が得られる.

最後にやらなければならないことは、$D_{\mu\nu}$ をもとめることである。いつものように、フーリエ変換で考える.

$$D_{\mu\nu}^{-1}(x) = \int \frac{d^4 p}{(2\pi)^4} e^{ipx} \tilde{D}_{\mu\nu}^{-1}(p) , \quad \tilde{D}_{\mu\nu}^{-1}(p) = p^2 \delta_{\mu\nu} - \left(1 - \frac{1}{\xi}\right) p_\mu p_\nu .$$

$\tilde{D}_{\mu\nu}(p)$ は μ,ν 2 つの足をもった、運動量 p_μ の関数であるから、

$$\tilde{D}_{\mu\nu}(p) = A(p)\delta_{\mu\nu} + B(p) p_\mu p_\nu$$

と置いて、A, B を $\tilde{D}_{\mu\nu}^{-1}\tilde{D}_{\nu\lambda} = \delta_{\mu\lambda}$ から決定する.

$$\delta_{\mu\nu} = p^2 A \delta_{\mu\nu} + \left[-A\left(1-\frac{1}{\xi}\right) + Bp^2\frac{1}{\xi}\right] p_\mu p_\nu$$
$$\Longrightarrow A = \frac{1}{p^2} , \quad B = \frac{1}{p^4}(\xi - 1) .$$

こうして、

$$D_{\mu\nu}(x) = \int \frac{d^4 p}{(2\pi)^4} \frac{e^{ipx}}{p^2} \left(\delta_{\mu\nu} - (1-\xi)\frac{p_\mu p_\nu}{p^2}\right) \qquad (5.90)$$

が得られる。これを、電磁場の（ユークリッド）伝播関数という.

ここで、ゲージパラメータ ξ の役割が明らかになる.

$$\xi = \begin{cases} 1 \mapsto \tilde{D}_{\mu\nu} = \dfrac{\delta_{\mu\nu}}{p^2} \; ; & \text{ファインマンゲージ}, \\ 0 \mapsto \tilde{D}_{\mu\nu} = \dfrac{1}{p^2}\left(\delta_{\mu\nu} - \dfrac{p_\mu p_\nu}{p^2}\right) \; ; & \text{ランダウ・ローレンツゲージ}. \end{cases}$$
(5.91)

例題 2.6 ヤン–ミルズ場の共変ゲージ固定での経路積分表示が

$$Z_\mathrm{L} = \int \mathcal{D}\boldsymbol{A}_\mu \, |\mathrm{Det}(-\partial_\mu \boldsymbol{D}^\mu)| \\ \times \exp\left[i\int d^4x \,\mathrm{Tr}\left(-\dfrac{1}{2}\boldsymbol{F}^{\mu\nu}\boldsymbol{F}_{\mu\nu} - \dfrac{1}{\xi}(\partial_\mu \boldsymbol{A}^\mu)^2\right)\right] \quad (5.92)$$

で与えられることを示せ.

解 無限小非可換ゲージ変換 (5.36) を考える.

$$\boldsymbol{A}_\mu^\theta = \boldsymbol{A}_\mu + \boldsymbol{D}_\mu \boldsymbol{\theta} \,.$$

このときの, 恒等式 (5.71) に相当するものは, $\boldsymbol{f}$ を任意関数として $\boldsymbol{F}(\boldsymbol{A}^\theta) = \boldsymbol{f}$ の $\boldsymbol{\theta}$ に関する解が $\boldsymbol{\theta} = \boldsymbol{\theta}_0$ であるとして[*1],

$$1 = \exp\left[\int d^4x \dfrac{\boldsymbol{\theta}_0^2}{2\varepsilon}\right] \left|\mathrm{Det}\left(\dfrac{\delta \boldsymbol{F}(\boldsymbol{A}^\theta)}{\delta \boldsymbol{\theta}}\right)\right| \\ \times \int \mathcal{D}\boldsymbol{\theta} \exp\left[-\int d^4x \dfrac{\boldsymbol{\theta}^2}{2\varepsilon}\right] \delta\left[\boldsymbol{F}(\boldsymbol{A}^\theta) - \boldsymbol{f}\right] \quad (5.93)$$

である. (ここで, $\boldsymbol{\theta}(x)$ が無限小であることを保証するために, 無限小の ε で特徴づけられるガウス型関数を挿入してある.) ヤン–ミルズ場の FP 行列式の表式 (5.81) は, 無限小ゲージ変換 (5.36) より,

$$\dfrac{(A^\theta)^a(x)}{\delta \theta^b(y)} = (\boldsymbol{D})_{ab}^x \delta^4(x-y)$$

であるから,

$$\dfrac{\delta \boldsymbol{F}\left(A^\theta(x)\right)}{\delta \boldsymbol{\theta}(y)} = \dfrac{\delta \boldsymbol{F}(\boldsymbol{A}(x))}{\delta \boldsymbol{A}_\mu(z)} \boldsymbol{D}_\mu^z \delta^4(z-y) \stackrel{\text{部分積分}}{=} -\boldsymbol{D}_\mu^y \dfrac{\delta \boldsymbol{F}(\boldsymbol{A}(x))}{\delta \boldsymbol{A}_\mu(y)}$$
(5.94)

[*1] このことは摂動論においては問題ないが, 結合定数が大きくなるにつれ無数の解があることがわかっている. これを, グリボフ (Gribov) コピーといって, ヤン–ミルズ場の経路積分量子化のひとつの問題点であり, いまだその解決をみていない.

が得られる．ここで共変微分が部分積分を満たすこと（練習問題 2.1 参照）を用いた．
したがって，

$$(5.93) = \exp\left[\int d^4x \frac{\bm{\theta}_0^2}{2\varepsilon}\right] \left|\mathrm{Det}\left(-\bm{D}_\mu \frac{\delta \bm{F}(\bm{A}^\theta)}{\delta \bm{A}_\mu^\theta}\right)\right|$$
$$\times \int \mathcal{D}\bm{\theta} \exp\left[-\int d^4x \frac{\bm{\theta}^2}{2\varepsilon}\right] \delta\left[\bm{F}(\bm{A}^\theta) - \bm{f}\right] \quad (5.95)$$

が得られる．
(5.95) をナイーブな経路積分の式，

$$Z = \int \mathcal{D}\bm{A}_\mu \exp\left[i\int d^4x \left(-\frac{1}{2}\mathrm{Tr}\bm{F}^{\mu\nu}\bm{F}_{\mu\nu}\right)\right]$$

に挿入して，逆ゲージ変換を行ってゲージ関数 $\bm{\theta}$ に関する汎関数積分の部分を落とせば，

$$Z_\mathrm{F} = \int \mathcal{D}\bm{A}_\mu \left|\mathrm{Det}\left(-\bm{D}_\mu \frac{\delta \bm{F}(\bm{A})}{\delta \bm{A}_\mu}\right)\right| \delta\left[F(\bm{A}) - \bm{f}\right]$$
$$\times \exp\left[i\int d^4x \left(-\frac{1}{2}\mathrm{Tr}\bm{F}^{\mu\nu}\bm{F}_{\mu\nu}\right)\right] \quad (5.96)$$

が得られる．最後に，$\bm{f}$ に関するフレネル積分，

$$1 = \int \mathcal{D}\bm{f} \exp\left[-\frac{i}{\xi}\int d^4x \mathrm{Tr}\bm{f}^2(x)\right]$$

を挿入すると，

$$Z_\mathrm{F} = \int \mathcal{D}\bm{A}_\mu \left|\mathrm{Det}\left(-\bm{D}_\mu \frac{\delta \bm{F}(\bm{A})}{\delta \bm{A}_\mu}\right)\right|$$
$$\times \exp\left[i\int d^4x \mathrm{Tr}\left(-\frac{1}{2}\bm{F}^{\mu\nu}\bm{F}_{\mu\nu} - \frac{1}{\xi}\bm{F}(\bm{A})^2\right)\right] \quad (5.97)$$

となる．ここで，$\bm{F}(\bm{A}) = \partial_\mu \bm{A}^\mu$ とすると，題意が満たされる．

さて，例題 2.5 での電磁場のユークリッド生成母関数 (5.85) に対応するヤン–ミルズ場のユークリッド生成母関数は，

$$Z[\bm{J}] = \int \mathcal{D}A_\mu^a \left|\mathrm{Det}(-\partial_\mu D_\mu)\right|$$
$$\times \exp\left[-\int d^4x_\mathrm{E}\left(\frac{1}{4}(F_{\mu\nu}^a)^2 + \frac{1}{2\xi}(\partial_\mu A_\mu^a)^2 + J_\mu^a A_\mu^a\right)\right] \quad (5.98)$$

5.2 ゲージ場の量子化

で与えられる．

これからわかるように，電磁場のユークリッド生成母関数 (5.85) では FP 行列式は電磁場に依存せず，積分測度のなかに吸収できたが，ヤン–ミルズ場のユークリッド生成母関数 (5.98) の FP 行列式は共変微分を，したがって，ヤン–ミルズ場を含んでいるのでそういうわけにはいかない．

例題 2.7 例題 2.6 での FP 行列式の議論からわかるように，ヤン–ミルズ場の経路積分表示 (5.92) は無限小ゲージ変換，すなわち結合定数 g が小さい場合の摂動論にのみ有効である[*2]．こうした状況のもとでは，ヤン–ミルズ場のユークリッド生成母関数 (5.98) は

$$Z[\boldsymbol{J}] = \int \mathcal{D}A^a_\mu \mathcal{D}c^a \mathcal{D}\bar{c}^a \exp\left[-\int d^4x_E \left(\frac{(F^a_{\mu\nu})^2}{4}\right.\right.$$
$$\left.\left.+\frac{(\partial_\mu A^a_\mu)^2}{2\xi} + \partial_\mu \bar{c}^a (\boldsymbol{D}_\mu)^{ab} c^b + J^a_\mu A^a_\mu\right)\right] \quad (5.99)$$

と書けることを示せ．ここで，"フェルミ粒子" c^a，および $\bar{c}^a$；$(a = 1, 2, \cdots, N^2-1)$ をファディーフ–ポポフ（**FP**）ゴースト，および，反ゴーストという[*3]．

解 ユークリッド経路積分のもとでは $|\mathrm{Det}(-\partial^2_\mu)| = \mathrm{Det}(-\partial^2_\mu)$ であり，摂動論はこの $g = 0$ 表式の補正を計算するという立場であるから，関数行列式の絶対値は取りはずすことができて，(5.98) は

$$Z[\boldsymbol{J}] = \int \mathcal{D}\boldsymbol{A}_\mu \mathrm{Det}(-\partial_\mu \boldsymbol{D}_\mu)$$
$$\times \exp\left[-\int d^4x_E \left(\frac{1}{4}(F^a_{\mu\nu})^2 + \frac{1}{2\xi}(\partial_\mu A^a_\mu)^2 + J^a_\mu A^a_\mu\right)\right]$$
$$(5.100)$$

となる．ここで，グラスマン量のガウス積分公式 (3.43) を思い出すと関数行列式は，積分形で，

[*2] ゲージ変換の式 (5.29) を眺めればわかる．なぜなら，第 2 項目の分母に g がありそれが小さいということは，分子の $\boldsymbol{U}$ もほとんど 1 からずれないことを意味し，$\boldsymbol{U} \sim \boldsymbol{I}$，すなわち $\boldsymbol{\theta}$ が小さいことと同等である．

[*3] その理由はフェルミ粒子のように G–奇であるにもかかわらず，その運動方程式は 2 階の微分方程式に従う変なもの——お化け——だからである．2.3 節での議論より，ディラック場は 1 階の微分方程式に従っていた！

$$\mathrm{Det}(-\partial_\mu \boldsymbol{D}_\mu) = \int \mathcal{D}c^a \mathcal{D}\bar{c}^a \exp\left[-\int d^4x_{\mathrm{E}} \bar{c}^a (-\partial_\mu \boldsymbol{D}_\mu)^{ab} c^b\right]$$

と書けるので，指数関数の方で部分積分をすれば題意がもとまる．

例題 2.8 ユークリッド経路積分表示 (5.99) が次のように，書き換えられることを示せ．

$$Z[\boldsymbol{J}] = \int \mathcal{D}A_\mu^a \mathcal{D}B^a \mathcal{D}c^a \mathcal{D}\bar{c}^a \exp\Bigg[-\int d^4x_{\mathrm{E}} \bigg(\frac{1}{4}(F_{\mu\nu}^a)^2$$
$$+\frac{\xi}{2}(B^a)^2 - iB^a\partial_\mu A_\mu^a + \partial_\mu \bar{c}^a (\boldsymbol{D}_\mu)^{ab} c^b + J_\mu^a A_\mu^a\bigg)\Bigg].$$
(5.101)

ここで，場 B^a を中西 – ロートラップ (Nakanishi–Lautrup) 場という．さらに，ソース項 J_μ を除いた部分が，次の **BRST** (Becchi–Rouet–Stora–Tyutin) 変換

$$\begin{cases} \delta A_\mu^a(x) \equiv i\lambda (\boldsymbol{D}_\mu c)^a(x), \\ \delta c^a(x) \equiv -i\lambda \dfrac{g}{2} f_{abc} c^b(x) c^c(x), \\ \delta \bar{c}^a(x) \equiv \lambda B^a(x), \\ \delta B^a(x) \equiv 0 \end{cases}$$
(5.102)

で不変であることを示せ．ここで λ はグラスマン数である．

解 中西 – ロートラップ場，および FP ゴーストを含む項をまとめてゲージ固定項と呼ぶ．まず，ガウス積分による恒等式，

$$1 = \int \mathcal{D}B^a \exp\left[-\frac{\xi}{2}\int d^4x \left(B^a(x) - i\frac{1}{\xi}\partial_\mu A_\mu^a(x)\right)^2\right]$$

（いつものように係数は，汎関数積分測度に含めた）を (5.99) に挿入すれば (5.101) がもとまる．

次に，BRST 変換に対する不変性を調べよう．(5.102) でのヤン – ミルズ場の変換を無限小ゲージ変換 (5.36) と比べてみると，この変換がゲージ関数を

$$\theta^a(x) \equiv i\lambda c^a(x) \tag{5.103}$$

と置いたものであることに注意しよう．(FP ゴースト c^a が G-奇であったこと思い出すと，λ のために両辺が G-偶になっている．) これよりゲージ不変なゲージ場の強さの部分は BRST 不変である．ゲージ固定項の部分に関する不変性を見るには，(5.102) を

5.2 ゲージ場の量子化

$$\begin{cases} \delta \boldsymbol{A}_\mu(x) = i\lambda(\boldsymbol{D}_\mu \boldsymbol{c})(x) , \\ \delta \boldsymbol{c}(x) = -\lambda \dfrac{g}{2}\{\boldsymbol{c}(x), \boldsymbol{c}(x)\} , \\ \delta \overline{\boldsymbol{c}}(x) = \lambda \boldsymbol{B}(x) , \\ \delta \boldsymbol{B}(x) = 0 \end{cases} \tag{5.104}$$

とベクトル形式で書いておく方が便利である．($\boldsymbol{c} = c^a T_a$．これからは，場の座標 x は省略．）次の関係

$$\delta(\boldsymbol{D}_\mu \boldsymbol{c}) = 0 \tag{5.105}$$

に注意しよう．なぜなら，共変微分の定義 (5.37) より，

$(5.105)\text{ の左辺} = \partial_\mu \delta \boldsymbol{c} + ig\delta([\boldsymbol{c}, \boldsymbol{A}_\mu]) = \partial_\mu \delta \boldsymbol{c} + ig\left([\delta\boldsymbol{c}, \boldsymbol{A}_\mu] + [\boldsymbol{c}, \delta \boldsymbol{A}_\mu]\right)$

$\stackrel{(5.104)}{=} -\lambda \dfrac{g}{2}\partial_\mu\{\boldsymbol{c},\boldsymbol{c}\} + ig\left(-\lambda\dfrac{g}{2}[\{\boldsymbol{c},\boldsymbol{c}\}, \boldsymbol{A}_\mu] + [\boldsymbol{c}, i\lambda(\boldsymbol{D}_\mu\boldsymbol{c})]\right)$

であり，λ が G–奇であったことを思い出して，左に寄せると，

$(5.105)\text{ の左辺} = -\lambda g \left(\{\partial_\mu \boldsymbol{c}, \boldsymbol{c}\} + i\dfrac{g}{2}[\{\boldsymbol{c},\boldsymbol{c}\}, \boldsymbol{A}_\mu] - \{\boldsymbol{c}, (\boldsymbol{D}_\mu \boldsymbol{c})\}\right)$

$\stackrel{(5.37)}{=} -i\lambda g^2 \left(\dfrac{1}{2}[\{\boldsymbol{c},\boldsymbol{c}\}, \boldsymbol{A}_\mu] - \{\boldsymbol{c}, [\boldsymbol{c}, \boldsymbol{A}_\mu]\}\right) = 0$

となるからである．ここで最後の関係は，ヤコビ（Jacobi）恒等式

$$[T_a, [T_b, T_c]] + [T_b, [T_c, T_a]] + [T_c, [T_a, T_b]] = 0 \tag{5.106}$$

に，c^a, c^b, A_μ^c を掛け，FP ゴースト c がグラスマン奇であることを用いて得られる

$$[\{\boldsymbol{c},\boldsymbol{c}\}, \boldsymbol{A}_\mu] - \{\boldsymbol{c}, [\boldsymbol{c}, \boldsymbol{A}_\mu]\} + \{\boldsymbol{c}, [\boldsymbol{A}_\mu, \boldsymbol{c}]\} = 0 \tag{5.107}$$

を利用した．

こうしてゲージ固定項は，

$$\delta \boldsymbol{B}^2 = 0 ,$$
$$\delta\left(-i\boldsymbol{B} \cdot \partial_\mu \boldsymbol{A}_\mu\right) = \lambda \boldsymbol{B} \cdot \partial_\mu(\boldsymbol{D}_\mu \boldsymbol{c}) ,$$
$$\delta\left(\partial_\mu \overline{\boldsymbol{c}} \cdot (\boldsymbol{D}_\mu \boldsymbol{c})\right) = \lambda \partial_\mu \boldsymbol{B} \cdot (\boldsymbol{D}_\mu \boldsymbol{c})$$

であるから，

$$\int d^4 x \, \delta\left(-i\boldsymbol{B} \cdot \partial_\mu \boldsymbol{A}_\mu + \partial_\mu \overline{\boldsymbol{c}} \cdot (\boldsymbol{D}_\mu \boldsymbol{c})\right) = \lambda \int d^4 x \, \partial_\mu \left[\boldsymbol{B} \cdot (\boldsymbol{D}_\mu \boldsymbol{c})\right] \mapsto 0$$

となって，BRST 不変であることがわかる．(最後は，表面積分になって十分大きい表面をとると，その上で場の大きさがゼロになることを用いた．)

このように理論が BRST 変換で不変であることから，ネータの定理を用いた保存則が得られこれがゲージ理論の繰り込み可能性の証明に大きな役割を果たすことになるがこれ以上はここでは議論しない．

練習問題

2.1 （任意の表現に対する）共変微分 $\bm{D}_\mu = \partial_\mu \bm{I} - ig\bm{A}_\mu$ が通常の微分と同様に部分積分の関係，

$$\int d^4x \, \bm{G}^*(x) \bm{D}_\mu \bm{H}(x) = -\int d^4x \, (\bm{D}_\mu \bm{G})^*(x) \bm{H}(x) \tag{5.108}$$

を満たすことを示せ．

2.2 ディラック場の BRST 変換をもとめよ．

2.3 BRST 変換はべきゼロである，つまり

$$\delta^2(\bullet) = 0 \tag{5.109}$$

であることを示せ．(($\bullet$) は任意の量である．)

5.3 対称性の自発的破れとヒッグス（Higgs）機構

これまでの議論からわかるように，ゲージ場は質量を持つことができない．しかし "対称性の自発的破れ" という概念と，それを利用したヒッグス（Higgs）機構によって，ゲージ場は質量を持つことが許される[*4]．

例題 3.1 5.1節・例題1.6でのN成分複素スカラー場で，$N=1$の場合を考えよう．Lagrangian (5.47) は

$$\mathcal{L} = \partial_\mu \phi^*(x) \partial^\mu \phi(x) - V(\phi^* \phi) \tag{5.110}$$

であり $\phi(x) \mapsto e^{-ie\Lambda}\phi(x)$ という $U(1)$ 対称性を持っている（局所的なゲージ対称性はいま考えない）．ポテンシャル $V(x)$ が図 5.2 のような形をしていたとしよう．具体的には，

$$\begin{aligned} &V(x) = -\mu^2 x^2 + \lambda x^4 ,(\mu > 0) , \\ &\frac{dV}{dx} = 2(-\mu^2 + 2\lambda x^2)x = 0 \ ; \quad x = 0 \text{ or } \pm x_0 \left(\equiv \frac{\mu}{\sqrt{2\lambda}}\right) \end{aligned} \tag{5.111}$$

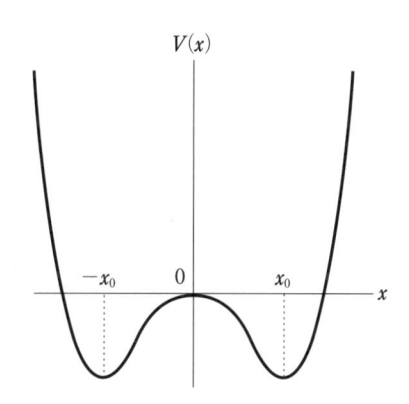

図 5.2 対称性の破れをもたらすスカラーポテンシャルの形．

[*4] これによって，弱い相互作用と電磁相互作用の統一的理解ができるようになった．この節での議論は，Lagrangian に現れている場の変数変換に限られており，量子論的な側面はどうなっているのかという疑問がわくかもしれない．しかし，全ての議論は（経路積分表示における指数の肩の上で行われる）WKB 近似の最低次オーダーでの計算だと理解してほしい．つまり，量子論なのである．

である．実スカラー場 $\Phi_1(x), \Phi_2(x)$ を

$$\phi(x) = \frac{1}{\sqrt{2}}(\Phi_1(x) + i\Phi_2(x)), \quad \boldsymbol{\Phi}(x) \equiv \begin{pmatrix} \Phi_1(x) \\ \Phi_2(x) \end{pmatrix} \quad (5.112)$$

で定義して，ポテンシャルの幾何学的形を論じ，この系が不安定であることを示せ．さらに，場の量を再定義することで，安定な系に移行し，そこでは1個の質量のある粒子と，1個の質量のない南部−ゴールドストーン（Nambu–Goldstone）粒子が現れることを示せ．

解 Lagrangian (5.110) は実スカラー場で書き換えると，

$$\mathcal{L} = \frac{1}{2}\partial_\mu \boldsymbol{\Phi} \cdot \partial^\mu \boldsymbol{\Phi} + \frac{\mu^2}{2}\boldsymbol{\Phi} \cdot \boldsymbol{\Phi} - \frac{\lambda}{4}(\boldsymbol{\Phi} \cdot \boldsymbol{\Phi})^2 \quad (5.113)$$

となり，これは $O(2)$ 対称性を持っている[*5]．ポテンシャルは，図 5.3 のようになっており，ちょうどワイン瓶の底のように，底の部分が円（$O(2)$ 対称）である．原点 $\Phi_1 = \Phi_2 = 0$ のあたりに粒子を置くと，そこは小高い丘になっており不安定で谷の下の方へ転がり落ちていく．これは，最初の Lagrangian (5.110) あるいは (5.113) で

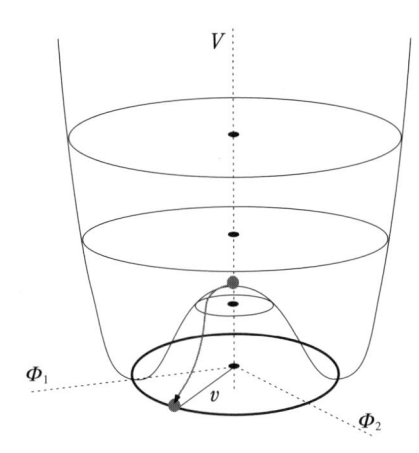

図 5.3 ポテンシャルの形．ワインの瓶の底を思い出そう．場の値がゼロのところは不安定で，$|\boldsymbol{\Phi}| = v$ の瓶の底が安定であり，それは円周上のどこをとってもよい．

[*5] $U(1)$ 対称性が (5.112) の置き換えで，$O(2)$ 対称性になったわけであるが，図に書いてわかりやすくするためで，以下の議論は複素場のままでももちろんできる．

5.3 対称性の自発的破れとヒッグス（Higgs）機構

の粒子の質量が負であることによる．質量項が負の粒子は**タキオン**と呼ばれ，エネルギーの表式 $E = \pm\sqrt{\boldsymbol{p}^2 - \mu^2}$ を思い出せば，運動量の大きさ $|\boldsymbol{p}|$ が小さいところ —— 真空の近傍 —— ではエネルギー E_0 が虚数になる．系の時間変化を見ると

$$\mathrm{e}^{-iE_0 t} \mapsto \mathrm{e}^{\pm E_0 t} \overset{t\to\infty}{\longrightarrow} \begin{cases} \infty \\ 0 \end{cases}$$

となり，系が不安定であることがわかる（時間と共に振動していなければ，系は不安定だ）．

さて，図 5.3 のポテンシャルからわかるように，場が値，

$$x = x_0 \implies |\boldsymbol{\Phi}| = \sqrt{2} x_0 \equiv v = \frac{\mu}{\sqrt{\lambda}} \tag{5.114}$$

を持つ瓶の底から，場を展開しなおせば安定な系を記述できるはずである．値 v を**真空期待値**と呼ぶことにしよう．$O(2)$ 対称性のため真空期待値は Φ_1, Φ_2 どちらでも採ることができるが，いまそれを第 1 成分 $\Phi_1 = v$ として，

$$\boldsymbol{\Phi}(x) = \begin{pmatrix} v + \sigma(x) \\ \xi(x) \end{pmatrix} = \boldsymbol{\Phi}_0(x) + \begin{pmatrix} 0 \\ \xi(x) \end{pmatrix}, \tag{5.115}$$

$$\boldsymbol{\Phi}_0(x) \equiv \begin{pmatrix} v + \sigma(x) \\ 0 \end{pmatrix} \tag{5.116}$$

と書く．以下では，便宜的に $\boldsymbol{\Phi}_0(x)$ を "真空" と呼ぶことにする．元の複素場の形では，

$$\phi(x) = \frac{1}{\sqrt{2}} \left(v + \sigma(x) + i\xi(x) \right). \tag{5.117}$$

こうすると，$\boldsymbol{\Phi} \cdot \boldsymbol{\Phi} = \sigma^2 + 2v\sigma + v^2 + \xi^2$ であるから，

$$\begin{aligned}
V(\boldsymbol{\Phi} \cdot \boldsymbol{\Phi}) &= -\frac{\mu^2}{2}\left(\sigma^2(x) + 2v\sigma(x) + v^2 + \xi^2(x)\right) \\
&\quad + \frac{\lambda}{4}\left(\sigma^2(x) + 2v\sigma(x) + v^2 + \xi^2(x)\right)^2 \\
&= \left(-\frac{\mu^2}{2}v^2 + \frac{\lambda}{4}v^4\right) + v\left(-\mu^2 + \lambda v^2\right)\sigma(x) \\
&\quad + (-\mu^2 + 3\lambda v^2)\frac{\sigma^2(x)}{2} + (-\mu^2 + \lambda v^2)\frac{\xi^2(x)}{2} + \frac{\lambda}{4}\sigma^4(x) \\
&\quad + \lambda v\sigma^3(x) + \frac{\lambda}{2}\sigma^2(x)\xi^2(x) + \lambda v\sigma(x)\xi^2(x) + \frac{\lambda}{4}\xi^4(x) \\
&\overset{(5.114)}{=} (2\lambda v^2)\frac{\sigma^2(x)}{2} + \lambda v\sigma^3(x) + \frac{\lambda}{4}\sigma^4(x)
\end{aligned}$$

$$+\frac{\lambda}{2}\sigma^2(x)\xi^2(x) + \lambda v\sigma(x)\xi^2(x) + \frac{\lambda}{4}\xi^4(x)$$
$$\equiv V(\sigma, \xi^2) \tag{5.118}$$

となる. Lagrangian は

$$\mathcal{L} = \frac{1}{2}\partial_\mu\sigma(x)\partial^\mu\sigma(x) + \frac{1}{2}\partial_\mu\xi(x)\partial^\mu\xi(x) - V(\sigma,\xi^2) \ . \tag{5.119}$$

これから，場 $\xi(x)$ の質量はゼロでありこれを，南部 - ゴールドストーン粒子と呼ぶ. 一方，場 $\sigma(x)$ の質量はタキオンではない正常な値 $\sqrt{2\lambda}v$ であることがわかる. 最終的に得られる Lagrangian (5.117) はもはや (5.110) (5.113) の $U(1)(\sim O(2))$ 対称性は持っておらず，残っている対称性は，$\xi \leftrightarrow -\xi$ であり，これを Z_2 対称性という. このように，$U(1)(\sim O(2))$ 対称性がより対称性の低い Z_2 対称性に，南部 - ゴールドストーン粒子を伴って変化する現象を，**対称性の自発的破れ**という.

シフトした場として，(5.115) の代わりに

$$\phi(x) = \frac{1}{\sqrt{2}}\exp\left[-ie\frac{\xi(x)}{v}\right](v+\sigma(x)) \equiv \frac{1}{\sqrt{2}}e^{-ie\xi(x)/v}\phi_0(x) \tag{5.120}$$

あるいは，(5.116) を用いて

$$\boldsymbol{\Phi}(x) = \exp\left[e\frac{\xi(x)}{v}\begin{pmatrix} 0 & 1 \\ 1 & 0 \end{pmatrix}\right]\boldsymbol{\Phi}_0(x) \tag{5.121}$$

としてもよい. これは，$\sigma(x), \xi(x)$ の大きさが無限小のときは，$e \mapsto -1$ とすれば (5.117) と一致することからわかる.（ここで，e は電荷であるが当面は関係ない. その意味はあとでわかる.）このとき，

$$\partial_\mu\phi(x) = \frac{1}{\sqrt{2}}e^{-ie\xi(x)/v}\left[\partial_\mu\sigma(x) - ie\partial_\mu\xi(x)\left(1+\frac{\sigma(x)}{v}\right)\right] \tag{5.122}$$

であるから，Lagrangian (5.113) は

$$\mathcal{L} = \frac{1}{2}\partial_\mu\sigma(x)\partial^\mu\sigma(x) + \frac{e^2}{2}\partial_\mu\xi(x)\partial^\mu\xi(x)\left(1+\frac{\sigma(x)}{v}\right)^2 - V(\sigma) \tag{5.123}$$

となる. ここで，(5.120) より $\phi^*\phi = \phi_0^2 = (v+\sigma(x))^2/2$ であるから，ポテンシャル (5.111) を思い出せば，

$$V(\phi^*\phi) = -\frac{\mu^2}{2}(v+\sigma(x))^2 + \frac{\lambda}{4}(v+\sigma(x))^4$$
$$\stackrel{(5.114)}{=} (2\lambda v^2)\frac{\sigma^2(x)}{2} + \lambda v\sigma^3(x) + \frac{\lambda}{4}\sigma^4(x) - \frac{\lambda}{4}v^4 \equiv V(\sigma) \tag{5.124}$$

と与えられる．$\xi(x)$ の質量項はないから $\xi(x)$ は南部 – ゴールドストーン粒子である．ここで与えた，2 種類のゴールドストーン場の表示，(5.115) あるいは (5.117) と (5.120) の違いに注意しよう．前者をゴールドストーン場の**線形表現**，後者を**非線形表現**という．理由は明らかである．というのは，表示 (5.115) を見れば，元の成分 Φ_1, Φ_2 とゴールドストーン場の対応は 1 対 1 の線形であるのに，表示 (5.120) では，それは，1 対多の非線形であるからである[*6)]．もちろん，どちらをとってもよい．線形表現のポテンシャル計算 (5.118) よりは，非線形表現のそれ (5.124) が断然簡単である．しかし，微分項はその逆である．後のヒッグス機構の議論では，非線形表現を採った方が断然簡単になる．

例題 3.2 より一般化した対称性の自発的破れを議論する．N 成分の実スカラー場

$$\boldsymbol{\Phi}(x) \equiv \begin{pmatrix} \Phi_1(x) \\ \Phi_2(x) \\ \vdots \\ \Phi_N(x) \end{pmatrix} \tag{5.125}$$

を考える．(例題 3.1 は $N=2$ の場合であった．) その Lagrangian は $O(2)$ の場合同様，

$$\mathcal{L} = \frac{1}{2}\partial_\mu \boldsymbol{\Phi}(x) \cdot \partial^\mu \boldsymbol{\Phi}(x) + \frac{\mu^2}{2}\boldsymbol{\Phi}(x) \cdot \boldsymbol{\Phi}(x) - \frac{\lambda}{4}(\boldsymbol{\Phi}(x) \cdot \boldsymbol{\Phi}(x))^2 \tag{5.126}$$

であり，当然 $O(N)$ 対称性，$\boldsymbol{\Phi}(x) \mapsto O\boldsymbol{\Phi}(x)$，$O^\mathrm{T}O = \mathbf{I}$，$O \in O(N)$，を持っている．したがって真空期待値 $v = \mu/\sqrt{\lambda}$ を持つポテンシャルの底は $O(N)$ 対称である．このとき，系は $O(N-1)$ へと自発的に破れることを示せ．

解 $O(2)$ 場のシフト (5.116) 同様に真空期待値 v から場の量を計り直す．$O(N)$ 対

[*6)] (5.120) から，
$$\Phi_1(x) \sim \sigma(x)\cos\frac{\xi(x)}{v}, \quad \Phi_2(x) \sim \sigma(x)\sin\frac{\xi(x)}{v}.$$

称性のため $\Phi_1, \cdots, \Phi_N$ どの成分もこの値を持つことができるが,先と同様に $\Phi_1 = v$ として,

$$\Phi(x) = \begin{pmatrix} v + \sigma(x) \\ \boldsymbol{\xi}^{(N-1)}(x) \end{pmatrix} = \Phi_0(x) + \begin{pmatrix} 0 \\ \boldsymbol{\xi}^{(N-1)}(x) \end{pmatrix}, \quad (5.127)$$

$$\Phi_0(x) \equiv \begin{pmatrix} v + \sigma(x) \\ \mathbf{0}^{(N-1)} \end{pmatrix}, \quad \boldsymbol{\xi}^{(N-1)}(x) \equiv \begin{pmatrix} \xi_1(x) \\ \xi_2(x) \\ \vdots \\ \xi_{N-1}(x) \end{pmatrix} \quad (5.128)$$

と書く. ($\mathbf{0}^{(N-1)}$ は $N-1$ 次元のゼロベクトルである.) $\sigma^2 + 2v\sigma + v^2 + \boldsymbol{\xi}\cdot\boldsymbol{\xi}$ であるから,(これからは,場の座標 x は混乱のない限り省略)

$$\begin{aligned}
V(\boldsymbol{\Phi}\cdot\boldsymbol{\Phi}) &= -\frac{\mu^2}{2}\left(\sigma^2 + 2v\sigma + v^2 + \boldsymbol{\xi}\cdot\boldsymbol{\xi}\right) + \frac{\lambda}{4}\left(\sigma^2 + 2v\sigma + v^2 + \boldsymbol{\xi}\cdot\boldsymbol{\xi}\right)^2 \\
&= \left(-\frac{\mu^2}{2}v^2 + \frac{\lambda}{4}v^4\right) + v\left(-\mu^2 + v^2\right)\sigma \\
&\quad + \left(-\mu^2 + 3\lambda v^2\right)\frac{\sigma^2}{2} + \left(-\mu^2 + \lambda v^2\right)\frac{\boldsymbol{\xi}\cdot\boldsymbol{\xi}}{2} + \lambda v\sigma^3 \\
&\quad + \frac{\lambda}{4}\sigma^4 + \frac{\lambda}{2}\sigma^2 \boldsymbol{\xi}\cdot\boldsymbol{\xi} + \lambda v\sigma \boldsymbol{\xi}\cdot\boldsymbol{\xi} + \frac{\lambda}{4}(\boldsymbol{\xi}\cdot\boldsymbol{\xi})^2 \\
&\stackrel{(5.114)}{=} (2\lambda v^2)\frac{\sigma^2}{2} + \frac{\lambda}{4}\sigma^4 + \lambda v\sigma^3 + \frac{\lambda}{2}\sigma^2 \boldsymbol{\xi}\cdot\boldsymbol{\xi} \\
&\quad + \lambda v\sigma \boldsymbol{\xi}\cdot\boldsymbol{\xi} + \frac{\lambda}{4}(\boldsymbol{\xi}\cdot\boldsymbol{\xi})^2 - \lambda\frac{v^4}{4} \\
&\equiv V(\sigma,\, \boldsymbol{\xi}\cdot\boldsymbol{\xi})\,. \quad (5.129)
\end{aligned}$$

Lagrangian,

$$\mathcal{L} = \frac{1}{2}\partial_\mu\sigma\partial^\mu\sigma + \frac{1}{2}\partial_\mu\boldsymbol{\xi}\cdot\partial^\mu\boldsymbol{\xi} - V(\sigma,\, \boldsymbol{\xi}\cdot\boldsymbol{\xi}) \quad (5.130)$$

は $\boldsymbol{\xi} \mapsto O'\boldsymbol{\xi}$, $O' \in O(N-1)$ で不変である. σ の質量は $\sqrt{2\lambda}v$ で $\boldsymbol{\xi}$ は質量のない ($N-1$ 個の) 南部 - ゴールドストーン粒子である.

こうして,$O(N)$ 対称 Lagrangian (5.126) は自発的に $O(N-1)$ 対称 Lagrangian (5.130) に壊れた.群 $O(N)$ の次元はその生成子の数,すなわち,

$$\begin{pmatrix} N \\ 2 \end{pmatrix} = \frac{N(N-1)}{2}$$

であり（群 $O(N)$ が N 次元空間の回転を表す群であることを思い出そう．すると，その異なる回転の種類は，N 個の軸から 2 個の軸を選ぶ場合の数である）2 つの群の次元の差は，

$$\frac{N(N-1)}{2} - \frac{(N-1)(N-2)}{2} = N-1$$

であり，ちょうど南部–ゴールドストーン粒子の数に等しい．これは偶然ではない．そのことを示すため以下の例題を考えよう．

例題 3.3 N 成分のスカラー場の表示 (5.127) は $O(N)$ 代数の生成子 $L_{ij} = -L_{ji}$ $(i,j=1,2,\cdots,N)$,

$$[L_{ij}, L_{kl}] = i\left(\delta_{ik}L_{jl} - \delta_{il}L_{jk} - \delta_{jk}L_{il} + \delta_{jl}L_{ik}\right) \tag{5.131}$$

を用いて，

$$\boldsymbol{\Phi}(x) = \left(\mathbf{I} - \frac{i}{v+\sigma(x)}\sum_{j=2}^{N}L_{1j}\xi_{j-1}(x)\right)\boldsymbol{\Phi}_0(x) \tag{5.132}$$

と書けることを示せ．

解 $O(N)$ 代数の生成子が 2 つの軸の間の回転で構成されていることを思い出せば，2 次元の回転（$O(2)$ の場合）がその基礎になる．無限小 z–軸廻りの回転 (1.65) は，

$$\begin{pmatrix} x' \\ y' \end{pmatrix} = \begin{pmatrix} 1 & \Delta\phi \\ -\Delta\phi & 1 \end{pmatrix}\begin{pmatrix} x \\ y \end{pmatrix} = \left\{\mathbf{I} + i\Delta\phi\begin{pmatrix} 0 & -i \\ i & 0 \end{pmatrix}\right\}\begin{pmatrix} x \\ y \end{pmatrix}$$

であるから，j–軸と k–軸の間の生成子 $L_{jk}(k>j)$ は

$$L_{jk} \equiv \begin{pmatrix} & 1 & \cdots & j & \cdots & k & \cdots & N \\ 0 & \cdots & \cdots & \cdots & \cdots & 0 \\ \vdots & 0 & \cdots & \cdots & \cdots & \vdots \\ \vdots & \cdots & \ddots & \cdots & -i & \cdots & \vdots \\ \vdots & \cdots & \cdots & \ddots & \cdots & \vdots \\ \vdots & \cdots & i & \cdots & \ddots & \vdots \\ 0 & \cdots & \cdots & \cdots & \cdots & 0 \end{pmatrix}\begin{matrix} 1 \\ \vdots \\ j \\ \vdots \\ k \\ \vdots \\ N \end{matrix}, \quad L_{jk}^{\dagger} = L_{jk} \tag{5.133}$$

である．あるいは，

$$(L_{jk})_{ab} = -i\left(\delta_{ja}\delta_{kb} - \delta_{jb}\delta_{ka}\right). \tag{5.134}$$

これが, (5.131) を満たしていることは容易にわかる. したがって,

$$L_{12}\xi_1 = \begin{pmatrix} 0 & -i\xi_1 & 0 & \cdots \\ i\xi_1 & 0 & 0 & \cdots \\ 0 & 0 & 0 & \cdots \\ \vdots & \vdots & \vdots & \vdots \end{pmatrix}, \quad L_{13}\xi_2 = \begin{pmatrix} 0 & 0 & -i\xi_2 & \cdots \\ 0 & 0 & 0 & \cdots \\ i\xi_2 & 0 & 0 & \cdots \\ \vdots & \vdots & \vdots & \vdots \end{pmatrix},$$

$$L_{14}\xi_3 = \begin{pmatrix} 0 & 0 & 0 & -i\xi_3 & \cdots \\ 0 & 0 & 0 & 0 & \cdots \\ 0 & 0 & 0 & 0 & \cdots \\ i\xi_3 & 0 & 0 & 0 & \cdots \\ \vdots & \vdots & \vdots & \vdots & \vdots \end{pmatrix}, \quad \cdots\cdots\cdots$$

となるから,

$$-i\sum_{j=2}^{N} L_{1j}\xi_{j-1} = \begin{pmatrix} 0 & -\boldsymbol{\xi}^{(N-1)\mathrm{T}} \\ \boldsymbol{\xi}^{(N-1)} & \mathbf{0} \end{pmatrix} \tag{5.135}$$

が得られる ($\mathbf{0}$ は $(N-1)\times(N-1)$ 行列のゼロである). これより, (5.132) は直ちにもとまる.

"真空" $\boldsymbol{\Phi}_0$ は $O(N-1)$ 対称性を持っていたが, それは生成子の形 (5.133) を見れば,

$$L_{jk}\boldsymbol{\Phi}_0 = 0, \quad 2 \leq j < k, \quad k = 3, 4, \cdots, N \tag{5.136}$$

と書ける. これを "真空" の条件という. もちろん,

$$L_{1j}\boldsymbol{\Phi}_0 \neq 0, \quad 2 \leq j \leq N \tag{5.137}$$

である.

こうして, ゴールドストーン粒子の数は生成子 L_{1j} の数, つまり, 破れた自由度の数と同じであることがわかった.

例題 3.4 $O(2)$ ゴールドストーン場の非線形表現 (5.121) に相当する $O(N)$ ゴールドストーン場の非線形表現をもとめ, ポテンシャルを計算せよ.

5.3 対称性の自発的破れとヒッグス（Higgs）機構

解 前の例題 3.3 で，場が無限小のとき $|\sigma|, |\boldsymbol{\xi}| \ll 1$，場の表示 (5.132) は，

$$\boldsymbol{\Phi} \Longrightarrow \left(\mathbf{I} - \frac{i}{v}\sum_{j=2}^{N} L_{1j}\xi_{j-1}\right)\boldsymbol{\Phi}_0$$

$$\sim \exp\left[-\frac{i}{v}\sum_{j=2}^{N} L_{1j}\xi_{j-1}\right]\boldsymbol{\Phi}_0$$

となる．例題 3.1 の $O(2)$ ゴールドストーン粒子の非線形表現 (5.121) での議論を思い出せば，この場合は

$$\boldsymbol{\Phi}(x) = \exp\left[-\frac{i}{v}\sum_{j=2}^{N} L_{1j}\xi_{j-1}(x)\right]\boldsymbol{\Phi}_0(x) \equiv e^{-i\boldsymbol{L}\cdot\boldsymbol{\xi}(x)/v}\boldsymbol{\Phi}_0(x) \tag{5.138}$$

である．ここで，$\boldsymbol{L} \equiv (L_{12}, L_{13}, \cdots, L_{1N})$ と書いた．（例題 3.3 と同じ場 $\sigma, \boldsymbol{\xi}$ を使っているが，無限小のときを除いて両者は別物である．）

さて，ポテンシャルをもとめる．$\boldsymbol{L}^{\mathrm{T}} = -\boldsymbol{L}$ であるから，

$$\boldsymbol{\Phi}^{\mathrm{T}}(x) = \boldsymbol{\Phi}_0^{\mathrm{T}}(x)e^{+i\boldsymbol{L}\cdot\boldsymbol{\xi}(x)/v}. \tag{5.139}$$

したがって，

$$\boldsymbol{\Phi}\cdot\boldsymbol{\Phi} = \boldsymbol{\Phi}_0\cdot\boldsymbol{\Phi}_0 = (v+\sigma)^2 = v^2 + 2v\sigma + \sigma^2 \tag{5.140}$$

は $\boldsymbol{\xi}$ に依らず (5.129) は，

$$V(\boldsymbol{\Phi}\cdot\boldsymbol{\Phi}) = (2\lambda v^2)\frac{\sigma^2}{2} + \lambda v\sigma^3 + \frac{\lambda}{4}\sigma^4 - \frac{\lambda}{4}v^4 = V(\sigma) \tag{5.141}$$

と，$O(2)$ の場合のポテンシャル (5.124) と同じ形になる．

例題 3.5 ヒッグス機構（その一）．複素スカラー場と電磁場の相互作用を表す Lagrangian

$$\mathcal{L} = (D_\mu\phi)^* D^\mu\phi - V(\phi^*\phi) - \frac{1}{4}F_{\mu\nu}F^{\mu\nu}, \quad D_\mu \equiv \partial_\mu + ieA_\mu(x) \tag{5.142}$$

に於ける，スカラーポテンシャル $V(\phi^*\phi)$ が対称性の自発的破れをもたらす (5.111) であったとしたとき，どういうことが起こるのかを論ぜよ．

解 例題 3.1 での議論より，スカラー場のゴールドストーン成分を (5.120) と表すことにする．このとき，スカラー場の共変微分は，その微分した結果 (5.122) を用いれば，

$$\begin{aligned}
D_\mu \phi(x) &= \exp\left[-ie\frac{\xi(x)}{v}\right] \\
&\quad \times \frac{1}{\sqrt{2}}\left[\partial_\mu \sigma(x) - ie\partial_\mu \xi(x)\left(1 + \frac{\sigma(x)}{v}\right) + ieA_\mu(x)(v + \sigma(x))\right] \\
&= \exp\left[-ie\frac{\xi(x)}{v}\right] \\
&\quad \times \frac{1}{\sqrt{2}}\left[\partial_\mu \sigma(x) + ie(v+\sigma(x))\left(A_\mu(x) - \frac{1}{v}\partial_\mu \xi(x)\right)\right] . \quad (5.143)
\end{aligned}$$

ここで，ゲージ変換

$$A_\mu(x) \mapsto A_\mu(x) + \frac{1}{v}\partial_\mu \xi(x) \quad (5.144)$$

を行うと，ゴールドストーン場 $\xi(x)$ は完全に Lagrangian から姿を消すことがわかる．なぜなら，ポテンシャルは前の議論 (5.123) (5.124) などから，ξ に依らないことがわかっているからである．つまり，ゴールドストーン場はゲージ固定 (5.144) によって取り除かれたことになる．以前の，スカラー場に対する非線形表現 (5.120) は，スカラー場に対するゲージ固定とみなすことができて，こうしたゲージを，**ユニタリーゲージ**と呼ぶ．もう一度まとめておこう：

$$\begin{aligned}
\phi(x) &\mapsto \frac{1}{\sqrt{2}}\exp\left[-ie\frac{\xi(x)}{v}\right](v + \sigma(x)) , \\
A_\mu(x) &\mapsto A_\mu(x) + \frac{1}{v}\partial_\mu \xi(x) .
\end{aligned} \quad (5.145)$$

対称性の自発的破れとゲージ相互作用の共存はさらに多大の効果をもたらす．ユニタリーゲージ (5.145) を採ったあとでは，

$$\begin{aligned}
&(D_\mu \phi)^*(x)(D^\mu \phi)(x) \\
&= \frac{1}{2}\left(\partial_\mu \sigma(x) - ie(v+\sigma(x))A_\mu(x)\right)\left(\partial^\mu \sigma(x) + ie(v+\sigma(x))A^\mu(x)\right) \\
&= \frac{1}{2}\partial_\mu \sigma(x)\partial^\mu \sigma(x) + \frac{e^2}{2}(v+\sigma(x))^2 A_\mu(x)A^\mu(x) \\
&= \frac{1}{2}\partial_\mu \sigma(x)\partial^\mu \sigma(x) + \frac{1}{2}(e^2 v^2)A_\mu(x)A^\mu(x) \\
&\quad + e^2 v\sigma(x)A_\mu(x)A^\mu(x) + \frac{e^2}{2}\sigma^2(x)A_\mu(x)A^\mu(x) \quad (5.146)
\end{aligned}$$

5.3 対称性の自発的破れとヒッグス (Higgs) 機構

であり,スカラーポテンシャルは,(5.124) ですでに与えられていたから,

$$\mathcal{L} = \frac{1}{2}\partial_\mu\sigma(x)\partial^\mu\sigma(x) - \frac{2\lambda v^2}{2}\sigma^2(x) - \frac{1}{4}F_{\mu\nu}(x)F^{\mu\nu}(x)$$
$$+ \frac{1}{2}(e^2 v^2)A_\mu(x)A^\mu(x) - (\sigma \text{ と } A_\mu, \sigma \text{ 自身の相互作用項}) \tag{5.147}$$

となる.大事なことは,ゲージ場の質量項

$$\frac{m_g^2}{2}A_\mu(x)A^\mu(x), \quad m_g \equiv ev \stackrel{(5.111)}{=} \frac{e\mu}{\sqrt{\lambda}} \tag{5.148}$$

が生じたことである.自然界では,質量のない粒子はそれほど多くない.質量のない,ゴールドストーン粒子とゲージ粒子の両方がなくなる——片方はゲージ変換で吸収されて,もう片方は質量を獲得する——このような,すばらしい機構を**ヒッグス(Higgs)機構**と呼び,質量 $\sqrt{2\lambda}v$ であるスカラー粒子 σ を**ヒッグス粒子**という.

例題 3.6 ヒッグス機構 (その二). 例題 3.2 での N 成分,実スカラー場に対してゲージ原理を適用し得られる,$O(N)$ ヤン–ミルズ場とスカラー場の Lagrangian[*7] は,

$$\mathcal{L} = \frac{1}{2}(D_\mu\boldsymbol{\Phi})\cdot(D_\mu\boldsymbol{\Phi}) - V(\boldsymbol{\Phi}\cdot\boldsymbol{\Phi}) - \frac{1}{8}\mathrm{Tr}\boldsymbol{F}^{\mu\nu}\boldsymbol{F}_{\mu\nu}, \tag{5.151}$$

$$\boldsymbol{D}_\mu = \partial_\mu\mathbf{I} - ig\boldsymbol{A}_\mu, \tag{5.152}$$

$$\boldsymbol{F}_{\mu\nu} = \partial_\mu\boldsymbol{A}_\nu - \partial_\nu\boldsymbol{A}_\mu - ig[\boldsymbol{A}_\mu, \boldsymbol{A}_\nu], \tag{5.153}$$

$$\boldsymbol{A}_\mu \equiv \sum_{(i<j)=1}^N A_\mu^{[ij]} L_{ij}\ ;\ A_\mu^{[ij]} = -A_\mu^{[ji]} \tag{5.154}$$

である.(ただし,和の記号での $(i<j)=1$ は j より小さい i という条件の下,i,j に関する和を 1 からとれ,という意味である.) ここで,ポテンシャル $V(\boldsymbol{\Phi}\cdot\boldsymbol{\Phi})$ が

[*7] ヤン–ミルズ場の運動項の係数 1/8 は $O(N)$ 生成子 (5.131) が,

$$\mathrm{Tr}(L_{ij}L_{kl}) = 2\left(\delta_{ik}\delta_{jl} - \delta_{il}\delta_{jk}\right) \tag{5.149}$$

に従っていることと,$O(N)$ ヤン–ミルズ場の強さと運動項が,

$$\boldsymbol{F}_{\mu\nu} \equiv \sum_{(i<j)=1}^N F_{\mu\nu}^{[ij]} L_{ij}, \quad 運動項 \equiv -\frac{1}{4}\sum_{(i<j)=1}^N F_{\mu\nu}^{[ij]} F^{\mu\nu[ij]} \tag{5.150}$$

で与えられるように採った.

対称性の自発的破れを引き起こす形 (5.111) を持つとき，ヒッグス機構を議論せよ．

解 $O(N)$ ゲージ変換は，反対称なパラメータ $\theta^{[ij]}(x) = -\theta^{[ji]}(x)$ を用いた群 $O(N)$ の（局所的）要素，

$$O(x) = \exp\left[i \sum_{(i<j)=1}^{N} \theta^{[ij]}(x) L_{ij}\right] \qquad (5.155)$$

によって，($O^{\mathrm{T}} = O^{-1}$, $O^* = O$)

$$\begin{cases} \boldsymbol{\Phi}(x) \mapsto O(x)\boldsymbol{\Phi}(x) \\ \boldsymbol{A}_\mu(x) \mapsto O(x)\boldsymbol{A}_\mu(x)O^{\mathrm{T}}(x) + \dfrac{i}{g}O(x)\partial_\mu O^{\mathrm{T}}(x) \end{cases} \qquad (5.156)$$

と与えられる．

ゴールドストーン粒子は非線形表現 (5.138) を採ることにしよう．いまそれを，

$$\boldsymbol{\Phi}(x) = \boldsymbol{h}(x) \cdot \boldsymbol{\Phi}_0(x), \quad \boldsymbol{h}(x) \equiv \exp\left[-\frac{i}{v} \sum_{j=2}^{N} L_{1j} \xi_{j-1}(x)\right] \qquad (5.157)$$

と書く（$\boldsymbol{h}^{\mathrm{T}} = \boldsymbol{h}^{-1}$ で $\boldsymbol{\Phi}_0(x)$ は (5.128) で定義されている）．スカラーポテンシャルは（例題 3.4 での議論より）(5.141) となって，$\boldsymbol{h}$ すなわち $\boldsymbol{\xi}$ によらない．共変微分は

$$\begin{aligned} D_\mu \boldsymbol{\Phi} &= (\partial_\mu - ig\boldsymbol{A}_\mu)\boldsymbol{\Phi} = (\partial_\mu \boldsymbol{h}) \cdot \boldsymbol{\Phi}_0 + \boldsymbol{h} \cdot \partial_\mu \boldsymbol{\Phi}_0 - ig\boldsymbol{A}_\mu \boldsymbol{h} \cdot \boldsymbol{\Phi}_0 \\ &= \boldsymbol{h} \cdot \left(\partial_\mu \boldsymbol{\Phi}_0 + \boldsymbol{h}^{\mathrm{T}}(\partial_\mu \boldsymbol{h}) \cdot \boldsymbol{\Phi}_0 - ig\boldsymbol{h}^{\mathrm{T}}\boldsymbol{A}_\mu \boldsymbol{h} \cdot \boldsymbol{\Phi}_0\right) \end{aligned} \qquad (5.158)$$

であるから，ヤン–ミルズ場のゲージ変換 (5.156) $\boldsymbol{A}_\mu \mapsto \boldsymbol{h}\boldsymbol{A}_\mu \boldsymbol{h}^{\mathrm{T}} + i\boldsymbol{h}\partial_\mu \boldsymbol{h}^{\mathrm{T}}/g$ を行って関係式，

$$(\partial_\mu \boldsymbol{h}^{\mathrm{T}})\boldsymbol{h} + \boldsymbol{h}^{\mathrm{T}}\partial_\mu \boldsymbol{h} = 0$$

（$\boldsymbol{h}^{\mathrm{T}}\boldsymbol{h} = 1$ を微分した式）を用いれば，

$$D_\mu \boldsymbol{\Phi} \Longrightarrow \boldsymbol{h}\left(\partial_\mu \boldsymbol{\Phi}_0 - ig\boldsymbol{A}_\mu \boldsymbol{\Phi}_0\right). \qquad (5.159)$$

転置をとれば，$L^{\mathrm{T}} = -L$ であるから，

$$(D_\mu \boldsymbol{\Phi})^{\mathrm{T}} \Longrightarrow \partial_\mu \boldsymbol{\Phi}_0^{\mathrm{T}} - ig\boldsymbol{\Phi}_0^{\mathrm{T}}\boldsymbol{A}_\mu^{\mathrm{T}} = \partial_\mu \boldsymbol{\Phi}_0^{\mathrm{T}} + ig\boldsymbol{\Phi}_0^{\mathrm{T}}\boldsymbol{A}_\mu. \qquad (5.160)$$

5.3 対称性の自発的破れとヒッグス（Higgs）機構

したがって，

$$
\begin{aligned}
(D_\mu \boldsymbol{\Phi}) \cdot (D^\mu \boldsymbol{\Phi}) &\Longrightarrow \left(\partial_\mu \boldsymbol{\Phi}_0^{\mathrm{T}} + ig \boldsymbol{\Phi}_0^{\mathrm{T}} \boldsymbol{A}_\mu\right)\left(\partial^\mu \boldsymbol{\Phi}_0 - ig \boldsymbol{A}^\mu \boldsymbol{\Phi}_0\right) \\
&= \partial_\mu \sigma \partial^\mu \sigma + ig \left(\boldsymbol{\Phi}_0^{\mathrm{T}} \boldsymbol{A}^\mu \partial_\mu \boldsymbol{\Phi}_0 - \partial_\mu \boldsymbol{\Phi}_0^{\mathrm{T}} \boldsymbol{A}^\mu \boldsymbol{\Phi}_0\right) \\
&\quad + g^2 \boldsymbol{\Phi}_0^{\mathrm{T}} \boldsymbol{A}_\mu \boldsymbol{A}^\mu \boldsymbol{\Phi}_0 \\
&= \partial_\mu \sigma \partial^\mu \sigma + g^2 \boldsymbol{\Phi}_0^{\mathrm{T}} \boldsymbol{A}_\mu \boldsymbol{A}^\mu \boldsymbol{\Phi}_0 \ . \tag{5.161}
\end{aligned}
$$

なぜなら，

$$
\left(\boldsymbol{\Phi}_0^{\mathrm{T}} \boldsymbol{A}^\mu \partial_\mu \boldsymbol{\Phi}_0 - \partial_\mu \boldsymbol{\Phi}_0^{\mathrm{T}} \boldsymbol{A}^\mu \boldsymbol{\Phi}_0\right) = \partial^\mu \sigma (v+\sigma)\left((\boldsymbol{A}_\mu)_{11} - (\boldsymbol{A}_\mu)_{11}\right) = 0 \ .
$$

また，ゲージ場の質量項になる部分は，

$$
\begin{aligned}
g^2 \boldsymbol{\Phi}_0^{\mathrm{T}} \boldsymbol{A}_\mu \boldsymbol{A}^\mu \boldsymbol{\Phi}_0 &= g^2 (v+\sigma)^2 (\boldsymbol{A}_\mu \boldsymbol{A}^\mu)_{11} \\
&= g^2 (v+\sigma)^2 \sum_{i<j, k<l} A_\mu^{[ij]} A^{\mu[kl]} (L_{ij} L_{kl})_{11} = (\cdots) \sum_a (L_{ij})_{1a} (L_{kl})_{a1} \\
&\stackrel{(5.134)}{=} (\cdots) \sum_a (-) (\delta_{i1}\delta_{ja} - \delta_{ia}\delta_{j1})(\delta_{ka}\delta_{l1} - \delta_{k1}\delta_{la}) \\
&= (\cdots)(-)(\delta_{i1}\delta_{l1}\delta_{jk} + \delta_{j1}\delta_{k1}\delta_{il} - \delta_{i1}\delta_{k1}\delta_{jl} - \delta_{j1}\delta_{l1}\delta_{ik})
\end{aligned}
$$

であり，i, j, k, l の和をとる際，$i < j, k < l$ の条件を考慮すれば，残るのは $i = 1, k = 1$ の第 3 項目だけである．よって，

$$
g^2 \boldsymbol{\Phi}_0^{\mathrm{T}} \boldsymbol{A}_\mu \boldsymbol{A}^\mu \boldsymbol{\Phi}_0 = g^2 (v+\sigma)^2 \sum_{j=2}^{N} A_\mu^{[1j]} A^{\mu[1j]} \ . \tag{5.162}
$$

ここで，Lagrangian (5.151) におけるこの項の係数 1/2 を思い出せば，ゲージ場の質量は（$\sigma = 0$ と置いて），

$$
m_{\mathrm{g}} = gv = \frac{g\mu}{\sqrt{\lambda}} \tag{5.163}
$$

となる．($U(1)$ のときの質量 (5.148) で $e \mapsto g$ としたものである！）こうした質量項を持つ成分の個数は式 (5.162) での和に関与する $j = 2 \sim N$ だけ，つまり $N-1$ 個である．破れていない，$O(N-1)$ のヤン–ミルズ場は依然として質量を持っていない．また，(5.162) よりわかるように，ヒッグス粒子は質量を持ったゲージ場と相互作用をし，破れていないゲージ場とは何の相互作用もしないことに注意しよう．

少し一般化しよう．真空期待値を持つ成分が $M(\leq N)$ 個であったとしよう．このとき，次の例題を考えよう．

例題 3.7 真空期待値を持つ成分が M 個, $\boldsymbol{v} = (v_1, v_2, \cdots, v_M)$, のとき, N 成分実スカラー場は式 (5.127) (5.128) と同様に,

$$\boldsymbol{\Phi}(x) = \begin{pmatrix} \boldsymbol{v} + \boldsymbol{\sigma}(x) \\ \boldsymbol{\xi}^{(N-M)}(x) \end{pmatrix} = \boldsymbol{\Phi}_0(x) + \begin{pmatrix} \boldsymbol{0}^{(M)} \\ \boldsymbol{\xi}^{(N-M)}(x) \end{pmatrix}, \quad (5.164)$$

$$\boldsymbol{\Phi}_0(x) \equiv \begin{pmatrix} \boldsymbol{v} + \boldsymbol{\sigma}(x) \\ \boldsymbol{0}^{(N-M)} \end{pmatrix}, \quad \boldsymbol{\xi}^{(N-M)}(x) \equiv \begin{pmatrix} \xi_1(x) \\ \xi_2(x) \\ \vdots \\ \xi_{N-M}(x) \end{pmatrix} \quad (5.165)$$

と書ける（$\boldsymbol{\sigma}$ も M 次元ベクトルである）．このとき，ゲージ場のうち質量を持つ成分の数はいくつになるか？

解 "真空"の条件 (5.136) は,

$$L_{jk}\boldsymbol{\Phi}_0 = 0, \quad M+1 \leq j < k \leq N, \quad (5.166)$$

で，その生成子の数は $j = M+1$ のとき, とり得る k の数は $k = M+2$ から N までの $(N-M-1)$ 個，$j = M+2$ のときは $(N-M-2)$ 個で最後の $j = N-1$ のとき $k = N$ の 1 個であるから，総数は

$$\sum_{k=1}^{N-M-1} k = \frac{(N-M)(N-M-1)}{2}. \quad (5.167)$$

非線形表現 (5.157)（あるいは，ユニタリーゲージを取るといってもよい）は，"真空"の条件 (5.166) に当てはまらない生成子を用いて，

$$\boldsymbol{\Phi}(x) = \boldsymbol{h}(x) \cdot \boldsymbol{\Phi}_0(x), \quad \boldsymbol{h}(x) \equiv \exp\left[-i \sum_{j=1}^{M} \sum_{k=M+1}^{N} \frac{L_{jk}}{v_j} \xi_{k-M}(x)\right] \quad (5.168)$$

と与えられる．上述の (5.161)〜(5.162) の議論をくりかえすと,

5.3 対称性の自発的破れとヒッグス（Higgs）機構

$$g^2 \boldsymbol{\Phi}_0^{\mathrm{T}} \boldsymbol{A}_\mu \boldsymbol{A}^\mu \boldsymbol{\Phi}_0 = \sum_{k=1}^{M} \left\{ g^2 (v_k + \sigma_k)^2 \sum_{j=k+1}^{N} A_\mu^{[kj]} A^{\mu[kj]} \right\}$$
$$+ 2 \sum_{(k<k')=1}^{M} g^2 (v_k + \sigma_k)(v_{k'} + \sigma_{k'}) \sum_{j=k+1}^{N} \sum_{j'=k'+1}^{N} A_\mu^{[kj]} A^{\mu[k'j']}. \quad (5.169)$$

対角成分の部分に着目すれば，どれだけのゲージ場が質量項に関与するかがよく見える．（非対角項は，それらの交わりで表されている．）したがって，v_1 に対して（前の結果どおり）$(N-1)$ 個，v_2 に対して $(N-2)$ 個，v_M では $(N-M)$ 個などとなっていくので，全体では

$$\sum_{j=1}^{M} (N-j) = NM - \frac{M(M+1)}{2} = \frac{M(2N-M-1)}{2} \quad (5.170)$$

のゲージ場が質量を持つことになる．破れていない，つまり質量のないゲージ場の数は

$$\frac{N(N-1)}{2} - \frac{M(2N-M-1)}{2} = \frac{(N-M)(N-M-1)}{2} \quad (5.171)$$

で，(5.167) と一致しており，これは確かに $O(N-M)$ 対称性を持つゲージ場の数である．

つまり，質量のあるゲージ場の数を知るには，"真空"の条件を満たす生成子の数 (5.167) がわかればいいのである．もう少し例題をやってみよう．

例題 3.8 以前の例題 1.6 における N 次元複素スカラー場 $\boldsymbol{\Phi}$ と相互作用するヤン–ミルズ場の Lagrangian

$$\mathcal{L} = (D^\mu \boldsymbol{\Phi})^\dagger D_\mu \boldsymbol{\Phi} - V(\boldsymbol{\Phi}^\dagger \boldsymbol{\Phi}) - \frac{1}{8} \mathrm{Tr} \boldsymbol{F}_{\mu\nu} \boldsymbol{F}^{\mu\nu}, \quad (5.172)$$

でヒッグス機構を考えよ．

解 N 次元スカラーが複素数のときは，例題 1.6 で議論したように，ポテンシャル $V(\boldsymbol{\Phi}^\dagger \boldsymbol{\Phi})$ の対称性は，スカラー場の大きさ $\boldsymbol{\Phi}^\dagger \boldsymbol{\Phi}$ が変わらない，

$$\boldsymbol{\Phi} \mapsto \boldsymbol{U}\boldsymbol{\Phi}, \quad \boldsymbol{U}^\dagger \boldsymbol{U} = \boldsymbol{I} \quad (5.173)$$

N 次元ユニタリー対称性 $U(N)$ である．その自由度（生成子=T_a の数）は N^2 だ．こ

れまで同様 "真空" を $\boldsymbol{\Phi}_0$ と書くと，破れない，つまり質量ゼロのゲージ場の数は "真空" の条件 (5.136) に相当する

$$\sum_b \alpha_b T_b \boldsymbol{\Phi}_0 = 0 , \qquad (\alpha_b : \text{実数}) \tag{5.174}$$

を満たす生成子の数である．この生成子達の属する群（T_b を指数の肩に乗せた $\mathrm{e}^{i\sum_b \theta_b T_b}$）を $\mathcal{H}$ と書く（部分群という）．残った生成子によって作られる群は $U(N)$ を $\mathcal{G}$ と書くと，$\mathcal{G}/\mathcal{H}$ で与えられる．これを用いて，非線形表現（ユニタリーゲージ）は一般的に

$$\boldsymbol{\Phi}(x) = \boldsymbol{h}(x)\boldsymbol{\Phi}_0(x) , \quad \boldsymbol{h}(x) \in \mathcal{G}/\mathcal{H} \tag{5.175}$$

で与えられるから，

$$\begin{aligned}D_\mu \boldsymbol{\Phi} &= (\partial_\mu - ig\boldsymbol{A}_\mu)\boldsymbol{\Phi} = (\partial_\mu \boldsymbol{h}) \cdot \boldsymbol{\Phi}_0 + \boldsymbol{h} \cdot \partial_\mu \boldsymbol{\Phi}_0 - ig\boldsymbol{A}_\mu \boldsymbol{h} \cdot \boldsymbol{\Phi}_0 \\ &= \boldsymbol{h} \cdot \left(\partial_\mu \boldsymbol{\Phi}_0 + \boldsymbol{h}^{-1}(\partial_\mu \boldsymbol{h}) \cdot \boldsymbol{\Phi}_0 - ig\boldsymbol{h}^{-1}\boldsymbol{A}_\mu \boldsymbol{h} \cdot \boldsymbol{\Phi}_0\right) .\end{aligned} \tag{5.176}$$

一方，ゲージ場の $\mathcal{G}$ でのゲージ変換は 5.1 節・例題 1.4 同様[*8]，

$$\boldsymbol{A}_\mu^{\mathrm{U}}(x) \equiv \boldsymbol{U}(x)\boldsymbol{A}_\mu(x)\boldsymbol{U}^\dagger(x) + \frac{i}{g}\boldsymbol{U}(x)\partial_\mu \boldsymbol{U}^\dagger(x) .$$

したがって，$\boldsymbol{U} \mapsto \boldsymbol{h}$ と置くことで，$O(N)$ の場合同様にゴールドストーン場 $\boldsymbol{h}$ を消し去ることができる．

$$(5.176) \mapsto \boldsymbol{h} \cdot (\partial_\mu \boldsymbol{\Phi}_0 - ig\boldsymbol{A}_\mu \cdot \boldsymbol{\Phi}_0) . \tag{5.177}$$

これより，スカラー場の運動項

$$\begin{aligned}(D^\mu \boldsymbol{\Phi})^\dagger D_\mu \boldsymbol{\Phi} &= \left(\partial^\mu \boldsymbol{\Phi}_0^\dagger + ig\boldsymbol{\Phi}_0^\dagger \cdot \boldsymbol{A}^\mu\right)(\partial_\mu \boldsymbol{\Phi}_0 - ig\boldsymbol{A}_\mu \cdot \boldsymbol{\Phi}_0) \\ &= \partial^\mu \boldsymbol{\Phi}_0^\dagger \partial_\mu \boldsymbol{\Phi}_0 + ig\left(\boldsymbol{\Phi}_0^\dagger \boldsymbol{A}^\mu \partial_\mu \boldsymbol{\Phi}_0 - \partial^\mu \boldsymbol{\Phi}_0^\dagger \boldsymbol{A}_\mu \boldsymbol{\Phi}_0\right) \\ &\quad + g^2 \boldsymbol{\Phi}_0^\dagger \boldsymbol{A}^\mu \boldsymbol{A}_\mu \boldsymbol{\Phi}_0 ,\end{aligned}$$

よりゲージ場の質量項は，

$$\text{ゲージ場の質量項} = g^2 \sum_{ab}^{\mathcal{G}} (A^\mu)_a (A_\mu)_b \boldsymbol{\Phi}_0^\dagger T_a T_b \boldsymbol{\Phi}_0$$

[*8] $(\boldsymbol{h}, \boldsymbol{G})^{-1} = (\boldsymbol{h}, \boldsymbol{G})^\dagger$ である．群が $O(N)$ のときは，$(\boldsymbol{h}, \boldsymbol{G})^{-1} = (\boldsymbol{h}, \boldsymbol{G})^\mathrm{T}$ であった．

5.3 対称性の自発的破れとヒッグス（Higgs）機構

$$\stackrel{(5.174)}{=} g^2 \sum_{ab}^{\mathcal{G}/\mathcal{H}} (A^\mu)_a (A_\mu)_b \boldsymbol{\Phi}_0^\dagger T_a T_b \boldsymbol{\Phi}_0 \equiv \sum_{ab}^{\mathcal{G}/\mathcal{H}} (A^\mu)_a (A_\mu)_b M_{ab}^2 . \tag{5.178}$$

ここで，和の範囲は生成子のすべてに関して取るときを $\mathcal{G}$，破れている部分に関してのみ取るとき $\mathcal{G}/\mathcal{H}$ と書いている．

明らかに，行列 M_{ab}^2 は対称行列であるから，直交行列 $\boldsymbol{O}$ を用いて，対角化することができる．

$$\boldsymbol{O}^\mathrm{T} \boldsymbol{M} \boldsymbol{O} = \begin{pmatrix} m_1^2 & & 0 \\ & \ddots & \\ 0 & & m_{\mathcal{G}/\mathcal{H}}^2 \end{pmatrix} .$$

したがって，変換されたゲージ場 $(A_\mu)_b{}'$，$(A_\mu)_a = \sum_b^{\mathcal{G}/\mathcal{H}} O_{ab} (A_\mu)_b{}'$ でみれば，$\mathcal{G}/\mathcal{H}$ に属する生成子の個数のゲージ場が質量を持つことがわかる．

少し具体的に見ていこう．2 成分の複素スカラー場の場合：$\mathcal{G} = U(2)$．生成子は

$$T_0 = \frac{1}{2} \begin{pmatrix} 1 & 0 \\ 0 & 1 \end{pmatrix} , \quad T_i = \frac{1}{2} \sigma_i , \quad (\sigma_i ; i = 1, 2, 3 : \text{パウリ行列 (2.60)}). \tag{5.179}$$

"真空"が，

$$\boldsymbol{\Phi}_0(x) = \begin{pmatrix} v + \sigma(x) \\ 0 \end{pmatrix} \tag{5.180}$$

で与えられるとき，"真空"の条件 (5.174) は生成子

$$T_0 - T_3 = \begin{pmatrix} 0 & 0 \\ 0 & 1 \end{pmatrix}$$

で満たされる．これは一つしかないから部分群 $\mathcal{H}$ とはいわないが，それに相当したものだ．従って $\mathcal{G}/\mathcal{H}$ に属する生成子は $T_1, T_2, T_0 + T_3$ であり，これらに対応するゲージ場が質量を獲得する．実際 (5.178) は

(5.178) $\Longrightarrow$
$$\frac{g^2 v^2}{4} \left[(A_\mu)_1 (A^\mu)_1 + (A_\mu)_2 (A^\mu)_2 + \{(A_\mu)_0 + (A_\mu)_3\} \{(A^\mu)_0 + (A^\mu)_3\} \right]$$

と計算される. $A_1^\mu, A_2^\mu, A_0^\mu + A_3^\mu$ が確かに質量を獲得した.

3成分の複素スカラー場：$\mathcal{G} = U(3)$. 生成子は**ゲルマン行列**と呼ばれる

$$\lambda_1 = \begin{pmatrix} 0 & 1 & 0 \\ 1 & 0 & 0 \\ 0 & 0 & 0 \end{pmatrix}, \ \lambda_2 = \begin{pmatrix} 0 & -i & 0 \\ i & 0 & 0 \\ 0 & 0 & 0 \end{pmatrix}, \ \lambda_3 = \begin{pmatrix} 1 & 0 & 0 \\ 0 & -1 & 0 \\ 0 & 0 & 0 \end{pmatrix}$$

$$\lambda_4 = \begin{pmatrix} 0 & 0 & 1 \\ 0 & 0 & 0 \\ 1 & 0 & 0 \end{pmatrix}, \ \lambda_5 = \begin{pmatrix} 0 & 0 & -i \\ 0 & 0 & 0 \\ i & 0 & 0 \end{pmatrix}, \ \lambda_6 = \begin{pmatrix} 0 & 0 & 0 \\ 0 & 0 & 1 \\ 0 & 1 & 0 \end{pmatrix}$$

$$\lambda_7 = \begin{pmatrix} 0 & 0 & 0 \\ 0 & 0 & -i \\ 0 & i & 0 \end{pmatrix}, \ \lambda_8 = \frac{1}{\sqrt{3}} \begin{pmatrix} 1 & 0 & 0 \\ 0 & 1 & 0 \\ 0 & 0 & -2 \end{pmatrix} \tag{5.181}$$

と，3行3列の単位行列

$$\lambda_0 = \sqrt{\frac{2}{3}} \begin{pmatrix} 1 & 0 & 0 \\ 0 & 1 & 0 \\ 0 & 0 & 1 \end{pmatrix}$$

から，$T_a = \lambda_a/2$; $(a = 0, 1, \cdots, 8)$ で作られる．"真空"が

$$\boldsymbol{\Phi}_0(x) = \begin{pmatrix} v + \sigma(x) \\ 0 \\ 0 \end{pmatrix} \tag{5.182}$$

で与えられたとき，"真空"の条件 (5.174) を満たす生成子は

$$T_6 = \frac{1}{2}\begin{pmatrix} 0 & 0 & 0 \\ 0 & 0 & 1 \\ 0 & 1 & 0 \end{pmatrix}, \ T_7 = \frac{1}{2}\begin{pmatrix} 0 & 0 & 0 \\ 0 & 0 & -i \\ 0 & i & 0 \end{pmatrix},$$

$$-\frac{1}{2}T_3 + \frac{\sqrt{3}}{2}T_8 = \frac{1}{2}\begin{pmatrix} 0 & 0 & 0 \\ 0 & 1 & 0 \\ 0 & 0 & -1 \end{pmatrix}, \tag{5.183}$$

$$\sqrt{\frac{2}{3}}T_0 - \frac{1}{2}T_3 - \frac{1}{2\sqrt{3}}T_8 = \frac{1}{2}\begin{pmatrix} 0 & 0 & 0 \\ 0 & 1 & 0 \\ 0 & 0 & 1 \end{pmatrix}$$

で，これは明らかに $\mathcal{H} = U(2)$ である．したがって質量を持つゲージ場の数は

$\mathcal{G}/\mathcal{H} = U(3)/U(2)$ で $9-4=5$ 個である.その破れている生成子は,明らかに,T_1, T_2, T_4, T_5 および

$$\sqrt{\frac{2}{3}}T_0 + T_3 + \frac{1}{\sqrt{3}}T_8 = \begin{pmatrix} 1 & 0 & 0 \\ 0 & 0 & 0 \\ 0 & 0 & 0 \end{pmatrix}$$

に対応する 5 個のゲージ場

$$(A^\mu)_1, (A^\mu)_2, (A^\mu)_4, (A^\mu)_5, \left[\sqrt{2}(A^\mu)_0/\sqrt{3} + (A^\mu)_3 + (A^\mu)_8/\sqrt{3}\right]$$

である.

より複雑な群が生じる場合について考えてみよう.スカラー場の値を実数から複素数に一般化すると,現れる群は $O(N)$ から $U(N)$ になったわけだが,この一般化を続けてみる.スカラー場が 4 元数(例えば,単位行列とパウリ行列で書かれる数:$\boldsymbol{\Phi} = z_0 \mathbf{I} + \sum_{k=1}^{3} z_k \sigma_k$,$z_\mu (\mu = 0, 1, 2, 3)$ は複素数)で与えられたとすると,(内積 $\langle \boldsymbol{\Phi}^\dagger, \boldsymbol{\Phi} \rangle$ を定義した上で)ポテンシャル $V(\langle \boldsymbol{\Phi}^\dagger, \boldsymbol{\Phi} \rangle)$ を不変にするのは,シンプレクティック群 $Sp(N)$ という.さらに 8 元数(ケーリー(Cayley)代数)にまで拡張していくと,いわゆる例外群と呼ばれるものが現れる.(詳しい議論は参考文献 [5.6] を見よ.)こうしていろいろな群とその対称性の破れのパターンを議論することが可能になる.

現在までのところ現象論的に成功を収めている理論はフェルミ粒子の左巻き,右巻き

$$\psi_\mathrm{L} \equiv \frac{\mathbf{I} + \gamma_5}{2}\psi, \qquad \psi_\mathrm{R} \equiv \frac{\mathbf{I} - \gamma_5}{2}\psi$$

に対して,別々にゲージ原理を適用させたものである.言い換えると,まず,フェルミ粒子に対してカイラル変換

$$\psi \mapsto \mathrm{e}^{i\theta\gamma_5}\psi$$

が,対称性として成り立っていることが前提である.(これは,左向きと右巻きが独立に変換できることと同等である.)その上で,変換のパラメーター θ を座標依存 $(\theta \mapsto \theta(x))$ にする.ここで不変性を持つには,ゲージ場を導入しなければならなかった.(有名なワインバーグ・サラム理論は $SU(2)_\mathrm{L} \times U(1)$ で表され,左巻き成分のみが $SU(2)$ ゲージと相互作用する.)ところが,このようなカイラルゲージ理論においては,量子効果でカイラル対称性が破れる,つまり,『ゲージ原理が成立しなくなる!』という,きわめてたちの悪い現象が起こる(もっと一般的に **量子異常** という.参考文

献 [5.5]). ゲージ理論として矛盾のない理論であるためには, こうしたカイラル異常項のない理論である必要がある. 例えば, $SO(4N+2)$, $N \geq 2$ や例外群の E_6 は自動的に量子カイラル異常の起こらない理論である.（参考文献 [2.2] の 19 章.）

練習問題

3.1 $O(N)$ 生成子 L_{ij} の表示 (5.133) あるいは (5.134) が確かに, $O(N)$ 代数の交換関係 (5.131) を満たしていることを示せ.

3.2 非線形表現 (5.157) (5.175) をとったときの, 運動項 $\partial_\mu \boldsymbol{\Phi} \partial^\mu \boldsymbol{\Phi}$ に着目しよう. $\boldsymbol{\Phi}_0 \sim \sigma$ 場に対する微分は自明（(5.124) (5.147) (5.161) 参照）であり, 問題はゴールドストーン場 $\boldsymbol{\xi}(x)$ である. つまり,

$$\boldsymbol{G}(x) = \exp\left[iT_a \xi_a(x)\right] \tag{5.184}$$

の微分を計算することである.（群 $\mathcal{G}$ 全てが破れた場合に相当する.）ポテンシャル項は定数である（$V(\boldsymbol{G}^\dagger \boldsymbol{G}) = V(1) =$ 定数）から, ゴールドストーン場に対する Lagrangian は

$$\mathcal{L} = \mathrm{Tr}\partial_\mu \boldsymbol{G}^\dagger \partial^\mu \boldsymbol{G} \tag{5.185}$$

である [*9)]. これを計算しよう. $\mathcal{G}$ 代数の生成子は,

$$[T_a, T_b] = i\sum_c f_{abc} T_c , \quad \left(\mathrm{Tr} T_a T_b = \frac{1}{2}\delta_{ab}\right) \tag{5.186}$$

を満たしているとする. 群の足 $a, b, c, \cdots$ の和に対してアインシュタインの縮約を採用した. このとき以下の手順にしたがって, Lagrangian (5.185) を計算しよう.
(a)

$$\boldsymbol{G}(\tau; x) \equiv \exp\left[i\tau T_a \xi_a(x)\right] \equiv \exp\left[i\tau \boldsymbol{\xi}(x)\right] \tag{5.187}$$

と書いたとき,

$$\partial_\mu \boldsymbol{G} = \partial_\mu \boldsymbol{G}(1; x) = \int_0^1 d\tau \boldsymbol{G}(\tau; x) i\partial_\mu \boldsymbol{\xi}(x) \boldsymbol{G}(1-\tau; x) \tag{5.188}$$

であることを示せ.
(b) $\theta_a T_a \equiv \boldsymbol{\theta}$ と書く.

$$\exp[i\boldsymbol{\theta}] T_a \exp[-i\boldsymbol{\theta}] = \boldsymbol{A}_{ab}(\theta) T_b \tag{5.189}$$

なる, $\boldsymbol{A}_{ab}(\theta)$ を計算せよ.

[*9)] この Lagrangian で記述される模型を**非線形シグマ模型**という.

(c) 非線形表現の微分 (5.188) は，上の結果 (5.189)，第 5 章の解答 (17) 式を利用すると，

$$\partial_\mu \boldsymbol{G} = i\partial_\mu \xi_a \boldsymbol{e}_{ab}(\boldsymbol{\xi}) T_b \boldsymbol{G} \tag{5.190}$$

と与えられる．$\boldsymbol{e}_{ab}(\boldsymbol{\xi})$ を計算せよ．

(d) Lagrangian (5.185) が，

$$\mathcal{L} = \frac{1}{2} \partial_\mu \xi_a \boldsymbol{g}_{ab}(\boldsymbol{\xi}) \partial_\mu \xi_b \tag{5.191}$$

と書けることを示し，$\boldsymbol{g}_{ab}(\boldsymbol{\xi})$ を計算せよ．

練習問題の解答

第1章の解答

1.1 まず,
$$a^\dagger|n\rangle = \frac{1}{\sqrt{n!}}(a^\dagger)^{n+1}|0\rangle = \sqrt{n+1}\frac{1}{\sqrt{(n+1)!}}(a^\dagger)^{n+1}|0\rangle = \sqrt{n+1}|n+1\rangle \quad (1)$$

となる.次に,交換関係 (1.12) の共役変換をとった,
$$\left[a, \left(a^\dagger\right)^m\right] = m\left(a^\dagger\right)^{m-1} \quad (2)$$

を用いると,
$$a|n\rangle = \sqrt{n}|n-1\rangle \quad (3)$$

となる.

1.2 $m > n$ とする. (2) を繰り返し用いると,
$$\langle m|n\rangle = \frac{1}{\sqrt{m!n!}}\langle 0|a^m \left(a^\dagger\right)^n|0\rangle = \frac{1}{\sqrt{m!n!}}\, n(n-1)\cdots 1 \, \langle 0|a^{m-n}|0\rangle = 0\,. \quad (4)$$

$n > m$ も同様. $m = n$ なら, (4) より, $\langle n|n\rangle = 1$.

1.3 (その一) 交換関係 (1.7) を用いる方法. $H = \hbar\omega\left(a^\dagger a + 1/2\right)$ だから,
$$H|n\rangle = \hbar\omega\left(n + \frac{1}{2}\right)|n\rangle\,. \quad (5)$$

(その二) このときは, $H|0\rangle = E_0|0\rangle$ とする.交換関係 (1.17) の共役変換をとれば,
$$\left[(a^\dagger)^m, H\right] = -m\hbar\omega(a^\dagger)^m\,. \quad (6)$$

したがって,
$$H(a^\dagger)^n|0\rangle = (n\hbar\omega + E_0)(a^\dagger)^n|0\rangle\,. \quad (7)$$

1.4 真空の定義 (1.19) の左から, $\langle x|$ を作用させる.そして, a の定義 (1.5) を思い出し,
$$\langle x|Q = x\langle x|\,, \qquad \langle x|P = -i\hbar\frac{d}{dx}\langle x| \quad (8)$$

であることを用いれば,微分方程式
$$\left(x + \frac{\hbar}{m\omega}\frac{d}{dx}\right)\Psi_0(x) = 0 \quad (9)$$

が得られる．これを解くと，

$$\Psi_0(x) = \left(\frac{m\omega}{\pi\hbar}\right)^{1/4} \exp\left(-\frac{m\omega}{2\hbar}x^2\right) . \tag{10}$$

ここで，係数は，規格化の条件

$$\int_{-\infty}^{\infty} dx |\Psi_0(x)|^2 = 1$$

からもとまる．（ガウス積分の公式

$$\int_{-\infty}^{\infty} dx e^{-ax^2} = \sqrt{\frac{\pi}{a}} \tag{11}$$

に注意．）

1.5 生成消滅演算子の定義 (1.5) より，

$$a^2 = \frac{m\omega}{2\hbar}\left(Q^2 - \frac{P^2}{m^2\omega^2} + \frac{i}{m\omega}(QP+PQ)\right) ,$$

$$a^\dagger a = \frac{m\omega}{2\hbar}\left(Q^2 + \frac{P^2}{m^2\omega^2} + \frac{i}{m\omega}(QP-PQ)\right) ,$$

$$aa^\dagger = \frac{m\omega}{2\hbar}\left(Q^2 + \frac{P^2}{m^2\omega^2} - \frac{i}{m\omega}(QP-PQ)\right) .$$

$a^2 = 0$ であるから，実部，虚部それぞれがゼロだから，$Q^2 = \dfrac{P^2}{m^2\omega^2}$, $\{Q,P\}=0$.

また，$\{a,a^\dagger\}=1$ より，$Q^2 + \dfrac{P^2}{m^2\omega^2} = \dfrac{\hbar}{m\omega}$.

これらより，

$$Q^2 = \frac{P^2}{m^2\omega^2} = \frac{\hbar}{2m\omega} . \tag{12}$$

したがって，題意が示された．

1.6

$$[J_+, J_-] = 2\hbar J_3 , \quad [J_\pm, J_3] = \mp\hbar J_\pm \tag{13}$$

である．$J_\pm \equiv J_1 \pm iJ_2$ とすると，よく知っている角運動量の交換関係

$$[J_i, J_j] = i\hbar \sum_{i,j} \epsilon_{ijk} J_k \tag{14}$$

になる．$|j,m\rangle$ を，$J^2 = J_1^2 + J_2^2 + J_3^2 = J_+ J_- + J_3^2 - J_3$ として，

$$J^2|j,m\rangle = \hbar^2 j(j+1)|j,m\rangle \;,\quad J_3|j,m\rangle = \hbar m|j,m\rangle$$

となる状態として導入すれば，$J_-|j,-j\rangle = 0$ であり，$(J_+)^{j+1}|j,-j\rangle \propto |j,j+1\rangle = 0$ から，これは，$|j,-j\rangle \equiv |0\rangle$ とすると，

$$a|0\rangle = 0 \;,\quad (a^\dagger)^{j+1}|0\rangle = 0 \;,\quad (a^\dagger)^k|0\rangle \neq 0 \quad (j \geq k \geq 0) \tag{15}$$

を意味する．つまり，1つの状態に j 個まで入ることのできる粒子を表している．多粒子系では，こうした粒子のことを，**パラフェルミオン**と呼ぶ．

2.1

$$\mathcal{R} \mapsto \mathcal{R}(\theta,\phi) \equiv \boldsymbol{R}_y(\theta)\boldsymbol{R}_z(\phi) \;. \tag{16}$$

なぜなら，$\boldsymbol{R}_y(\theta)\boldsymbol{R}_z(\phi) \begin{pmatrix} v\sin\theta\cos\phi \\ v\sin\theta\sin\phi \\ v\cos\theta \end{pmatrix} = \boldsymbol{R}_y(\theta)\begin{pmatrix} v\sin\theta \\ 0 \\ v\cos\theta \end{pmatrix} = \begin{pmatrix} 0 \\ 0 \\ v \end{pmatrix}$.

2.2 〔1〕z–軸まわりの ϕ–回転と y–軸まわりの θ–回転を行う．

$$\bigl(\mathcal{R}(\theta,\phi)\bigr)^\mu{}_\nu \equiv \begin{pmatrix} 1 & 0 & 0 & 0 \\ 0 & & & \\ 0 & & \boldsymbol{R}_y(\theta)\boldsymbol{R}_z(\phi) & \\ 0 & & & \end{pmatrix} \;. \tag{17}$$

〔2〕これによって，速度の方向が，z–軸方向に向くので，基本ローレンツ変換を行う．

〔3〕最後に，〔1〕の逆変換 $\bigl(\mathcal{R}^{-1}(\theta,\phi)\bigr)^\mu{}_\nu = \bigl(\mathcal{R}^{\mathrm{T}}(\theta,\phi)\bigr)^\mu{}_\nu = \bigl(\mathcal{R}^{\mathrm{T}}(\theta,\phi)\bigr)^\mu{}_\nu$ を行う．(ここで，T は転置行列を表す．)

つまり，

$$\Lambda^\mu{}_\nu = \bigl(\mathcal{R}_z^{-1}(\phi)\mathcal{R}_y^{-1}(\theta)\Lambda^{(0)}(\Theta)\mathcal{R}_y(\theta)\mathcal{R}_z(\phi)\bigr)^\mu{}_\nu \;, \tag{18}$$

具体的には，回転行列 (1.65) を考慮すれば，

$$\Lambda^\mu{}_\nu = \begin{pmatrix} \cosh\Theta & \sinh\Theta\sin\theta\cos\phi & & \\ \sinh\Theta\sin\theta\cos\phi & 1+(\cosh\Theta-1)\sin^2\theta\cos^2\phi & & \\ \sinh\Theta\sin\theta\sin\phi & (\cosh\Theta-1)\sin^2\theta\sin\phi\cos\phi & & \\ \sinh\Theta\cos\theta & (\cosh\Theta-1)\sin\theta\cos\theta\cos\phi & & \\[4pt] \sinh\Theta\sin\theta\sin\phi & \sinh\Theta\cos\theta \\ (\cosh\Theta-1)\sin^2\theta\sin\phi\cos\phi & (\cosh\Theta-1)\sin\theta\cos\theta\cos\phi \\ 1+(\cosh\Theta-1)\sin^2\theta\sin^2\phi & (\cosh\Theta-1)\sin\theta\cos\theta\sin\phi \\ (\cosh\Theta-1)\sin\theta\cos\theta\sin\phi & 1+(\cosh\Theta-1)\cos^2\theta \end{pmatrix} \;. \tag{19}$$

第 1 章の解答

3.1 スカラー場及びベクトル場の定義 (1.68) (1.69) より,

$$\delta\phi(x) = \phi'(x') - \phi(x) = 0 , \tag{20}$$

$$\delta A^\mu(x) = A'^\mu(x') - A^\mu(x) = \delta\omega^\mu{}_\nu A^\nu(x) . \tag{21}$$

リー微分 (1.78) は,

$$\delta^*\phi(x) = -\delta\omega^\mu{}_\nu x^\nu \partial_\mu \phi(x) = \frac{1}{2}\delta\omega^{\mu\nu}(x_\mu\partial_\nu - x_\nu\partial_\mu)\phi(x) , \tag{22}$$

$$\delta^* A^\mu(x) = \delta\omega^\mu{}_\nu A^\nu(x) - \delta\omega^\lambda{}_\alpha x^\nu \partial_\lambda A^\mu(x) \tag{23}$$

$$= \frac{1}{2}\delta\omega^{\alpha\beta}\left[\left(\delta^\mu_\alpha g_{\beta\nu} - \delta^\mu_\beta g_{\alpha\nu}\right) + \delta^\mu_\nu(x_\alpha\partial_\beta - x_\beta\partial_\alpha)\right] A^\nu(x) \tag{24}$$

ともとまる. これらの第 1 項目をスピン部分, 第 2 項目を軌道部分の角運動量と呼ぶことにする. (スカラーはスピン, ゼロである.) (20), (21) さらに, あとで議論するスピナ (2.3 節・例題 3.2) の場合を全てまとめて,

$$\delta\boldsymbol{\phi}(x) = \frac{1}{2}\delta\omega^{\mu\nu}\boldsymbol{\Sigma}_{\mu\nu}\boldsymbol{\phi}(x) \tag{25}$$

と書くことにする. ここで, $\boldsymbol{\Sigma}_{\mu\nu}$ はスピン行列であり,

$$(\boldsymbol{\Sigma}_{\mu\nu})_{\alpha\beta} \equiv \begin{cases} 0 ; & \text{スカラー} \\ \dfrac{1}{4}\left(\gamma_\mu\gamma_\nu - \gamma_\nu\gamma_\mu\right)_{\alpha\beta} ; & \text{スピナ} \\ g_{\mu\alpha}g_{\nu\beta} - g_{\mu\beta}g_{\nu\alpha} ; & \text{ベクトル} \end{cases} \tag{26}$$

と書ける. γ_μ は 2.3 節で導入するディラック (Dirac) のガンマ行列である.

3.2 保存流の定義 (1.85) より,

$$\delta J^\mu = -\varepsilon_\nu T^{\mu\nu} , \quad \partial_\mu(\varepsilon_\nu T^{\mu\nu}) = \varepsilon_\nu(\partial_\mu T^{\mu\nu}) = 0 .$$

つまり, ε^μ は定数で (4 個) あったから, 保存流は, エネルギー運動量テンソルそのもの

$$\partial_\mu T^{\mu\nu} = 0 \tag{27}$$

である. 生成子 (= 保存量) (1.87) は,

$$\delta Q(t) = \int_{\Omega_3} d^3\boldsymbol{x}\; \varepsilon_\nu T^{0\nu} .$$

ふたたび, 定数 ε_ν をはずして, (つまり保存量は 4 個ある)

$$P^\mu = \int_{\Omega_3} d^3\boldsymbol{x}\; T^{0\mu} \tag{28}$$

でこれは, エネルギー・運動量である.

3.3 保存流の定義 (1.85) より，

$$\delta J^\mu = \frac{1}{2}\delta\omega_{\alpha\beta}\left[\frac{\partial \mathcal{L}}{\partial(\partial_\mu\boldsymbol{\phi})}\boldsymbol{\Sigma}^{\alpha\beta}\boldsymbol{\phi} + x^\alpha T^{\mu\beta} - x^\beta T^{\mu\alpha}\right]. \tag{29}$$

$\delta\omega_{\alpha\beta}$ は定数で（反対称したがって 6 個）あったから，保存流は，

$$\partial_\mu \mathcal{M}^{\mu\nu\lambda} = 0, \quad \mathcal{M}^{\mu\nu\lambda} \equiv \frac{\partial \mathcal{L}}{\partial(\partial_\mu\boldsymbol{\phi})}\boldsymbol{\Sigma}^{\nu\lambda}\boldsymbol{\phi} + x^\nu T^{\mu\lambda} - x^\lambda T^{\mu\nu} \tag{30}$$

でこれを，**角運動量密度**といい，生成子は，

$$M^{\mu\nu} = \int_{\Omega_3} d^3\boldsymbol{x} \, \mathcal{M}^{0\mu\nu} \tag{31}$$

で，**角運動量**である．（$\mu\nu$ について反対称であり，6 個あることに注意．）

3.4 無限小 $\lambda \ll 1$ の場合 (1.91) は，

$$\delta x^\mu = \lambda x^\mu \ ;$$
$$\delta\boldsymbol{\phi}(x) = -\lambda \boldsymbol{d\phi} \ .$$

したがって，上と同様に保存流（**スケールカレント**）は，($-\lambda$ をはずして，)

$$\partial_\mu \mathcal{S}^\mu = 0, \quad \mathcal{S}^\mu \equiv \frac{\partial \mathcal{L}}{\partial(\partial_\mu\boldsymbol{\phi})}\boldsymbol{d\phi} + x_\nu T^{\mu\nu} \ . \tag{32}$$

生成子は，

$$D = \int_{\Omega_3} d^3\boldsymbol{x} \, \mathcal{S}^0 \tag{33}$$

である．

3.5 (1.92) を考慮すれば，エネルギー・運動量テンソルの定義 (1.86) より，

$$T^{00} = \mathcal{H} \tag{34}$$

である．

第2章の解答

1.1 場の演算子のフーリエ展開 (2.19) を代入し,生成消滅演算子の交換関係 (2.21) を用いれば, (2.30) は直ちに出る.相対論的不変性は,1.2 節・例題 2.3 から明らかである.さて,$\boldsymbol{p}$–積分を行おう.まず,

$$\Delta^{(+)}(x) \equiv \int_{-\infty}^{\infty} \frac{d^3\boldsymbol{p}}{(2\pi)^3\,2E(\boldsymbol{p})} \mathrm{e}^{-ipx} \,, \tag{1}$$

$$\Delta^{(-)}(x) \equiv \int_{-\infty}^{\infty} \frac{d^3\boldsymbol{p}}{(2\pi)^3\,2E(\boldsymbol{p})} \mathrm{e}^{ipx} = (\Delta^{(+)}(x))^* \,, \tag{2}$$

$$i\Delta(x) = \Delta^{(+)}(x) - \Delta^{(-)}(x) \tag{3}$$

を考える. (1) を計算しよう.極座標を導入すると,

$$\Delta^{(+)}(x) = \frac{1}{2(2\pi)^3} \int_0^\infty \frac{p^2 dp}{\sqrt{p^2+m^2}} \int_0^\pi \sin\theta d\theta \int_0^{2\pi} d\phi \exp\left[-it\sqrt{p^2+m^2} + ipr\cos\theta\right].$$

ここで,$r \equiv |\boldsymbol{x}|$ である.自明な ϕ–積分を行い,θ–積分は,

$$\int_0^\pi \sin\theta d\theta\, \mathrm{e}^{ipr\cos\theta} = \int_{-1}^{1} d(\cos\theta)\, \mathrm{e}^{ipr\cos\theta} = \frac{2\sin(pr)}{pr}$$

となる.だから,

$$\begin{aligned}\Delta^{(+)}(x) &= \frac{1}{4\pi^2 r} \int_0^\infty \frac{pdp}{\sqrt{p^2+m^2}} \sin(pr) \mathrm{e}^{-it\sqrt{p^2+m^2}} \\ &= \frac{-1}{4\pi^2 r} \frac{\partial}{\partial r} \int_0^\infty \frac{dp}{\sqrt{p^2+m^2}} \cos(pr) \mathrm{e}^{-it\sqrt{p^2+m^2}} \,.\end{aligned} \tag{4}$$

ここで,

$$\begin{aligned}I &\equiv \int_0^\infty \frac{dp}{\sqrt{p^2+m^2}} \cos(pr) \mathrm{e}^{-it\sqrt{p^2+m^2}} \\ &= \frac{1}{2} \int_{-\infty}^\infty \frac{dp}{\sqrt{p^2+m^2}} \mathrm{e}^{-it\sqrt{p^2+m^2}+ipr}\end{aligned} \tag{5}$$

と書くことにする.変数変換,

$$p = m\sinh\Theta \,, \quad -\infty \leq \Theta \leq \infty$$

を考えると,

$$dp = m\cosh\Theta d\Theta \,, \quad \sqrt{p^2+m^2} = m\cosh\Theta$$

であるから，
$$I = \frac{1}{2}\int_{-\infty}^{\infty} d\Theta \exp\left[-im\left(t\cosh\Theta - r\sinh\Theta\right)\right] \ .$$

ここで，双曲線関数の加法定理を思い出すと，

$$\begin{aligned}&t\cosh\Theta - r\sinh\Theta\\ &= \begin{cases} \epsilon(t)\sqrt{t^2-r^2}\cosh(\Theta-\alpha) \ ; \ t^2-r^2 > 0 \ ; \ \tanh\alpha = \dfrac{r}{t} \\ -\sqrt{r^2-t^2}\sinh(\Theta-\alpha) \ ; \ t^2-r^2 < 0 \ ; \ \tanh\alpha = \dfrac{t}{r}\ , \end{cases}\end{aligned} \quad (6)$$

ただし，
$$\epsilon(t) = \begin{cases} 1 \ ; \ t > 0 \\ -1 \ ; \ t < 0\ . \end{cases}$$

((6) の上の場合から，説明しよう．

$$\cosh(A-B) = \cosh A \cosh B - \sinh A \sinh B$$

より，$t > r(>0)$ のとき，$\sqrt{t^2-r^2}\cosh\alpha = t$, $\sqrt{t^2-r^2}\sinh\alpha = r$ と，置けるので与式が出る．次に，$t < -r(<0)$ のとき，$-\sqrt{t^2-r^2}\cosh\alpha = t$, $\sqrt{t^2-r^2}\sinh\alpha = -r$ と置けばよい．下の場合は，

$$\sinh(A-B) = \sinh A \cosh B - \cosh A \sinh B$$

より，$|t| < r$ のとき，$\sqrt{r^2-t^2}\cosh\alpha = r$, $\sqrt{r^2-t^2}\sinh\alpha = t$ と置けばよい．)

また，ベッセル関数の積分表示[1)]

$$\int_0^\infty dt\ \mathrm{e}^{\pm ix\cosh t} = -\frac{\pi}{2}(N_0(x) \mp iJ_0(x))\ , \quad (7)$$

$$\int_{-\infty}^\infty dt\ \mathrm{e}^{-ix\sinh t} \left(\stackrel{t\mapsto -t}{=} \int_{-\infty}^\infty dt\ \mathrm{e}^{ix\sinh t}\right) = 2K_0(x)\ , \quad (8)$$

$K_\nu(x)\ ;\quad$ 変形ベッセル関数

を用いると，(6) の上の場合は

$$\begin{aligned} I &= \frac{1}{2}\int_{-\infty}^\infty d\Theta \exp\left[-im\epsilon(t)\sqrt{t^2-r^2}\cosh(\Theta-\alpha)\right] \\ &\stackrel{\Theta-\alpha\mapsto\Theta}{=} \frac{1}{2}\int_{-\infty}^\infty d\Theta \exp\left[-im\epsilon(t)\sqrt{t^2-r^2}\cosh\Theta\right] \\ &= \int_0^\infty d\Theta \exp\left[-im\epsilon(t)\sqrt{t^2-r^2}\cosh\Theta\right] \end{aligned}$$

---

*1) たとえば，数学公式 III (岩波書店) p.181, p.182.

第 2 章の解答　　　　　　　　　　　　　　　　　　　　　　　　　　**179**

$$= -\frac{\pi}{2}\left[N_0\left(m\sqrt{x^2}\right) + i\epsilon(t)J_0\left(m\sqrt{x^2}\right)\right], \quad x^2 \equiv t^2 - \boldsymbol{x}^2. \quad (9)$$

下の場合は,

$$I = \frac{1}{2}\int_{-\infty}^{\infty} d\Theta \exp\left[im\sqrt{r^2 - t^2}\sinh(\Theta - \alpha)\right]$$

$$\stackrel{\Theta - \alpha \mapsto \Theta}{=} \frac{1}{2}\int_{-\infty}^{\infty} d\Theta \exp\left[im\sqrt{r^2 - t^2}\sinh\Theta\right]$$

$$= K_0\left(m\sqrt{r^2 - t^2}\right) = K_0\left(m\sqrt{-x^2}\right), \quad x^2 \equiv t^2 - \boldsymbol{x}^2. \quad (10)$$

まとめると,

$$I = \theta(x^2)\left[\frac{-i\pi\epsilon(t)}{2}J_0\left(m\sqrt{x^2}\right) - \frac{\pi}{2}N_0\left(m\sqrt{x^2}\right)\right]$$
$$+\theta(-x^2)K_0\left(m\sqrt{-x^2}\right). \quad (11)$$

ここで (3) (4) (5) をみると,

$$\Delta(x) = \frac{\epsilon(t)}{4\pi r}\frac{\partial}{\partial r}\left[\theta(x^2)J_0\left(m\sqrt{x^2}\right)\right]$$

となる. 最後に,

$$\frac{\partial}{\partial x^2}\theta(x^2) = \delta(x^2), \quad \left(\frac{1}{r}\frac{\partial}{\partial r} = -2\frac{\partial}{\partial x^2}\right) \quad (12)$$

に注意し, さらに,

$$\frac{d}{dz}J_0(z) = -J_1(z)$$

などを用いれば,

$$\Delta(x) = -\frac{\epsilon(t)}{2\pi}\delta(x^2) + \theta(x^2)\frac{\epsilon(t)m^2}{4\pi}\frac{J_1\left(m\sqrt{x^2}\right)}{m\sqrt{x^2}} \quad (13)$$

ともとまる.

1.2
(a)　場の演算子 (2.19) 及び, その微分を代入し, (2.31) を用いれば,

$$\left\{\hat{\phi}(x), \hat{\phi}(y)\right\} = \int_{-\infty}^{\infty} \frac{d^3\boldsymbol{p}d^3\boldsymbol{q}}{(2\pi)^3\sqrt{2E(\boldsymbol{p})2E(\boldsymbol{q})}}\left[\left\{\hat{a}(\boldsymbol{p}), \hat{a}^\dagger(\boldsymbol{q})\right\}e^{-ipx+iqy}\right.$$
$$\left.+ \left\{\hat{a}^\dagger(\boldsymbol{p}), \hat{a}(\boldsymbol{q})\right\}e^{ipx-iqy}\right] \stackrel{(2.31)}{=} (2.33),$$

$$\left\{\hat{\phi}(x), \hat{\pi}(y)\right\} = \int_{-\infty}^{\infty} \frac{d^3\boldsymbol{p}d^3\boldsymbol{q}}{(2\pi)^3\sqrt{2E(\boldsymbol{p})2E(\boldsymbol{q})}}\left[(iE(\boldsymbol{q}))\left\{\hat{a}(\boldsymbol{p}), \hat{a}^\dagger(\boldsymbol{q})\right\}e^{-ipx+iqy}\right.$$

$$+ (-iE(\boldsymbol{q}))\left\{\hat{a}^\dagger(\boldsymbol{p}), \hat{a}(\boldsymbol{q})\right\} e^{ipx-iqy}\Big]$$

$$\stackrel{(2.31)}{=} \int_{-\infty}^\infty \frac{d^3\boldsymbol{p}}{(2\pi)^3} \frac{i}{2} \left(e^{-ip(x-y)} - e^{ip(x-y)}\right) = (2.34) ,$$

$$\{\hat{\pi}(x), \hat{\pi}(y)\} = \int_{-\infty}^\infty \frac{d^3\boldsymbol{p}\, d^3\boldsymbol{q}}{(2\pi)^3 \sqrt{2E(\boldsymbol{p})2E(\boldsymbol{q})}} (iE(\boldsymbol{p}))(iE(\boldsymbol{q}))$$

$$\times (-)\Big[\{\hat{a}(\boldsymbol{p}), \hat{a}^\dagger(\boldsymbol{q})\} e^{-ipx+iqy} + \{\hat{a}^\dagger(\boldsymbol{p}), \hat{a}(\boldsymbol{q})\} e^{ipx-iqy}\Big]$$

$$= \int_{-\infty}^\infty \frac{d^3\boldsymbol{p}}{(2\pi)^3 2E(\boldsymbol{p})} E^2(\boldsymbol{p}) \left(e^{-ip(x-y)} + e^{ip(x-y)}\right) \qquad (14)$$

$$= -\frac{\partial^2}{\partial t^2} \int_{-\infty}^\infty \frac{d^3\boldsymbol{p}}{(2\pi)^3 2E(\boldsymbol{p})} \left(e^{-ip(x-y)} + e^{ip(x-y)}\right)$$

$$= (2.35) \text{ の最初の関係式}.$$

ところで，$E^2(\boldsymbol{p}) = \boldsymbol{p}^2 + m^2$ であるから，

$$(14) = \int_{-\infty}^\infty \frac{d^3\boldsymbol{p}}{(2\pi)^3 2E(\boldsymbol{p})} \left(\boldsymbol{p}^2 + m^2\right) \left(e^{-ip(x-y)} + e^{ip(x-y)}\right)$$

$$= \left(-\boldsymbol{\nabla}^2 + m^2\right) \int_{-\infty}^\infty \frac{d^3\boldsymbol{p}}{(2\pi)^3 2E(\boldsymbol{p})} \left(e^{-ip(x-y)} + e^{ip(x-y)}\right) = (2.35) \text{ の最後の関係式}.$$

(b) (2.32) を交換関係に用い，反交換関係の基本式 (1.26) を思い出すと，

$$\left[\hat{\phi}(x), \hat{H}\right] = -i \int d^3\boldsymbol{y} \left[\{\hat{\phi}(x), \hat{\pi}(y)\} \sqrt{-\boldsymbol{\nabla}_y^2 + m^2}\, \hat{\phi}(y) \right.$$

$$\left. - \hat{\pi}(y) \sqrt{-\boldsymbol{\nabla}_y^2 + m^2} \left\{\hat{\phi}(x), \hat{\phi}(y)\right\}\right] .$$

ここで，同時刻 $x_0 = y_0$ とすると（Hamiltonian は時間の定数だから，こうすることはいつもできる）(2.34) より，

$$\left\{\hat{\phi}(x), \hat{\pi}(y)\right\}\big|_{x_0 = y_0} = 0 \qquad (15)$$

だから，(2.33) を用いて，

$$\left[\hat{\phi}(x), \hat{H}\right] = i \int d^3\boldsymbol{y}\, \hat{\pi}(y) \sqrt{-\boldsymbol{\nabla}_y^2 + m^2} \int_{-\infty}^\infty \frac{d^3\boldsymbol{p}}{(2\pi)^3 E(\boldsymbol{p})} e^{i\boldsymbol{p}\cdot(\boldsymbol{x}-\boldsymbol{y})}$$

$$= i \int d^3\boldsymbol{y}\, \hat{\pi}(y) \int_{-\infty}^\infty \frac{d^3\boldsymbol{p}}{(2\pi)^3 E(\boldsymbol{p})} \sqrt{\boldsymbol{p}^2 + m^2}\, e^{i\boldsymbol{p}\cdot(\boldsymbol{x}-\boldsymbol{y})}$$

$$= i \int d^3\boldsymbol{y}\, \hat{\pi}(y)\, \delta^3(\boldsymbol{x}-\boldsymbol{y}) = i\hat{\pi}(x) .$$

同様に，同時刻で (15) を考慮して，

第 2 章の解答

$$
\begin{aligned}
\left[\hat{\pi}(x), \hat{H}\right] &= -i \int d^3 y \left[\{\hat{\pi}(x), \hat{\pi}(y)\} \sqrt{-\boldsymbol{\nabla}_y^2 + m^2} \hat{\phi}(y) \right. \\
&\qquad \left. -\hat{\pi}(y) \sqrt{-\boldsymbol{\nabla}_y^2 + m^2} \{\hat{\pi}(x), \hat{\phi}(y)\} \right] \\
&= -i \int d^3 y \left(\int_{-\infty}^{\infty} \frac{d^3 \boldsymbol{p}}{(2\pi)^3} E(\boldsymbol{p}) e^{i\boldsymbol{p}\cdot(\boldsymbol{x}-\boldsymbol{y})} \right) \sqrt{-\boldsymbol{\nabla}_y^2 + m^2} \hat{\phi}(y) \\
&= -i \int d^3 y \sqrt{-\boldsymbol{\nabla}_y^2 + m^2} \delta^3(\boldsymbol{x}-\boldsymbol{y}) \sqrt{-\boldsymbol{\nabla}_y^2 + m^2} \hat{\phi}(y) \\
&\stackrel{\text{部分積分}}{=} -i \int d^3 y\, \delta^3(\boldsymbol{x}-\boldsymbol{y}) \left(-\boldsymbol{\nabla}_y^2 + m^2\right) \hat{\phi}(y) = -i\left(-\boldsymbol{\nabla}^2 + m^2\right) \hat{\phi}(x)\ .
\end{aligned}
$$

これらより,場の演算子 $\hat{\phi}$ はクライン–ゴルドン方程式を満たすことがわかる:

$$
\hat{\pi} = \dot{\hat{\phi}}\,,\ \dot{\hat{\pi}} = -\left(-\boldsymbol{\nabla}^2 + m^2\right) \hat{\phi} \implies \left(\Box + m^2\right) \hat{\phi} = 0\ .
$$

1.3 不変デルタ関数 (2.30) より, $x_0 = y_0$ と置くと,

$$
\Delta(x-y)|_{x_0=y_0} = \int_{-\infty}^{\infty} \frac{d^3 \boldsymbol{p}}{(2\pi)^3 2E(\boldsymbol{p})} \left(e^{i\boldsymbol{p}\cdot(\boldsymbol{x}-\boldsymbol{y})} - e^{-i\boldsymbol{p}\cdot(\boldsymbol{x}-\boldsymbol{y})}\right) = 0\ .
$$

(第 2 項で $\boldsymbol{p} \mapsto -\boldsymbol{p}$.) 同様に,(2.33) より,

$$
\begin{aligned}
\Delta_1(x-y)|_{x_0=y_0} &= \int_{-\infty}^{\infty} \frac{d^3 \boldsymbol{p}}{(2\pi)^3 2E(\boldsymbol{p})} \left(e^{i\boldsymbol{p}\cdot(\boldsymbol{x}-\boldsymbol{y})} + e^{-i\boldsymbol{p}\cdot(\boldsymbol{x}-\boldsymbol{y})}\right) \\
&= \int_{-\infty}^{\infty} \frac{d^3 \boldsymbol{p}}{(2\pi)^3 E(\boldsymbol{p})} e^{i\boldsymbol{p}\cdot(\boldsymbol{x}-\boldsymbol{y})} \stackrel{(1)}{=} 2\, \Delta^{(+)}(x-y)\Big|_{x_0=y_0}
\end{aligned}
$$

でこれはもちろんゼロではない.もう少し計算を進めてみよう.空間的領域だから,$\boldsymbol{x} \neq \boldsymbol{y}$ したがって,(11) を思い出すと,

$$
I\Big|_{x_0=y_0} = K_0\left(m|\boldsymbol{x}-\boldsymbol{y}|\right) \equiv K_0\left(mr\right)\ .
$$

また,(4) より,

$$
\begin{aligned}
\Delta_1(x-y)|_{x_0=y_0} &= \frac{-1}{4\pi^2 r} \frac{\partial}{\partial r} I \Big|_{x_0=y_0} \\
&= \frac{-1}{4\pi^2 r} \frac{\partial}{\partial r} K_0(mr) = \frac{m}{4\pi^2 r} K_1(mr) \stackrel{r \mapsto \infty}{\sim} \frac{1}{r^{3/2}} e^{-mr}\ .
\end{aligned}
$$

確かに,空間的領域でも生き残る.

1.4 フェルミオンのときは,Hamiltonian (2.32) を用いるから,フェルミ型交換関係の基本式 (1.26) を $x_0 = y_0, \boldsymbol{x} \neq \boldsymbol{y}$ として使うと,

$$\left[\hat{\phi}(x), \hat{\mathcal{H}}(y)\right] = -i\left\{\hat{\phi}(x), \hat{\pi}(y)\right\}\sqrt{-\boldsymbol{\nabla}^2 + m^2}\hat{\phi}(y) + i\hat{\pi}(y)\left\{\hat{\phi}(x), \sqrt{-\boldsymbol{\nabla}^2 + m^2}\hat{\phi}(y)\right\}$$

$$= i\hat{\pi}(y)\sqrt{-\boldsymbol{\nabla}_y^2 + m^2}\Delta_1(x-y)\Big|_{x_0=y_0} \neq 0 \ .$$

ここで, 反交換関係 (2.33), (2.34) で $x_0 = y_0$ とした. 一方, ボーズ粒子のときは, Hamiltonian (2.27) および, 交換関係の基本式 (1.3) より,

$$\left[\hat{\phi}(x), \hat{\mathcal{H}}(y)\right] = \hat{\pi}(y)\left[\hat{\phi}(x), \hat{\pi}(y)\right] + \boldsymbol{\nabla}\hat{\phi}(y)\left[\hat{\phi}(x), \boldsymbol{\nabla}\hat{\phi}(y)\right] + m^2\hat{\phi}(y)\left[\hat{\phi}(x), \hat{\phi}(y)\right]$$

$$= \left(\hat{\pi}(y)\frac{\partial}{\partial t_t} + \boldsymbol{\nabla}\hat{\phi}(y)\boldsymbol{\nabla}_y + m^2\hat{\phi}(y)\right)\Delta(x-y) \xrightarrow{(x-y)^2 < 0} 0 \ .$$

$x_0 = y_0, \boldsymbol{x} \neq \boldsymbol{y}$ とすれば, 上の議論からこれがゼロになることがわかる. こうして, クライン–ゴルドン場はボーズ型の交換関係で量子化せねばならないことがわかる. (もともと, Hamiltonian (2.32) は非局所的であったから, 局所場の理論としては拒否されるべきであった.)

2.1 ド・ブロイ場の正準運動量は (2.43) より,

$$\Pi_\Psi = i\hbar\Psi^* \ , \quad \Pi_{\Psi^*} = 0 \ . \tag{16}$$

そこで, Hamiltonian 密度の定義 (1.93) を思い出すと,

$$\mathcal{H} = \dot{\Psi}\Pi_\Psi - \mathcal{L} = \frac{\hbar^2}{2m}\boldsymbol{\nabla}\hat{\Psi}^\dagger(x)\boldsymbol{\nabla}\hat{\Psi}(x) \tag{17}$$

ともとまる. これに, ド・ブロイ場の演算子 (2.50) を代入し $\boldsymbol{x}$–積分すると,

$$H = \frac{\hbar^2}{2m}\int d^3\boldsymbol{x}\int \frac{d^3\boldsymbol{p}d^3\boldsymbol{q}}{2\pi\hbar}\left(-i\frac{\boldsymbol{p}}{\hbar}\right)\cdot\left(i\frac{\boldsymbol{q}}{\hbar}\right)\hat{a}^\dagger(\boldsymbol{p})\hat{a}(\boldsymbol{q})\exp\left[it(\omega_{\boldsymbol{p}} - \omega_{\boldsymbol{q}}) - (\boldsymbol{p}-\boldsymbol{q})\cdot\boldsymbol{x}/\hbar\right]$$

$$= \frac{1}{2m}\int d^3\boldsymbol{p}d^3\boldsymbol{q}\delta^3(\boldsymbol{p}-\boldsymbol{q})\boldsymbol{p}\cdot\boldsymbol{q}\ \hat{a}^\dagger(\boldsymbol{p})\hat{a}(\boldsymbol{q}) = \int d^3\boldsymbol{p}\ E(\boldsymbol{p})\hat{a}^\dagger(\boldsymbol{p})\hat{a}(\boldsymbol{p}) \ .$$

ここで, $E(\boldsymbol{p}) = \boldsymbol{p}^2/2m$ (2.47) を用いた.

2.2 e^{-z^2} を図 A.1 のような積分路に沿って積分する:

$$経路\ \mathrm{I}: \int_{-R}^R dx\mathrm{e}^{-x^2} \ . \tag{18}$$

$$経路\ \mathrm{II}: iR\int_0^{\pi/4}\mathrm{e}^{i\theta}d\theta\exp[-R^2\mathrm{e}^{2i\theta}] = iR\int_0^{\pi/4}d\theta\mathrm{e}^{-R^2\cos 2\theta - iR^2\sin 2\theta + i\theta} \ .$$

$$経路\ \mathrm{III}: \mathrm{e}^{\pi i/4}\int_R^{-R}dy\mathrm{e}^{-iy^2} = -\mathrm{e}^{\pi i/4}\int_{-R}^R dy\mathrm{e}^{-iy^2} \ . \tag{19}$$

$$経路\ \mathrm{IV}: iR\int_{5\pi/4}^\pi d\theta\mathrm{e}^{i\theta}\exp[-R^2\mathrm{e}^{2i\theta}] \xrightarrow{\theta \mapsto \theta - \pi} -iR\int_{\pi/4}^0 d\theta\mathrm{e}^{i\theta}\exp[-R^2\mathrm{e}^{2i\theta}]$$

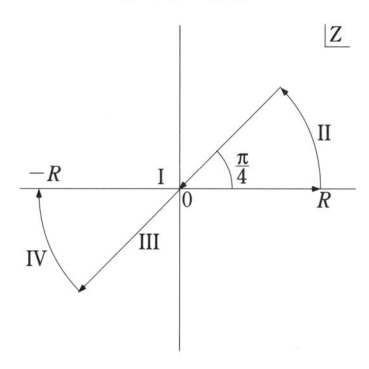

図 A.1 フレネル積分を得るための積分路.
$\{\,\mathrm{I}\mid z=x:x;-R\to R\,\}$,
$\{\mathrm{II}\mid z=Re^{i\theta}:\theta;0\to \pi/4\}$,
$\{\mathrm{III}\mid z=ye^{\pi i/4}:y;R\to -R\}$,
$\{\,\mathrm{IV}\mid z=Re^{i\theta}:\theta;5\pi/4\to \pi\,\}$.

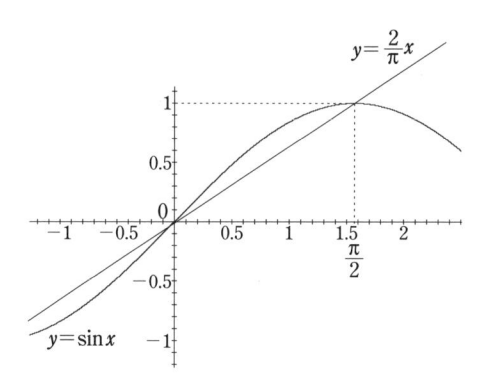

図 A.2 Jordan の不等式. $\pi/2\geq x\geq 0$ では $\sin x\geq 2x/\pi$ が成り立つ.

$=$ 経路 II.

経路 II を計算しよう.

$$\left|iR\int_0^{\pi/4}d\theta e^{-R^2\cos 2\theta-iR^2\sin 2\theta+i\theta}\right|\leq R\int_0^{\pi/4}d\theta e^{-R^2\cos 2\theta}\stackrel{2\theta\mapsto\theta}{=}\frac{R}{2}\int_0^{\pi/2}d\theta e^{-R^2\cos\theta}$$

$$\stackrel{\theta\mapsto\pi/2-\theta}{=}\frac{R}{2}\int_0^{\pi/2}d\theta e^{-R^2\sin\theta}\stackrel{\text{Jordan の不等式}}{\leq}\frac{R}{2}\int_0^{\pi/2}d\theta e^{-2R^2\theta/\pi}.$$

ここで，Jordan の不等式を使った．それは，図 A.2 を見れば明らかである．こうして，

$$\text{経路 II} \leq \frac{R}{2}\int_0^{\pi/2} d\theta e^{-2R^2\theta/\pi} = \frac{\pi}{4R}\left(1 - e^{-R^2}\right) \stackrel{R\mapsto\infty}{\longrightarrow} 0$$

となり経路 II および IV はゼロとなる．こうして，

$$0 = \oint dz e^{-z^2} = \int_{\text{I}} dz e^{-z^2} + \int_{\text{III}} dz e^{-z^2},$$

$$-\int_{\text{III}} dz e^{-z^2} = \int_{\text{I}} dz e^{-z^2} = \int_{-R}^{R} dx e^{-x^2} \stackrel{R\mapsto\infty}{\longrightarrow} \int_{-\infty}^{\infty} dx e^{-x^2} = \sqrt{\pi}$$

となるので，(19) を用いれば目的のフレネル積分が得られる：

$$e^{\pi i/4}\int_{-\infty}^{\infty} dy e^{-iy^2} = \sqrt{\pi}\ . \tag{20}$$

2.3 デルタ関数の表示 (1.54) の 3 次元版，

$$\delta(x) \equiv \lim_{\epsilon \to 0}\left(\frac{1}{2\pi\epsilon}\right)^{3/2} e^{-\boldsymbol{x}^2/2\epsilon} \tag{21}$$

を頭に置いて，(2.53) で，

$$\frac{i\hbar(t_x - t_y)}{m} \equiv \epsilon \tag{22}$$

と置くと，

$$\lim_{t_y \to t_x} K_0(\boldsymbol{x}, \boldsymbol{y} : t_x - t_y) = \lim_{\epsilon \to 0}\left(\frac{1}{2\pi\epsilon}\right)^{3/2} \exp\left[-\frac{(\boldsymbol{x}-\boldsymbol{y})^2}{2\epsilon}\right] = \delta^3(\boldsymbol{x}-\boldsymbol{y})$$

ともとまる．

2.4 ド・ブロイ場の Hamiltonian 密度 (2.55) より，

$$\left[\hat{\Psi}(x), \mathcal{H}(y)\right]\bigg|_{x_0=y_0} = \frac{\hbar^2}{2m}\left[\hat{\Psi}(x), \boldsymbol{\nabla}_y\hat{\Psi}^\dagger(y)\right]\bigg|_{x_0=y_0}\boldsymbol{\nabla}_y\hat{\Psi}(y)$$
$$\stackrel{(2.53)}{=} \lim_{t_y \to t_x}\boldsymbol{\nabla}_y K(\boldsymbol{x}, \boldsymbol{y} : t_x, t_y)\boldsymbol{\nabla}_y\hat{\Psi}(y) \stackrel{(2.54)}{=} \boldsymbol{\nabla}_y\delta^3(\boldsymbol{x}-\boldsymbol{y})\boldsymbol{\nabla}_y\hat{\Psi}(y) = 0\ , \quad \text{for } \boldsymbol{x} \neq \boldsymbol{y}\ .$$

つまり，ファインマン核 (2.53) がボーズの場合もフェルミの場合も同じであったことで，非相対論的なド・ブロイ場では，双方に区別が付かないことになる．

3.1 (2.109) を示そう．たとえば $\mu = 2$ として，γ^2 を考える．(2.58) より，自分以外は互いに反交換し，その数は 3 個（今の場合，$\gamma^0, \gamma^1, \gamma^3$）であるから，$\gamma^2\gamma^5 = -\gamma^5\gamma^2$．(2.110) は，ディラック表示 (2.59) で積 $\gamma^2\gamma^3$ をパウリ行列の積 (2.99) を利用してまず計算し，

第 2 章の解答

$$\gamma^5 = i\begin{pmatrix} \mathbf{I} & 0 \\ 0 & -\mathbf{I} \end{pmatrix} \begin{pmatrix} 0 & \sigma_1 \\ -\sigma_1 & 0 \end{pmatrix} \begin{pmatrix} -i\sigma_1 & 0 \\ 0 & -i\sigma_1 \end{pmatrix}$$

$$= i\begin{pmatrix} \mathbf{I} & 0 \\ 0 & -\mathbf{I} \end{pmatrix} \begin{pmatrix} 0 & -i\mathbf{I} \\ i\mathbf{I} & 0 \end{pmatrix} = \begin{pmatrix} 0 & \mathbf{I} \\ \mathbf{I} & 0 \end{pmatrix}.$$

最後のワイル表示でのガンマ行列の答は,

$$\gamma^k = \begin{pmatrix} 0 & -\sigma_k \\ \sigma_k & 0 \end{pmatrix}. \tag{23}$$

3.2 $u, \overline{u}, v, \overline{v}$ の関係式 (2.96) (2.97) を用いれば,

$$\text{左辺} = \left(\frac{\not{p}+m}{2m}\right)_{\alpha\beta} - \left(\frac{\not{p}-m}{2m}\right)_{\alpha\beta} = \delta_{\alpha\beta} = \text{右辺}.$$

3.3

(a) 例題 3.6 と同様に,

$$\left[\psi_\alpha(x), \overline{\psi}_\beta(y)\right] = \int_{-\infty}^{\infty} \frac{d^3\boldsymbol{p}\,d^3\boldsymbol{q}}{(2\pi)^3} \sqrt{\frac{m^2}{E(\boldsymbol{p})E(\boldsymbol{q})}}$$
$$\times \sum_{s,s'=1,2} \Big(u_\alpha(\boldsymbol{p};s)\overline{u}_\beta(\boldsymbol{q};s')\mathrm{e}^{-ipx+iqy}\left[a(\boldsymbol{p};s), a^\dagger(\boldsymbol{q};s')\right]$$
$$+ v_\alpha(\boldsymbol{p};s)\overline{v}_\beta(\boldsymbol{q};s')\left[b^\dagger(\boldsymbol{p};s), b(\boldsymbol{q};s')\right]\mathrm{e}^{ipx-iqy} \Big)$$

$$\stackrel{(2.113)}{=} \int_{-\infty}^{\infty} \frac{d^3\boldsymbol{p}}{(2\pi)^3} \frac{m}{E(\boldsymbol{p})} \sum_{s=1,2} \Big(u_\alpha(\boldsymbol{p};s)\overline{u}_\beta(\boldsymbol{p};s)\mathrm{e}^{-ip(x-y)}$$
$$- v_\alpha(\boldsymbol{p};s)\overline{v}_\beta(\boldsymbol{p};s)\mathrm{e}^{ip(x-y)} \Big)$$

$$\stackrel{(2.97)}{=} \int_{-\infty}^{\infty} \frac{d^3\boldsymbol{p}}{(2\pi)^3} \frac{m}{E(\boldsymbol{p})} \left[\left(\frac{\not{p}+m}{2m}\right)_{\alpha\beta}\mathrm{e}^{-ip(x-y)} - \left(\frac{\not{p}-m}{2m}\right)_{\alpha\beta}\mathrm{e}^{ip(x-y)}\right]$$

$$= (i\not{\partial}+m)_{\alpha\beta} \int_{-\infty}^{\infty} \frac{d^3\boldsymbol{p}}{(2\pi)^3 2E(\boldsymbol{p})} \left(\mathrm{e}^{-ip(x-y)} + \mathrm{e}^{ip(x-y)}\right)$$

$$= (i\not{\partial}+m)_{\alpha\beta}\,\Delta_1(x-y)$$

である. この式の下から 3 行目で, $x_0 = y_0$ と置くと,

$$\left[\psi_\alpha(x), \psi^\dagger_\beta(y)\right]\bigg|_{x_0=y_0} = \left[\psi_\alpha(x), \overline{\psi}_{\beta'}(y)\right]\bigg|_{x_0=y_0}\left(\gamma^0\right)_{\beta'\beta}$$
$$= \int_{-\infty}^{\infty} \frac{d^3\boldsymbol{p}}{(2\pi)^3}\frac{m}{E(\boldsymbol{p})}\left[\left(\frac{\not{p}+m}{2m}\right)_{\alpha\beta'}\mathrm{e}^{i\boldsymbol{p}(\boldsymbol{x}-\boldsymbol{y})} - \left(\frac{\not{p}-m}{2m}\right)_{\alpha\beta'}\mathrm{e}^{-i\boldsymbol{p}(\boldsymbol{x}-\boldsymbol{y})}\right]\left(\gamma^0\right)_{\beta'\beta}$$

$$= \int_{-\infty}^{\infty} \frac{d^3\boldsymbol{p}}{(2\pi)^3} \frac{1}{2E(\boldsymbol{p})} \left[\left(E(\boldsymbol{p}) - \boldsymbol{p}\cdot\boldsymbol{\gamma}\gamma^0 + m\gamma^0\right) \right.$$
$$\left. - \left(E(\boldsymbol{p}) + \boldsymbol{p}\cdot\boldsymbol{\gamma}\gamma^0 - m\gamma^0\right) \right]_{\alpha\beta} e^{i\boldsymbol{p}(\boldsymbol{x}-\boldsymbol{y})}.$$

ここで, 第 2 項では, $\boldsymbol{p} \mapsto -\boldsymbol{p}$ とした. したがって, $E(\boldsymbol{p}) = \sqrt{\boldsymbol{p}^2 + m^2}$ を考慮すると,

$$\left[\psi_\alpha(x), \psi_\beta^\dagger(y)\right]\Big|_{x_0=y_0}$$
$$= \frac{1}{\sqrt{-\boldsymbol{\nabla}_{\boldsymbol{x}}^2 + m^2}} \int_{-\infty}^{\infty} \frac{d^3\boldsymbol{p}}{(2\pi)^3} \left(-\boldsymbol{p}\cdot\boldsymbol{\gamma}\gamma^0 + m\gamma^0\right)_{\alpha\beta} e^{i\boldsymbol{p}(\boldsymbol{x}-\boldsymbol{y})}$$
$$= \frac{1}{\sqrt{-\boldsymbol{\nabla}_{\boldsymbol{x}}^2 + m^2}} \left(i\boldsymbol{\nabla}\cdot\boldsymbol{\gamma}\gamma^0 + m\gamma^0\right)_{\alpha\beta} \int_{-\infty}^{\infty} \frac{d^3\boldsymbol{p}}{(2\pi)^3} e^{i\boldsymbol{p}(\boldsymbol{x}-\boldsymbol{y})} = (2.115) \text{ の右辺}.$$

(b) ハイゼンベルグの運動方程式

$$i\dot\psi(x) = [\psi(x), H] = \int d^3\boldsymbol{y} \sqrt{-\boldsymbol{\nabla}_{\boldsymbol{y}}^2 + m^2}\,\psi(y)\left[\psi(x), \psi^\dagger(y)\right]\Big|_{x_0=y_0}$$
$$\stackrel{(2.115)}{=} \left(\gamma^0\left(-i\boldsymbol{\gamma}\cdot\boldsymbol{\nabla}_{\boldsymbol{x}} + m\right)\right)\frac{1}{\sqrt{-\boldsymbol{\nabla}_{\boldsymbol{x}}^2 + m^2}} \int d^3\boldsymbol{y}\,\delta^3(\boldsymbol{x}-\boldsymbol{y})\sqrt{-\boldsymbol{\nabla}_{\boldsymbol{y}}^2 + m^2}\,\psi(y)$$
$$= \left(\gamma^0\left(-i\boldsymbol{\gamma}\cdot\boldsymbol{\nabla}_{\boldsymbol{x}} + m\right)\right)\psi(x),$$

より, 左から γ^0 を掛ければこれはディラック方程式である. (ここで, $1/\sqrt{-\boldsymbol{\nabla}^2 + m^2}$ を (2.115) で分子の微分演算子を含む項と入れ換えた.)

(c) $\mathcal{H} = \overline{\psi}\gamma^0\sqrt{-\boldsymbol{\nabla}^2 + m^2}\,\psi$ と書いて,

$$[\psi(x), \mathcal{H}(y)] \stackrel{(2.114)}{=} (i\partial\!\!\!/_x + m)_{\alpha\beta}\Delta_1(x-y)\gamma^0\sqrt{-\boldsymbol{\nabla}_{\boldsymbol{y}}^2 + m^2}\,\psi(y)$$
$$\neq 0, \quad \text{for} \quad (x-y)^2 < 0.$$

なぜなら, 2.1 節・練習問題 1.3 でやったように, 不変デルタ関数 Δ_1 は空間的領域でゼロでないからである.

4.1 まず (2.124) の左側から始める. 仮に, $k=1$ と置いてみる. i,j の和で残るのは, $(i,j) = (2,3), (3,2)$ の 2 通りの組み合わせで, ϵ_{ijl} での $l=1$ の場合のみが残るので確かに左側の式の右辺になっている. 次に右側について. ここではまず $j=1, k=2$ と置いてみる. i の和で残るのは, $i=3$ の場合で $\epsilon_{312} = 1$. もうひとつの ϵ_{ilm} で残るのは, $(l,m) = (1,2), (2,1)$ のどちらかで, はじめの場合は $\epsilon_{312} = 1$ で左辺は $+1$ で右辺も第 1 項だけが残り $+1$. 後者の場合は, $\epsilon_{321} = -1$ で左辺は -1 で右辺も第 2 項が残り -1. こうして, 左辺 = 右辺が証明される.

4.2 $(1/-\boldsymbol{\nabla}^2)$, $(1/-\Box)$ はグリーン関数,

$$\left(\frac{1}{-\boldsymbol{\nabla}^2}\right) \equiv G(\boldsymbol{x};3)\ , \quad (-\boldsymbol{\nabla}^2)G(\boldsymbol{x};3) = \delta^3(\boldsymbol{x})\ , \tag{24}$$

$$\left(\frac{1}{-\Box}\right) \equiv G(x;4)\ , \quad (-\Box)G(x;4) = \delta^4(x) \tag{25}$$

である. まず, $G(\boldsymbol{x};3)$ をもとめよう.

$$G(\boldsymbol{x};3) = \int_{-\infty}^{\infty} \frac{d^3\boldsymbol{k}}{(2\pi)^3}\, \tilde{G}(\boldsymbol{k})\mathrm{e}^{i\boldsymbol{k}\cdot\boldsymbol{x}}\ , \quad \delta^3(\boldsymbol{x}) = \int_{-\infty}^{\infty} \frac{d^3\boldsymbol{k}}{(2\pi)^3}\mathrm{e}^{i\boldsymbol{k}\cdot\boldsymbol{x}}$$

とフーリエ変換すると, (24) は

$$\tilde{G}(\boldsymbol{k}) = \frac{1}{\boldsymbol{k}^2}$$

と解ける. しかし, ちょっと注意を要する. というのは, $\boldsymbol{k}=0$ だとこれは保証されないからだ. そこで次のようにしよう:

$$\tilde{G}(\boldsymbol{k}) = \lim_{m \to 0} \frac{1}{\boldsymbol{k}^2 + m^2}\ . \tag{26}$$

$m \to 0$ は全ての計算の最後でとることにしておけば, 分母は決してゼロとなることはないから問題はない. そこで,

$$G(\boldsymbol{x};3) = \lim_{m \to 0} \int_{-\infty}^{\infty} \frac{d^3\boldsymbol{k}}{(2\pi)^3}\, \frac{\mathrm{e}^{i\boldsymbol{k}\cdot\boldsymbol{x}}}{\boldsymbol{k}^2 + m^2}\ . \tag{27}$$

極座標を導入する.

$$\begin{aligned}
G(\boldsymbol{x};3) &= \lim_{m\to 0} \frac{1}{(2\pi)^3}\int_0^\infty k^2 dk \int_0^\pi \sin\theta d\theta \int_0^{2\pi} d\phi\, \frac{1}{k^2+m^2}\mathrm{e}^{ikr\cos\theta} \\
&\stackrel{d\phi}{=} \lim_{m\to 0} \frac{1}{4\pi^2}\int_0^\infty \frac{k^2 dk}{k^2+m^2}\int_{-1}^1 d(\cos\theta)\mathrm{e}^{ikr\cos\theta} \\
&\stackrel{d\cos\theta}{=} \lim_{m\to 0} \frac{1}{2\pi^2 r}\int_0^\infty \frac{k^2}{k^2+m^2}\frac{\sin kr}{k}dk = \lim_{m\to 0}\frac{1}{4\pi^2 ri}\int_{-\infty}^\infty \frac{k\mathrm{e}^{ikr}}{k^2+m^2}dk\ .
\end{aligned}$$

最後は留数定理より,

$$G(\boldsymbol{x};3) = \lim_{m\to 0}\frac{1}{4\pi^2 ri}(2\pi i)\frac{im\mathrm{e}^{-mr}}{2im} = \lim_{m\to 0}\frac{\mathrm{e}^{-mr}}{4\pi r} = \frac{1}{4\pi|\boldsymbol{x}|} \tag{28}$$

となる. (m をゼロにする前の形, $\mathrm{e}^{-mr}/4\pi r$, を**湯川ポテンシャル**という.)

次に, $G(x;4)$ をもとめる. 同様に,

$$G(x;4) = \int_{-\infty}^\infty \frac{d^4 k}{(2\pi)^4}\tilde{D}(k)\mathrm{e}^{-ikx}\ , \quad \delta^4(x) = \int_{-\infty}^\infty \frac{d^4 k}{(2\pi)^4}\mathrm{e}^{-ikx}$$

とする. しかし, 今度は (26) のときよりたちが悪い. そこでは, $\boldsymbol{k}=0$ だけが問題であったが, $k^2=0$ の点は光円錐面上に一様に分布している. そこで, はじめから複素数を加えて,

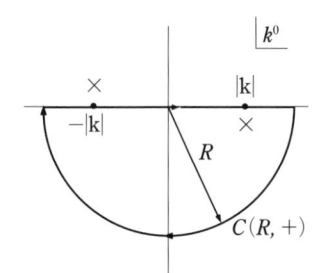

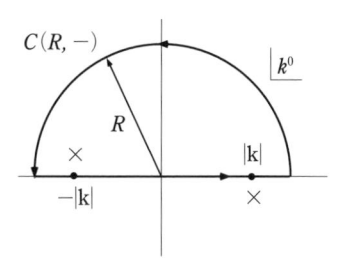

$k^2 \mapsto k^2 + i\epsilon$, $(\epsilon \ll 1)$ とする. ($k^2 \mapsto k^2 \pm i\epsilon k^0$ のような場合も考えられる.) この場合を, ファインマン関数と呼び, $G(x;4) \equiv D_\mathrm{F}(x)$ と書く.

$$D_\mathrm{F}(x) = \lim_{\epsilon \to 0} \int_{-\infty}^{\infty} \frac{d^4 k}{(2\pi)^4} \frac{i \mathrm{e}^{-ikx}}{k^2 + i\epsilon} . \tag{29}$$

$$\lim_{\epsilon \to 0} \lim_{R \to \infty} \int_{C(R,+)} \frac{dk^0}{2\pi} \frac{i\mathrm{e}^{-ik^0 x^0}}{(k^0 - |\boldsymbol{k}| + i\epsilon)(k^0 + |\boldsymbol{k}| - i\epsilon)}$$

$$= \lim_{\epsilon \to 0} \frac{-(2\pi i)}{2\pi} \frac{i\mathrm{e}^{-i(|\boldsymbol{k}| - i\epsilon)x^0}}{2|\boldsymbol{k}|} = \frac{\mathrm{e}^{-i|\boldsymbol{k}|x^0}}{2|\boldsymbol{k}|} , \quad (x^0 > 0) . \tag{30}$$

$$\lim_{\epsilon \to 0} \lim_{R \to \infty} \int_{C(R,-)} \frac{dk^0}{2\pi} \frac{i\mathrm{e}^{ik^0 |x^0|}}{(k^0 - |\boldsymbol{k}| + i\epsilon)(k^0 + |\boldsymbol{k}| - i\epsilon)}$$

$$= \lim_{\epsilon \to 0} \frac{(2\pi i)}{2\pi} \frac{i\mathrm{e}^{i(-|\boldsymbol{k}| + i\epsilon)|x^0|}}{-2|\boldsymbol{k}|} = \frac{\mathrm{e}^{-i|\boldsymbol{k}||x^0|}}{2|\boldsymbol{k}|} , \quad (x^0 < 0) .$$

こうして,

$$D_\mathrm{F}(x) = -\int_{-\infty}^{\infty} \frac{d^3 \boldsymbol{k}}{(2\pi)^3} \begin{cases} \dfrac{\mathrm{e}^{-i|\boldsymbol{k}|x^0 + i\boldsymbol{k}\cdot\boldsymbol{x}}}{2|\boldsymbol{k}|} ; & x^0 > 0 \\ \dfrac{\mathrm{e}^{-i|\boldsymbol{k}||x^0| + i\boldsymbol{k}\cdot\boldsymbol{x}}}{2|\boldsymbol{k}|} ; & x^0 < 0 . \end{cases} \tag{31}$$

残った仕事は, $\boldsymbol{k}$–積分である.

$$I(x^0, \boldsymbol{x}) \equiv \int_{-\infty}^{\infty} \frac{d^3 \boldsymbol{k}}{(2\pi)^3} \frac{\mathrm{e}^{-i|\boldsymbol{k}|x^0 + i\boldsymbol{k}\cdot\boldsymbol{x}}}{|\boldsymbol{k}|} \tag{32}$$

を考える.

$$D_\mathrm{F}(x) = -\frac{I(x^0, \boldsymbol{x})}{2} ; \; x^0 > 0 , \quad D_\mathrm{F}(x) = -\frac{I(|x^0|, \boldsymbol{x})}{2} ; \; x^0 < 0 .$$

第 2 章の解答

$$I = \frac{1}{(2\pi)^3} \int_0^\infty k^2 dk \int_0^\pi \sin\theta d\theta \int_0^{2\pi} d\phi \, \frac{e^{-ikx^0 + ikr\cos\theta}}{k}$$

$$= \frac{1}{(2\pi)^2} \int_0^\infty dk k e^{-ikx^0} \int_{-1}^1 d(\cos\theta) e^{ikr\cos\theta}$$

$$= \frac{1}{(2\pi)^2} \int_0^\infty dk e^{-ikx^0} \frac{e^{ikr} - e^{-ikr}}{ir}$$

$$= \lim_{\epsilon \to 0} \frac{1}{4\pi^2 ir} \int_0^\infty dk \left(e^{-ik(x^0 - r - i\epsilon)} - e^{-ik(x^0 + r - i\epsilon)} \right) ; \tag{33}$$

ここで, (33) では, 積分を収束させるために $e^{-\epsilon k}$ を入れた. これによって, 積分は簡単にやれて,

$$I = \lim_{\epsilon \to 0} \frac{-1}{4\pi^2 r} \left(\frac{1}{x^0 - r - i\epsilon} - \frac{1}{x^0 + r - i\epsilon} \right) \tag{34}$$

$$= \lim_{\epsilon \to 0} \frac{-1}{2\pi^2} \frac{1}{x^2 - 2ix^0\epsilon} \stackrel{2\epsilon \mapsto \epsilon}{=} \frac{-1}{2\pi^2} \lim_{\epsilon \to 0} \left(\frac{1}{x^2 - ix^0\epsilon} \right) . \tag{35}$$

ここで, $x^2 \equiv (x^0)^2 - \boldsymbol{x}^2$. (35) を用いると,

$$D_{\rm F}(x) = \frac{1}{4\pi^2} \lim_{\epsilon \to 0} \frac{1}{x^2 - i\epsilon} . \tag{36}$$

(なぜなら, $x^0 > 0$ のとき,

$$\lim_{\epsilon \to 0} \frac{1}{x^2 - ix^0\epsilon} \stackrel{x^0\epsilon \mapsto \epsilon}{=} \lim_{\epsilon \to 0} \frac{1}{x^2 - i\epsilon} ,$$

$x^0 < 0$ のとき,

$$\lim_{\epsilon \to 0} \frac{1}{x^2 - i|x^0|\epsilon} \stackrel{|x^0|\epsilon \mapsto \epsilon}{=} \lim_{\epsilon \to 0} \frac{1}{x^2 - i\epsilon} ,$$

となるからである.) $k^2 \mapsto k^2 \pm i\epsilon k^0$ のときは, $G(x; 4)$ はそれぞれ, 遅延 (**retarded**) 関数および先進 (**advanced**) 関数と呼び,

$$D_{\rm R}(x) = \lim_{\epsilon \to 0} \int_{-\infty}^\infty \frac{d^4 k}{(2\pi)^4} \frac{e^{-ikx}}{k^2 + i\epsilon k^0} , \tag{37}$$

$$D_{\rm A}(x) = \lim_{\epsilon \to 0} \int_{-\infty}^\infty \frac{d^4 k}{(2\pi)^4} \frac{e^{-ikx}}{k^2 - i\epsilon k^0} \tag{38}$$

と与えられる. 上と同様に計算すると,

$$D_{\rm R}(x) = \frac{-1}{4\pi r} \delta(x^0 - r) = \frac{-1}{2\pi} \theta(x^0) \delta(x^2) , \tag{39}$$

$$D_{\rm A}(x) = \frac{-1}{4\pi r} \delta(x^0 + r) = \frac{-1}{2\pi} \theta(-x^0) \delta(x^2) \tag{40}$$

となる. $D_{\rm R}(x) = 0$; $x_0 < 0$ および $D_{\rm A}(x) = 0$; $x_0 > 0$ に注意しよう. こうしてグリーン関数はもとめることができた. これらによって, f を任意関数とすると

$$\left(\frac{1}{-\boldsymbol{\nabla}^2}\right)f \equiv \int d^3\boldsymbol{y} G(\boldsymbol{x}-\boldsymbol{y};3)f(\boldsymbol{y}) \ , \quad \left(\frac{1}{-\Box}\right)f \equiv \int d^4y \ G(x-y;4)f(y) \tag{41}$$

と書けているので, (2.131) は

$$\begin{aligned}\partial_\mu \left(\frac{1}{-\Box}\right)f &= \int d^4y \ \partial_\mu^x G(x-y;4)f(y) = \int d^4y \left(-\partial_\mu^y G(x-y;4)f(y)\right) \\ &\overset{\text{部分積分}}{=} \int d^4y \ G(x-y;4)\partial_\mu^y f(y) = \left(\frac{1}{-\Box}\right)\partial_\mu f\end{aligned}$$

のように示すことができる.

5.1 1.3 節・練習問題 3.4 でのスケールカレント (第 1 章の解答 (32) 式) より,

$$D = \int d^3\boldsymbol{x} \left(\boldsymbol{\pi}\boldsymbol{d}\boldsymbol{\phi} + x^\nu T_{0\nu}\right) . \tag{42}$$

正準 (反) 交換関係 (2.163) とエネルギー運動量テンソルの交換関係 (2.171) を用いれば, (2.196) が出る. ここでも, 交換関係の右辺はリー微分である.

5.2 スカラー場 $\phi(x)$ から始めよう. スケール変換の生成子 D ((42) 式) と正準運動量 $\pi(x)$ (仮定から, 正準運動量の表式 (2.29) は変わらない) が, ヤコビ (Jacobi) **恒等式**,

$$[[\phi(x),\pi(y)],D] + [[\pi(y),D],\phi(x)] + [[D,\phi(x)],\pi(y)] = 0 \tag{43}$$

を満たすことに注意する (交換関係は同時刻である). 正準交換関係

$$[\phi(x),\pi(y)]\big|_{x_0=y_0} = i\delta^3(\boldsymbol{x}-\boldsymbol{y}) \tag{44}$$

より, $[[\phi(x),\pi(y)],D] = 0$. また, (2.196) を時間微分して $\pi = \dot\phi$ (仮定が効いている:相互作用にもし微分を含んでいるとすると, この関係が成り立たない), $\dot D = 0$ に注意すると,

$$[\pi(x),D] = i\left(x\cdot\partial + d + 1\right)\pi(x) \tag{45}$$

が得られる. これを用いると,

$$\begin{aligned}[[\pi(y),D],\phi(x)] &= i[(y\cdot\partial_y + d + 1)\pi(y),\phi(x)]\big|_{x_0=y_0} \\ &= ix_0\left[\dot\pi(y),\phi(x)\right]\big|_{x_0=y_0} + i\left(\boldsymbol{y}\cdot\boldsymbol{\nabla}_y + d + 1\right)[\pi(y),\phi(x)]\big|_{x_0=y_0} \\ &= ix_0\left[\dot\pi(y),\phi(x)\right]\big|_{x_0=y_0} + \left(\boldsymbol{y}\cdot\boldsymbol{\nabla}_y + d + 1\right)\delta^3(\boldsymbol{x}-\boldsymbol{y})\end{aligned}$$

となる. さらに, (2.196) と正準交換関係 (44) より,

$$[[D, \phi(x)], \pi(y)] = -i[(x \cdot \partial_x + d) \phi(x), \pi(y)]\big|_{x_0=y_0}$$
$$= -ix_0 \left[\dot{\phi}(x), \pi(y)\right]\big|_{x_0=y_0} - i \left(\boldsymbol{x} \cdot \boldsymbol{\nabla}_x + d\right) [\phi(x), \pi(y)]\big|_{x_0=y_0}$$
$$= ix_0 \left[\pi(y), \dot{\phi}(x)\right]\big|_{x_0=y_0} + (\boldsymbol{x} \cdot \boldsymbol{\nabla}_x + d) \delta^3(\boldsymbol{x} - \boldsymbol{y}) \ .$$

したがって,

$$(43) \text{ の左辺} = ix_0 \left[\dot{\pi}(y), \phi(x)\right]\big|_{x_0=y_0} + ix_0 \left[\pi(y), \dot{\phi}(x)\right]\big|_{x_0=y_0}$$
$$+ (\boldsymbol{y} \cdot \boldsymbol{\nabla}_y + d + 1) \delta^3(\boldsymbol{x} - \boldsymbol{y}) + (\boldsymbol{x} \cdot \boldsymbol{\nabla}_x + d) \delta^3(\boldsymbol{x} - \boldsymbol{y})$$
$$= ((\boldsymbol{x} - \boldsymbol{y}) \cdot \boldsymbol{\nabla}_x + 2d + 1) \delta^3(\boldsymbol{x} - \boldsymbol{y}) \tag{46}$$

となる. 最後で, 1 行目 $= ix_0 \partial_0 [\phi(x), \pi(y)]\big|_{x_0=y_0} = -x_0 \partial_0 \delta^3(\boldsymbol{x}-\boldsymbol{y}) = 0$, $\boldsymbol{\nabla}_y \delta^3(\boldsymbol{x}-\boldsymbol{y}) = -\boldsymbol{\nabla}_x \delta^3(\boldsymbol{x}-\boldsymbol{y})$ を用いた. ここで, 恒等式,

$$\boldsymbol{\nabla}_x \cdot \left((\boldsymbol{x} - \boldsymbol{y})\delta^3(\boldsymbol{x} - \boldsymbol{y})\right) = 0 \tag{47}$$

に注意すると, $(\boldsymbol{x} - \boldsymbol{y}) \cdot \boldsymbol{\nabla}_x \delta^3(\boldsymbol{x}-\boldsymbol{y}) = -3\delta^3(\boldsymbol{x}-\boldsymbol{y})$ であるから, (46) 式 $= 0$ より $d = 1$ がもとまる.

ディラック場のときは, 反交換関係 $\left\{\psi(x), \psi^\dagger(y)\right\}\big|_{x_0=y_0} = \delta^3(\boldsymbol{x} - \boldsymbol{y})$, および,

$$[\psi(x), D] = i\left(x \cdot \partial + d\right) \psi(x) \ , \quad [\psi^\dagger(x), D] = i\left(x \cdot \partial + d\right) \psi^\dagger(x) \tag{48}$$

を, フェルミオンを含むときの Jacobi 恒等式

$$\left[\left\{\psi(x), \psi^\dagger(y)\right\}, D\right] - \left\{\left[\psi^\dagger(y), D\right], \psi(x)\right\} + \left\{[D, \psi(x)], \psi^\dagger(y)\right\} = 0 \tag{49}$$

に代入し, 上の議論と同様にして,

$$(49) \text{ の左辺} = i\left((\boldsymbol{x} - \boldsymbol{y}) \cdot \boldsymbol{\nabla}_x + 2d\right) \delta^3(\boldsymbol{x} - \boldsymbol{y})$$

となるので, $d = 3/2$ がもとまる (D 次元では, それぞれ, $(D-2)/2$, $(D-1)/2$ となる).

5.3 それぞれが実であることは, (2.110) より $\gamma_5^\dagger = \gamma_5$ であることに注意し, 共役をとってみれば,

$$\left(\overline{\psi} i\gamma_5 \psi\right)^* = \psi^\dagger \gamma_5 (-i) \gamma_0 \psi \stackrel{(2.109)}{=} \overline{\psi} i\gamma_5 \psi \ ,$$
$$\left(\overline{\psi} \gamma_\mu \gamma_5 \psi\right)^* \stackrel{(2.68)}{=} \psi^\dagger \gamma_5 \gamma_0 \gamma_\mu \psi \stackrel{(2.109)}{=} \overline{\psi} \gamma_\mu \gamma_5 \psi$$

よりわかる. ローレンツ変換に対する変換性は (2.69) (2.70) を思い出せば,

$$[\gamma_5, S] = \left[\gamma_5, S^{-1}\right] = 0 \tag{50}$$

であるから, 2.3 節・例題 3.2 同様に,

$$\overline{\psi}'(x')i\gamma_5\psi'(x') = \overline{\psi}(x)i\gamma_5\psi(x) ,$$
$$\overline{\psi}'(x')\gamma_\mu\gamma_5\psi'(x') = \varLambda_\mu{}^\nu \overline{\psi}(x)\gamma_\nu\gamma_5\psi(x)$$

となるのでそれぞれ，スカラー，ベクトルであることがわかる．最後に，$P = \gamma^0$ (2.179) に注意すると，

$$P\gamma_5 P^{-1} = -\gamma_5 \tag{51}$$

なので，ディラック場の空間反転での変換性 (2.176) より，

$$\mathcal{P}\overline{\psi}(t,\boldsymbol{x})i\gamma_5\psi(t,\boldsymbol{x})\mathcal{P}^{-1} = -\overline{\psi}(t,-\boldsymbol{x})i\gamma_5\psi(t,-\boldsymbol{x}) ,$$
$$\mathcal{P}\overline{\psi}(t,\boldsymbol{x})\gamma_\mu\gamma_5\psi(t,\boldsymbol{x})\mathcal{P}^{-1} = -\overline{\psi}(t,-\boldsymbol{x})i\gamma^\mu\gamma_5\psi(t,-\boldsymbol{x})$$

ともとまる．

5.4 M 共役ディラック場は，(2.176) より，

$$\mathcal{P}\overline{\psi}(t,\boldsymbol{x})\mathcal{P}^{-1} = \mathrm{e}^{-i\theta_\mathrm{P}}\overline{\psi}(t,-\boldsymbol{x})\mathrm{P}^{-1} . \tag{52}$$

したがって，

$$\begin{aligned}\mathcal{P}J^\mu(t,\boldsymbol{x})\mathcal{P}^{-1} &= e\mathcal{P}\overline{\psi}(t,\boldsymbol{x})\gamma^\mu\psi(t,\boldsymbol{x})\mathcal{P}^{-1} = e\overline{\psi}(t,-\boldsymbol{x})\mathrm{P}^{-1}\gamma^\mu\mathrm{P}\psi(t,-\boldsymbol{x})\\ &\stackrel{(2.178)}{=} e\overline{\psi}(t,-\boldsymbol{x})\gamma_\mu\psi(t,-\boldsymbol{x}) = J_\mu(t,-\boldsymbol{x}) .\end{aligned}$$

5.5 M 共役ディラック場は (2.187) (2.188) より，

$$\mathcal{T}\overline{\psi}(t,\boldsymbol{x})\mathcal{T}^{-1} = \mathrm{e}^{-i\theta_\mathrm{T}}\overline{\psi}(-t,\boldsymbol{x})\mathrm{T}^{-1} . \tag{53}$$

したがって，

$$\begin{aligned}\mathcal{T}J^\mu(t,\boldsymbol{x})\mathcal{T}^{-1} &= e\mathcal{T}\overline{\psi}(t,\boldsymbol{x})\gamma^\mu\psi(t,\boldsymbol{x})\mathcal{T}^{-1} = e\overline{\psi}(-t,\boldsymbol{x})\mathrm{T}^{-1}(\gamma^\mu)^*\mathrm{T}\psi(-t,\boldsymbol{x})\\ &\stackrel{(2.188)}{=} e\overline{\psi}(-t,\boldsymbol{x})\gamma_\mu\psi(-t,\boldsymbol{x}) = J_\mu(-t,\boldsymbol{x}) .\end{aligned}$$

5.6 M 共役ディラック場は，(2.191) より，

$$\mathcal{C}\psi^\dagger\mathcal{C}^{-1} = \mathrm{e}^{-i\theta_\mathrm{C}}\left(\overline{\psi}^\mathrm{T}\right)^\dagger \mathrm{C}^\dagger = \mathrm{e}^{-i\theta_\mathrm{C}}\left(\gamma^0\psi\right)^\mathrm{T}\mathrm{C}^\dagger = \mathrm{e}^{-i\theta_\mathrm{C}}\psi^\mathrm{T}\left(\gamma^0\right)^\mathrm{T}\mathrm{C}^{-1}$$
$$\Downarrow \times\gamma^0$$
$$\mathcal{C}\overline{\psi}\mathcal{C}^{-1} = \mathrm{e}^{-i\theta_\mathrm{C}}\psi^\mathrm{T}\left(\gamma^0\right)^\mathrm{T}\mathrm{C}^{-1}\gamma^0 \stackrel{(2.192)}{=} -\mathrm{e}^{-i\theta_\mathrm{C}}\psi^\mathrm{T}\mathrm{C}^{-1} . \tag{54}$$

$((\gamma^0)^\mathrm{T}(\gamma^0)^\mathrm{T} = 1$ を用いた.) したがって，

$$\begin{aligned}
\mathcal{C}J^\mu \mathcal{C}^{-1} &= e\mathcal{C}\overline{\psi}\gamma^\mu\psi\mathcal{C}^{-1} = -e\psi^{\mathrm{T}}\mathrm{C}^{-1}\gamma^\mu \mathrm{C}\overline{\psi}^{\mathrm{T}} \\
&\stackrel{(2.192)}{=} e\psi^{\mathrm{T}}(\gamma_\mu)^{\mathrm{T}}\overline{\psi}^{\mathrm{T}} = -e\overline{\psi}\gamma^\mu\psi = -J^\mu .
\end{aligned}$$

ここで，マイナスの符号は $\overline{\psi}$ と ψ の入れ換えで出る．

5.7 (2.70) に (2.192) を用いれば，

$$\begin{aligned}
\mathrm{C}^{-1}\sigma^{\mu\nu}\mathrm{C} &\stackrel{(2.192)}{=} \frac{i}{2}\left((\gamma^\mu)^{\mathrm{T}}(\gamma^\nu)^{\mathrm{T}} - (\gamma^\nu)^{\mathrm{T}}(\gamma^\mu)^{\mathrm{T}}\right) \\
&= -\frac{i}{2}\left([\gamma^\mu,\gamma^\nu]\right)^{\mathrm{T}} = -(\sigma^{\mu\nu})^{\mathrm{T}} .
\end{aligned}$$

ここで，行列を転置するときの性質，$(\boldsymbol{AB})^{\mathrm{T}} = \boldsymbol{B}^{\mathrm{T}}\boldsymbol{A}^{\mathrm{T}}$ を用いた．これを S (2.70) に代入すれば，

$$\begin{aligned}
\mathrm{C}^{-1}S\mathrm{C} &= \mathrm{C}^{-1}\exp\left[-\frac{i}{4}\omega_{\mu\nu}\sigma^{\mu\nu}\right]\mathrm{C} = \exp\left[\frac{i}{4}\omega_{\mu\nu}(\sigma^{\mu\nu})^{\mathrm{T}}\right] \\
&= \left[\exp\left(\frac{i}{4}\omega_{\mu\nu}\sigma^{\mu\nu}\right)\right]^{\mathrm{T}} = \left(S^{-1}\right)^{\mathrm{T}} .
\end{aligned}$$

ここで，指数関数の行列 $\mathrm{e}^{\boldsymbol{A}}$ はテイラー展開

$$\mathrm{e}^{\boldsymbol{A}} \equiv \mathbf{I} + \boldsymbol{A} + \frac{1}{2!}(\boldsymbol{A})^2 + \frac{1}{3!}(\boldsymbol{A})^3 + \cdots , \quad (\mathbf{I} \text{ は単位行列}),$$

で表されていることを用いた．

最後に，(2.201)（の括弧）の逆を取った式

$$S^T = \mathrm{C}^{-1}S^{-1}\mathrm{C} \stackrel{(2.195)}{=} \mathrm{C}S^{-1}\mathrm{C}^{-1} , \tag{55}$$

に注意すれば，

$$\psi'^{\mathrm{T}}(x')\mathrm{C}\psi'(x') \stackrel{(2.69)}{=} \psi(x)S^{\mathrm{T}}\mathrm{C}S\psi(x) \stackrel{(55)}{=} \psi(x)\mathrm{C}\psi(x) ,$$

が直ちに出る．

5.8 まず，(2.179) (2.189) (2.195) に注意すると，

$$\mathrm{T}\mathcal{P}\mathcal{C} = i\gamma^0\gamma^5 , \quad (\mathrm{T}\mathcal{P}\mathcal{C})^{-1} = i\gamma^0\gamma^5 .$$

$$\Theta\psi(x)\Theta^{-1} \stackrel{(2.187)}{=} \mathrm{e}^{i\theta_{\mathrm{T}}}\mathrm{T}\mathcal{C}\mathcal{P}\psi(-t,\boldsymbol{x})\mathcal{P}^{-1}\mathcal{C}^{-1} \stackrel{(2.176)}{=} \mathrm{e}^{i(\theta_{\mathrm{T}}+\theta_{\mathrm{P}})}\mathrm{T}\mathcal{P}\mathcal{C}\psi(-x)\mathcal{C}^{-1}$$
$$\stackrel{(2.191)}{=} \mathrm{e}^{i\theta_{\mathrm{tot}}}\mathrm{T}\mathcal{P}\mathcal{C}\left(\overline{\psi}\right)^{\mathrm{T}}(-x) = \mathrm{e}^{i\theta_{\mathrm{tot}}}i\gamma^0\gamma^5\left(\overline{\psi}\right)^{\mathrm{T}}(-x) .$$

同様に，

$$\Theta\overline{\psi}(x)\Theta^{-1} \stackrel{(53)}{=} \mathrm{e}^{-i\theta_{\mathrm{T}}}\mathcal{CP}\overline{\psi}(-t,\boldsymbol{x})\mathcal{P}^{-1}\mathcal{C}^{-1}\mathrm{T}^{-1} \stackrel{(52)}{=} \mathrm{e}^{-i(\theta_{\mathrm{T}}+\theta_{\mathrm{P}})}\mathcal{C}\overline{\psi}(-x)\mathcal{C}^{-1}\mathrm{P}^{-1}\mathrm{T}^{-1}$$
$$\stackrel{(54)}{=} -\mathrm{e}^{-i\theta_{\mathrm{tot}}}\psi^{\mathrm{T}}(-x)\mathrm{C}^{-1}\mathrm{P}^{-1}\mathrm{T}^{-1} = -\mathrm{e}^{-i\theta_{\mathrm{tot}}}\psi^{\mathrm{T}}(-x)(\mathrm{TPC})^{-1}$$
$$= -\mathrm{e}^{-i\theta_{\mathrm{tot}}}\psi^{\mathrm{T}}(-x)i\gamma^0\gamma^5 .$$

次に，4元電流密度 $J^\mu(x) = e\overline{\psi}(x)\gamma^\mu\psi(x)$ に対して，$\mathcal{T}$ が複素共役を取ることを思い出せば $\gamma^\mu \mapsto (\gamma^\mu)^*$ となるので，

$$\Theta J^\mu(x)\Theta^{-1} \stackrel{(2.202)}{=} -e\psi^{\mathrm{T}}(-x)(\mathrm{TPC})^{-1}(\gamma^\mu)^*\mathrm{TPC}\left(\overline{\psi}\right)^{\mathrm{T}}(-x)$$
$$\stackrel{(2.188)}{=} -e\psi^{\mathrm{T}}(-x)(\mathrm{PC})^{-1}\gamma_\mu\mathrm{PC}\left(\overline{\psi}\right)^{\mathrm{T}}(-x)$$
$$= -e\psi^{\mathrm{T}}(-x)\mathrm{C}^{-1}\gamma^\mu\mathrm{C}\left(\overline{\psi}\right)^{\mathrm{T}}(-x) .$$

ここで，最後の表式では (2.178) と $\mathrm{P}^{-1} = \mathrm{P}$ から得られる，

$$\mathrm{P}^{-1}\gamma_\mu\mathrm{P} = \gamma^\mu ,$$

を用いた．残った仕事は，C の性質 (2.192) を使って，

$$\Theta J^\mu(x)\Theta^{-1} = e\psi^{\mathrm{T}}(-x)(\gamma^\mu)^{\mathrm{T}}\left(\overline{\psi}\right)^{\mathrm{T}}(-x) = -e\overline{\psi}(-x)\gamma^\mu\psi(-x) = -J^\mu(-x) .$$

最後の表式で，転置行列の行と列を入れ替えたとき，フェルミ演算子から $(-)$ 符号が出たことに注意．

(2.205) を示すには，(2.203) (2.204) より，

$$\Theta J^\mu(x)A_\mu(x)\Theta^{-1} = J^\mu(-x)A_\mu(-x) ,$$

また，

$$\Theta F_{\mu\nu}(x)\Theta^{-1} = \partial_\mu(-A_\nu(-x)) - \partial_\nu(-A_\mu(-x)) = F_{\mu\nu}(-x) ,$$
$$\Theta\overline{\psi}(x)\gamma^\mu\partial_\mu\psi(x)\Theta^{-1} = -\overline{\psi}(-x)\gamma^\mu\partial_\mu\psi(-x) = \overline{\psi}(-x)\gamma^\mu(-\partial_\mu)\psi(-x)$$

などに注意すればよい．C や CP は弱い相互作用で破れているが，CPT は今のところその破れは見つかっていない．場の量子論で自然が記述されているとすると，それは常に CPT 不変であることがわかっている．

第3章の解答

1.1

(a) 完全性の条件 (3.5) (3.13) をそれぞれ 2 回用いて，内積 (3.14) に注意すると，
$$H(P,Q;t) = \iiiint |q_1\rangle\langle p_1|H(P,Q;t)|p_2\rangle\langle q_2| e^{i(p_1 q_1 - p_2 q_2)/\hbar} \frac{dp_1 dp_2}{2\pi\hbar} dq_1 dq_2$$
が得られる．ここで，変数変換
$$p_1 = p + \left(\frac{1}{2} - \alpha\right)u, \quad q_1 = q + \left(\frac{1}{2} + \alpha\right)v,$$
$$p_2 = p - \left(\frac{1}{2} + \alpha\right)u, \quad q_2 = q - \left(\frac{1}{2} - \alpha\right)v$$
を行う (Jacobian は 1)．$p_1 q_1 - p_2 q_2 = pv + qu$ に注意すると，
$$H(P,Q;t) = \iiiint \left|q + \left(\frac{1}{2}+\alpha\right)v\right\rangle\left\langle q - \left(\frac{1}{2}-\alpha\right)v\right| e^{i(pv+qu)/\hbar}$$
$$\times \left\langle p + \left(\frac{1}{2}-\alpha\right)u\right| H(P,Q;t) \left|p - \left(\frac{1}{2}+\alpha\right)u\right\rangle \frac{dp}{2\pi\hbar} dq\, dv\, du$$
が得られる．これはもとめるものである．

(b) キャンベル – ベーカー – ハウスドルフ (Campbell–Baker–Hausdorff) の公式
$$e^{A+B} = e^A\, e^B\, e^{-[A,B]/2}, \quad [A,B] = (C\text{–数}) \tag{1}$$
を用いると，
$$E(P,Q;a,b) \equiv e^{i(aP+bQ)/\hbar} = \begin{cases} e^{iaP/\hbar}\, e^{ibQ/\hbar}\, e^{-iab/2\hbar} \\ e^{ibQ/\hbar}\, e^{iaP/\hbar}\, e^{iab/2\hbar} \end{cases} \tag{2}$$

(3.26) を用いて対応する C–数関数を計算する：
$$E^{(\alpha)}(p,q;a,b)$$
$$= \int \left\langle p + \left(\frac{1}{2}-\alpha\right)u\right| e^{i(aP+bQ)/\hbar} \left|p - \left(\frac{1}{2}+\alpha\right)u\right\rangle e^{iqu/\hbar} du$$
$$\stackrel{(2) \text{ の上の式}}{=} \int du\, e^{ia[p+(1/2-\alpha)u]/\hbar}\, e^{-iab/2\hbar}$$
$$\times \left\langle p + \left(\frac{1}{2}-\alpha\right)u\right| e^{ibQ/\hbar} \left|p - \left(\frac{1}{2}+\alpha\right)u\right\rangle e^{iqu/\hbar}.$$

ここで，$e^{ibQ/\hbar}|p\rangle = |p+b\rangle$ であるから，

$$\left\langle p + \left(\frac{1}{2} - \alpha\right) u \middle| e^{ibQ/\hbar} \middle| p - \left(\frac{1}{2} + \alpha\right) u \right\rangle = \delta(u - b) .$$

u–積分を行って,

$$E^{(\alpha)}(p, q; a, b) = e^{i(ap+bq)/\hbar - i\alpha ab/\hbar} . \tag{3}$$

(2) と (3) を比べると,

$$\begin{cases} e^{iaP/\hbar} \, e^{ibQ/\hbar} & \mapsto & e^{i(ap+bq)/\hbar} & (\alpha = 1/2) \\ e^{i(aP+bQ)/\hbar} & \mapsto & e^{i(ap+bq)/\hbar} & (\alpha = 0) \\ e^{ibQ/\hbar} \, e^{iaP/\hbar} & \mapsto & e^{i(ap+bq)/\hbar} & (\alpha = -1/2) \end{cases} \tag{4}$$

なる対応がわかる.

(c) 必要なものは,行列表示

$$\begin{aligned}
&\langle q_j | H(P, Q; t) | q_{j-1} \rangle \\
&= \iiint \delta\left(q_j - q - \left(\frac{1}{2} + \alpha\right) v\right) \delta\left(q_{j-1} - q + \left(\frac{1}{2} - \alpha\right) v\right) \\
&\quad \times H^{(\alpha)}(p, q; t) \, e^{ipv/\hbar} \frac{dp}{2\pi\hbar} \, dq \, dv \\
&\stackrel{dqdv}{=} \int \frac{dp_j}{2\pi\hbar} e^{ip_j(q_j - q_{j-1})/\hbar} \, H^{(\alpha)}(p_j, q_j^{(\alpha)}; t) ,
\end{aligned} \tag{5}$$

$$q_j^{(\alpha)} \equiv \left(\frac{1}{2} - \alpha\right) q_j + \left(\frac{1}{2} + \alpha\right) q_{j-1} \tag{6}$$

である. ((5) の最後で, $p \mapsto p_j$ と書いた.) したがって,

$$K(q_j, t_j; q_{j-1}, t_{j-1}) = \int_{-\infty}^{\infty} \frac{dp_j}{2\pi\hbar} \exp\left[\frac{i}{\hbar}\left\{p_j(q_j - q_{j-1}) - \Delta t H_j^{(\alpha)}(p_j, q_j^{(\alpha)})\right\}\right] . \tag{7}$$

ファインマン核は,

$$\begin{aligned}
K(q_f, t_f; q_i, t_i) &= \lim_{N \to \infty} \prod_{j=1}^{N-1} \left(\int_{-\infty}^{\infty} dq_j\right) \prod_{j=1}^{N} \left(\int_{-\infty}^{\infty} \frac{dp_j}{2\pi\hbar}\right) \\
&\quad \times \exp\left[\frac{i}{\hbar}\Delta t \sum_{j=1}^{N}\left\{p_j\left(\frac{\Delta q_j}{\Delta t}\right) - H_j^{(\alpha)}(p_j, q_j^{(\alpha)})\right\}\right]\Bigg|_{q_0 = q_i}^{q_N = q_f} .
\end{aligned} \tag{8}$$

ここで, $\alpha = -1/2$ で p, q の脚が揃う QP–順序, $\alpha = 1/2$ で PQ–順序, $\alpha = 0$ のワイル順序のときは,座標についての中点処方 $(q_j + q_{j-1})/2$ となっていることに注意しよう. その対称性から,ワイル順序を採ったときは連続表示 (3.20) (3.23) にもっともスムーズに移行する.

1.2 ファインマン経路積分表示 (3.22) で, $V = 0$ とした,

$$K_0(q_f, q_i; t_f - t_i) \equiv \lim_{N \to \infty} \sqrt{\frac{m}{2\pi i \hbar \Delta t}} \prod_{j=1}^{N-1} \left(\int_{-\infty}^{\infty} \sqrt{\frac{m}{2\pi i \hbar \Delta t}} dq_j \right)$$

$$\times \exp\left[\frac{i}{\hbar} \Delta t \sum_{j=1}^{N} \left\{ \frac{m}{2} \left(\frac{\Delta q_j}{\Delta t} \right)^2 \right\} \right] \Bigg|_{q_0 = q_i}^{q_N = q_f} \tag{9}$$

で新しい変数 $y_j \equiv \Delta q_j = q_j - q_{j-1}$, $(j = 1, 2, \cdots, N)$ を導入する. $\sum_{j=1}^{N} y_j = q_f - q_i$ を考慮すると,

$$\int \prod_{j=1}^{N} dy_j \, \delta\left(\sum_{j=1}^{N} y_j - q_f + q_i \right) = \int \prod_{j=1}^{N-1} dq_j$$

となるので,

$$K_0(q_f, q_i; t_f - t_i)$$
$$= \lim_{N \to \infty} \prod_{j=1}^{N} \left(\int_{-\infty}^{\infty} \sqrt{\frac{m}{2\pi i \hbar \Delta t}} dy_j \right) \delta\left(\sum_{j=1}^{N} y_j - q_f + q_i \right) \exp\left[\frac{im}{2\hbar \Delta t} \sum_{j=1}^{N} y_j^2 \right]$$
$$= \int_{-\infty}^{\infty} \frac{d\omega}{2\pi} e^{-i\omega(q_f - q_i)} \lim_{N \to \infty} \prod_{j=1}^{N} \left(\int_{-\infty}^{\infty} \sqrt{\frac{m}{2\pi i \hbar \Delta t}} dy_j \exp\left[\frac{im}{2\hbar \Delta t} y_j^2 + i\omega y_j \right] \right)$$

と変形する. ここで, デルタ関数のフーリエ変換を使った. y_j を平方完成してフレネル積分 (2.52) を行えば,

$$K_0(q_f, q_i; t_f - t_i) = \int_{-\infty}^{\infty} \frac{d\omega}{2\pi} e^{-i\omega(q_f - q_i)} \lim_{N \to \infty} \exp\left[-\sum_{j=1}^{N} \frac{i\hbar \Delta t}{2m} \omega^2 \right]$$
$$= \int_{-\infty}^{\infty} \frac{d\omega}{2\pi} \exp\left[-\frac{i\hbar(t_f - t_i)}{2m} \omega^2 - i\omega(q_f - q_i) \right].$$

最後に, ω の平方完成とフレネル積分をふたたび行って,

$$K_0(q_f, q_i; t_f - t_i) = \sqrt{\frac{m}{2\pi i \hbar (t_f - t_i)}} \exp\left[\frac{im}{2\hbar(t_f - t_i)} (q_f - q_i)^2 \right] \tag{10}$$

ともとまる. これが, ド・ブロイ場のファインマン核 (2.53) の 1 次元版であることに注意しよう. したがって, (2.54) の 1 次元版

$$\lim_{t_f \to t_i} K_0(q_f, q_i; t_f - t_i) = \delta(q_f - q_i) \tag{11}$$

も当然満たすはずである. しかし, これは今の場合自明である. というのは, 時間によらな

い Hamiltonian H のファインマン核が (3.7) を使って，

$$K(q_f, q_i; t_f - t_i) = \langle q_f | e^{-i(t_f - t_i)H/\hbar} | q_i \rangle \tag{12}$$

で与えられるから，ポテンシャルがゼロでない場合でも，

$$\lim_{t_f \to t_i} K(q_f, q_i; t_f - t_i) = \langle q_f | q_i \rangle = \delta(q_f - q_i)$$

となるからである．

2.1 P, Q の固有状態 (3.12) とコヒーレント状態 (3.49) (3.50) また，P, Q の完全性 (3.5) (3.13) と単位の分解式 (3.51) さらに，P, Q の内積 (3.14) と内積 (3.59) (3.60) を見比べることにより，

$$\xi \longleftrightarrow q, \quad \xi^* \longleftrightarrow p \tag{13}$$

の対応があることに注意しよう．これにより (3.25) (3.26) の導き方をそのまま踏襲すればよい．

2.2 (3.70) にそれぞれを代入すると，

$$\begin{aligned}
H_1^{(\alpha)}(\xi^*, \xi) &= \int \left\langle \xi^* + \left(\frac{1}{2} - \alpha\right)\zeta^* \middle| a^\dagger a \middle| \xi^* - \left(\frac{1}{2} + \alpha\right)\zeta^* \right\rangle e^{-\zeta^*\xi} d\zeta^* \\
&\stackrel{(3.51)}{=} \iint \left\langle \xi^* + \left(\frac{1}{2} - \alpha\right)\zeta^* \middle| a^\dagger a \middle| \xi' \right\rangle \langle \xi' | d\zeta' \middle| \xi^* - \left(\frac{1}{2} + \alpha\right)\zeta^* \right\rangle e^{-\zeta^*\xi} d\zeta^*.
\end{aligned}$$

$\left| \xi^* - \left(\frac{1}{2} + \alpha\right)\zeta^* \right\rangle$, $d\zeta^*$ が G-奇であるから $d\xi$ を一番右まで移動して，コヒーレント状態の性質 (3.49) (3.50) (3.59) (3.60) を用いれば，

$$\begin{aligned}
H_1^{(\alpha)} &= \iint \left(\xi^* + \left(\frac{1}{2} - \alpha\right) \zeta^* \right) \xi' e^{\zeta^*(\xi' - \xi)} d\zeta^* d\xi' \\
&= \iint \left(\xi^* + \left(\frac{1}{2} - \alpha\right) \frac{\partial}{\partial \xi} \right) \xi' e^{\zeta^*(\xi' - \xi)} d\zeta^* d\xi'.
\end{aligned}$$

ここで，グラスマン数の微分（これはもちろん G-奇）$\partial/\partial \xi$ を導入した：

$$\frac{\partial}{\partial \xi} e^{-\zeta^*\xi} = \zeta^* e^{-\zeta^*\xi}.$$

デルタ関数のフーリエ変換 (3.42) を利用して，

$$\begin{aligned}
H_1^{(\alpha)} &= \int \left(\xi^* + \left(\frac{1}{2} - \alpha\right) \frac{\partial}{\partial \xi} \right) \xi' \delta(\xi' - \xi) d\xi' = \left(\xi^* + \left(\frac{1}{2} - \alpha\right) \frac{\partial}{\partial \xi} \right) \xi \\
&= \xi^* \xi + \left(\frac{1}{2} - \alpha\right).
\end{aligned} \tag{14}$$

同様に，

$$H_2^{(\alpha)}(\xi^*,\xi) = \int \left\langle \xi^* + \left(\frac{1}{2}-\alpha\right)\zeta^* \right| aa^\dagger \left| \xi^* - \left(\frac{1}{2}+\alpha\right)\zeta^* \right\rangle e^{-\zeta^*\zeta}d\zeta^*$$

$$\stackrel{(3.51)}{=} \iint \left\langle \xi^* + \left(\frac{1}{2}-\alpha\right)\zeta^* \right| \xi' \rangle\langle \xi' \left| d\xi' aa^\dagger \right| \xi^* - \left(\frac{1}{2}+\alpha\right)\zeta^* \right\rangle e^{-\zeta^*\zeta}d\zeta^*$$

$$= \iint \xi' \left(\xi^* - \left(\frac{1}{2}+\alpha\right)\zeta^*\right) \left\langle \xi^* + \left(\frac{1}{2}-\alpha\right)\zeta^* \middle| \xi' \right\rangle$$

$$\left\langle \xi' \middle| \xi^* - \left(\frac{1}{2}+\alpha\right)\zeta^* \right\rangle e^{-\zeta^*\zeta}d\zeta^*d\xi'$$

$$= \iint \xi' \left(\xi^* - \left(\frac{1}{2}+\alpha\right)\zeta^*\right) e^{\zeta^*(\xi'-\xi)}d\zeta^*d\xi'$$

$$= \iint \xi' \left(\xi^* - \left(\frac{1}{2}+\alpha\right)\frac{\partial}{\partial\xi}\right) e^{\zeta^*(\xi'-\xi)}d\zeta^*d\xi'$$

$$= -\left(\xi^* - \left(\frac{1}{2}+\alpha\right)\frac{\partial}{\partial\xi}\right)\xi = -\xi^*\xi + \left(\frac{1}{2}+\alpha\right).$$

2.3 練習問題 2.2 の結果より，

$$\left(\frac{1}{2}+\alpha\right)a^\dagger a - \left(\frac{1}{2}-\alpha\right)aa^\dagger \longrightarrow \xi^*\xi \tag{15}$$

であるから，題意は証明された．ただし，フェルミオンのときのワイル順序は

$$\frac{a^\dagger a - aa^\dagger}{2} \mapsto \xi^*\xi \tag{16}$$

で定義されている．α–順序はフェルミオンの場合に，最も一般的な演算子順序である．

2.4 (13) と 3.1 節・練習問題 1.1 より，手順は全く同様で，ただ，符号だけに注意してやればよい．

$$\langle \xi_j | H(a^\dagger, a; t) | \xi_{j-1} \rangle = \iiint \delta\left(\xi_j - \xi - \left(\frac{1}{2}+\alpha\right)\zeta\right)\delta\left(\xi_{j-1} - \xi + \left(\frac{1}{2}-\alpha\right)\zeta\right)$$

$$\times H^{(\alpha)}(\xi^*, \xi; t)\, e^{\xi^*\zeta} d\xi^* d\xi d\zeta\,.$$

ここで，$d\xi^*$ を一番左まで移動する ($H^{(\alpha)}$ は G–偶)．そして，$\delta(-\xi) = -\delta(\xi)$ に注意し，

$$\iint F(\xi, \zeta)\delta\left(\xi_j - \xi - \left(\frac{1}{2}+\alpha\right)\zeta\right)\delta\left(\xi_{j-1} - \xi + \left(\frac{1}{2}-\alpha\right)\zeta\right)d\xi d\zeta$$

$$= \iint F(\xi, \zeta)\delta\left(\xi - \xi_j + \left(\frac{1}{2}+\alpha\right)\zeta\right)\delta\left(\xi - \xi_{j-1} - \left(\frac{1}{2}-\alpha\right)\zeta\right)d\xi d\zeta$$

$$= F\left(\left(\frac{1}{2}-\alpha\right)\xi_j + \left(\frac{1}{2}+\alpha\right)\xi_{j-1}\,,\,\xi_j - \xi_{j-1}\right)$$

であることよりもとまる.

2.5 指数の肩を平方完成すると, (ベクトル記号で書いて)

$$\boldsymbol{\xi}^*\boldsymbol{M}\boldsymbol{\xi} + \boldsymbol{\xi}^* \cdot \boldsymbol{\eta} + \boldsymbol{\eta}^* \cdot \boldsymbol{\xi}$$
$$= \left(\boldsymbol{\xi}^* + \boldsymbol{\eta}^*(\boldsymbol{M})^{-1}\right)\boldsymbol{M}\left(\boldsymbol{\xi} + (\boldsymbol{M})^{-1}\boldsymbol{\eta}\right) - \boldsymbol{\eta}^*(\boldsymbol{M})^{-1}\boldsymbol{\eta} \tag{17}$$

だから, 変数を $\boldsymbol{\xi}' = \boldsymbol{\xi} + (\boldsymbol{M})^{-1}\boldsymbol{\eta}$, $\boldsymbol{\xi}'^* = \boldsymbol{\xi}^* + \boldsymbol{\eta}^*(\boldsymbol{M})^{-1}$ と置き換えると (Jacobian は 1),

$$(3.73) \text{ の左辺} = e^{\boldsymbol{\eta}^*(\boldsymbol{M})^{-1}\boldsymbol{\eta}} \int e^{-\boldsymbol{\xi}'^*\boldsymbol{M}\boldsymbol{\xi}'} d^n\boldsymbol{\xi}' d^n\boldsymbol{\xi}'^* \stackrel{(3.43)}{=} (3.73) \text{ の右辺}.$$

3.1 $x_\mu = an_\mu$, $y_\mu = am_\mu$, $\delta_{nm}^D \equiv \delta_{n_1 m_1}\delta_{n_2 m_2}\cdots\delta_{n_D m_D}$ と書くと,

$$\frac{\delta J(y)}{\delta J(x)} = \lim_{a \to 0} \frac{1}{a^D}\frac{\partial J_m}{\partial J_n} = \lim_{a \to 0} \frac{1}{a^D}\delta_{mn}^D \stackrel{(3.104)}{=} \delta^D(y-x), \tag{18}$$

$$\frac{\delta}{\delta J(x)} \int d^D y\, F(J(y)) = \int d^D y\, \frac{\partial F(J(y))}{\partial J(y)}\frac{\delta J(y)}{\delta J(x)} \stackrel{(18)}{=} \frac{\partial F(J(x))}{\partial J(x)}. \tag{19}$$

3.2

(a) $\Gamma^{(\pm)}$ は (3.120) (3.121) をみれば射影演算子に他ならない. したがって, ある表示の下では,

$$\Gamma^{(+)} = \begin{pmatrix} 1 & 0 \\ 0 & 0 \end{pmatrix}, \quad \Gamma^{(-)} = \begin{pmatrix} 0 & 0 \\ 0 & 1 \end{pmatrix} \tag{20}$$

のように採ってみれば議論はしやすくなる. (4 次元のときの 1 は 2×2 の単位行列である.) もちろん最後の結果は表示には無関係である. (3.122) は, いまや,

$$\hat{\psi}_{\boldsymbol{n}} = \begin{pmatrix} \hat{\psi}_{\boldsymbol{n}}^{(+)} \\ \hat{\psi}_{\boldsymbol{n}}^{(-)} \end{pmatrix}, \quad \hat{\psi}_{\boldsymbol{n}}^\dagger = \left(\hat{\psi}_{\boldsymbol{n}}^{(+)\dagger}, \hat{\psi}_{\boldsymbol{n}}^{(-)\dagger}\right) \tag{21}$$

と書けるから, (3.116) は (3.123) そのものを表している.

(b) (3.127) については, 定義式 (3.125) を用いて代入すれば直ちにわかる. また, 積分測度のほうは, $j, \boldsymbol{n}$ を止めたとき, $d^n\boldsymbol{\xi}$ の定義 (3.33) を思い出して, 2 次元のときは, $\xi^{(1)} = \psi_{j,\boldsymbol{n}}^{(+)}, \xi^{(2)} = \psi_{j,\boldsymbol{n}}^{(-)*}$ と書くと, 測度は $d\xi^{(2)}d\xi^{(1)}$ であったから. 同様に 4 次元のときは, $\xi^{(1)} = \psi_{j,\boldsymbol{n};1}^{(+)}, \xi^{(2)} = \psi_{j,\boldsymbol{n};2}^{(+)}, \xi^{(3)} = \psi_{j,\boldsymbol{n};2}^{(-)\,*}, \xi^{(4)} = \psi_{j,\boldsymbol{n};1}^{(-)\,*}$ と書いて, $d\xi^{(4)}d\xi^{(3)}d\xi^{(2)}d\xi^{(1)}$ であることよりわかる. $(d\boldsymbol{\xi})^*$ は共役変換でもとまる.

さて射影演算子 $\Gamma^{(\pm)}$ の対角的な表示 (20) を採ったとき, (21) に対してグラスマンスピナは,

第 3 章の解答　　　　　　　　　　　　　　　　　　201

$$\psi_{j,\bm{n}} = \begin{pmatrix} \psi_{j,\bm{n}}^{(+)} \\ \psi_{j,\bm{n}}^{(-)} \end{pmatrix}, \quad \psi_{\bm{n}}^* = \left(\psi_{j,\bm{n}}^{(+)*}, \psi_{j,\bm{n}}^{(-)*} \right) \tag{22}$$

と与えられる．このとき，$d\psi_{j,\bm{n}} = d\psi_{j,\bm{n}}^{(-)} d\psi_{j,\bm{n}}^{(+)}$, $d\psi_{j,\bm{n}}^* = d\psi_{j,\bm{n}}^{(+)*} d\psi_{j,\bm{n}}^{(-)*}$ と書けるので，2 次元，4 次元，それぞれで，

$$(3.128) \mapsto \prod_{j=1}^{N} \prod_{\bm{n}=1}^{N} (-1) d\psi_{j,\bm{n}} d\psi_{j,\bm{n}}^*, \tag{23}$$

$$(3.128) \mapsto \prod_{j=1}^{N} \prod_{\bm{n}=1}^{N} d\psi_{j,\bm{n}} d\psi_{j,\bm{n}}^* \tag{24}$$

と書けることに注意しよう．

(c)

$$(3.127) \mapsto \sum_{n=1}^{N} \left\{ \psi_n^{(+)*} \left(\psi_n^{(+)} - \psi_{n-\hat{d}}^{(+)} \right) - \left(\psi_n^{(-)*} - \psi_{n-\hat{d}}^{(-)*} \right) \psi_n^{(-)} \right\}$$
$$= \sum_{n=1}^{N} \left\{ \psi_n^{(+)*} \left(\psi_n^{(+)} - \psi_{n-\hat{d}}^{(+)} \right) - \psi_n^{(-)*} \left(\psi_n^{(-)} - \psi_{n+\hat{d}}^{(-)} \right) \right\}$$
$$\tag{25}$$

となる．ここで，最後の項で，

$$\sum_{n=1}^{N} \psi_{n-\hat{d}}^{(-)*} \psi_n^{(-)} \stackrel{n \mapsto n+\hat{d}}{=} \sum_{n=1}^{N} \psi_n^{(-)*} \psi_{n+\hat{d}}^{(-)}$$

を行った（反周期境界条件のもとでは OK）．(3.126) と (3.131) より，

$$\psi_n^{(\pm)} = \varGamma^{(\pm)} \psi_n$$

であるから，(3.129) を (25) に代入し少し整理すれば，(3.130) が得られる．

(d)　3.2 節・例題 2.7 と同じように（ただし，$\Delta t \mapsto -i\Delta t$ として）やる．(このとき，時間の足をそろえるためには，生成消滅演算子 (3.124) に反正規演算子順序を採る必要があった．これにより，生じるであろう余分な項は最後に消えるように始めから Hamiltonian (3.132) に含めておけばよい．) 経路積分表示 (3.68) の指数の肩で，$\hbar = 1, a = \Delta t$ として，(3.134) が得られる．最後に積分測度が，$d\psi_n d\overline{\psi}_n$ と書けることを示さねばならない．(b) の解答にある積分測度 (23) (24) に注目するのがもっとも近道である．$\overline{\psi}_n = \psi_n^* \gamma_d$ であることを頭において始めよう．2 次元のガンマ行列はパウリ行列で書けていたから，その行列式は (-1) になって，ちょうど (23) のマイナスをキャンセルしてくれる．一方，4 次元ではガンマ行列の行列式は $(+1)$ である．こうして，積分測度 (3.128) は $d\psi_n d\overline{\psi}_n$ と書けることになる．

(e) 連続極限 $N \to \infty$ では $a = \Delta t \to 0$ である．格子定数 a で無次元化した量を元に戻すと，ナイーブディラック項と質量項は，

$$\sum_{n=1}^{N} \left[\frac{1}{2} \left\{ \overline{\psi}_n \gamma_\mu \left(\psi_{n+\hat{\mu}} - \psi_{n-\hat{\mu}} \right) \right\} + M \overline{\psi}_n \psi_n \right]$$

$$= a^d \sum_{n=1}^{N} \left[\overline{\psi}(na) \gamma_\mu \frac{\psi(na + a\hat{\mu}) - \psi(na - a\hat{\mu})}{2a} + m \overline{\psi}(na) \psi(na) \right]$$

$$\xrightarrow{a \to 0} \int d^d x_{\mathrm{E}} \overline{\psi}(x) \left(\gamma_\mu \partial_\mu + m \right) \psi(x) .$$

一方，ウィルソン項は，

$$-\sum_{n=1}^{N} \frac{1}{2} \left[\overline{\psi}_n \mathrm{e}^{i\theta\gamma_5} \left(\psi_{n+\hat{\mu}} + \psi_{n-\hat{\mu}} - 2\psi_n \right) \right]$$

$$= -a^d \sum_{n=1}^{N} \left[\overline{\psi}(na) \mathrm{e}^{i\theta\gamma_5} \frac{\psi(na + a\hat{\mu}) + \psi(na - a\hat{\mu}) - 2\psi(na)}{2a} \right]$$

$$\xrightarrow{a \to 0} a \int d^d x_{\mathrm{E}} \overline{\psi}(x) \mathrm{e}^{i\theta\gamma_5} \Box \psi(x) = 0 ,$$

と連続極限で落ちてしまうから，(3.135) がもとまる．

第4章の解答

1.1 $M = \mathrm{e}^{\boldsymbol{A}}$ なる行列 $\boldsymbol{A}$ を導入する.（行列の指数関数はテイラー展開で定義される.）そのうえで,
$$F(x) \equiv \det \mathrm{e}^{x\boldsymbol{A}}$$
を考える. もとめるものは, $F(1)$ であり, $F(0) = 1$ は直ちにわかる. さて, $\epsilon \ll 1$ として,
$$F(x+\epsilon) = \det\left[\mathrm{e}^{x\boldsymbol{A}}\mathrm{e}^{\epsilon\boldsymbol{A}}\right] = \det \mathrm{e}^{x\boldsymbol{A}} \det(\mathbf{I} + \epsilon \boldsymbol{A}) = (1 + \epsilon \mathrm{Tr}\boldsymbol{A})\det \mathrm{e}^{x\boldsymbol{A}}.$$
（ϵ の1次までとることから, 対角成分の和しか残らないことに注意しよう.）これより,
$$\frac{dF}{dx} = \lim_{\epsilon \to 0} \frac{F(x+\epsilon) - F(x)}{\epsilon} = F(x)\mathrm{Tr}\boldsymbol{A}.$$
$x = 0$ から $x = 1$ まで積分し, $\boldsymbol{A} = \ln \boldsymbol{M}$ であることを用いれば (4.46) がもとまる.

1.2 分母 $p^2 + 2kp = (p+k)^2 - k^2$ として, $p + k \mapsto p$ と変数変換を行う.
$$\text{左辺} = \int \frac{d^D p}{(2\pi)^D} \frac{1}{(p^2 + M^2)^\alpha} = \int_0^\infty dp \frac{p^{D-1}}{(p^2 + M^2)^\alpha} \int \frac{d\Omega_D}{(2\pi)^D}. \tag{1}$$
ここで, 極座標を導入した. $d\Omega_D$ は D 次元球の表面積要素である. これは,
$$\int d\Omega_D = \frac{2\pi^{D/2}}{\Gamma\left(\frac{D}{2}\right)} \tag{2}$$
と与えられる[*1)]. したがって,

[*1)] もとめ方：極座標
$$p_1 = p\cos\theta_1,\ p_2 = p\sin\theta_1\cos\theta_2,\ \cdots,\ p_{D-1} = p\sin\theta_1\sin\theta_2\sin\theta_3\cdots\cos\theta_{D-1},$$
$$p_D = p\sin\theta_1\sin\theta_2\sin\theta_3\cdots\sin\theta_{D-1}$$
で計算してもよいが, ガウス積分,
$$\int_{-\infty}^\infty d^D p\, \mathrm{e}^{-p^2} = \pi^{D/2}$$
を利用して, 左辺を極座標で書くことにより,
$$\int_0^\infty dp\, p^{D-1} \mathrm{e}^{-p^2} \int d\Omega_D \stackrel{p^2 = x}{=} \frac{1}{2}\int d\Omega_D \int_0^\infty dx\, x^{D/2-1}\mathrm{e}^{-x} = \frac{1}{2}\int d\Omega_D\, \Gamma\left(\frac{D}{2}\right)$$
としてもよい.

$$
\begin{aligned}
(4.47) \text{ の左辺} &= \frac{1}{\Gamma\left(\frac{D}{2}\right)} \frac{2}{(4\pi)^{D/2}} \int_0^\infty \frac{dp\, p^{D-1}}{(p^2+M^2)^\alpha} \\
&\stackrel{p\mapsto Mp}{=} \frac{1}{\Gamma\left(\frac{D}{2}\right)} \frac{2}{(4\pi)^{D/2}(M^2)^{\alpha-D/2}} \int_0^\infty \frac{dp\, p^{D-1}}{(p^2+1)^\alpha} \\
&\stackrel{p^2=x}{=} \frac{1}{\Gamma\left(\frac{D}{2}\right)} \frac{1}{(4\pi)^{D/2}(M^2)^{\alpha-D/2}} \int_0^\infty \frac{dx\, x^{D/2-1}}{(x+1)^\alpha} \\
&= \frac{1}{\Gamma\left(\frac{D}{2}\right)} \frac{B\left(\alpha-\frac{D}{2},\frac{D}{2}\right)}{(4\pi)^{D/2}(M^2)^{\alpha-D/2}} = (4.47) \text{ の右辺}.
\end{aligned}
$$

ここで，ベータ関数の定義,

$$
B(a,b) = \frac{\Gamma(a)\Gamma(b)}{\Gamma(a+b)} = \int_0^\infty dt \frac{t^{a-1}}{(t+1)^{a+b}} \tag{3}
$$

を用いた．

1.3 ガンマ関数の性質 $z\Gamma(z) = \Gamma(z+1)$ を用いると, $z\sim 0$ で,

$$
\Gamma(z) = \frac{\Gamma(z+1)}{z} = \frac{1}{z}\left(\Gamma(1) + \Gamma(1)'z + O(z^2)\right),
$$

$$
\Gamma(1)' \equiv \left.\frac{d\Gamma(z)}{dz}\right|_{z=1}
$$

と $z=1$ のまわりでテイラー展開する．$\Gamma(1) = 1$ およびオイラーの定数の定義より (4.48) が出る．後半は，公式 (4.47) で $\alpha = 1, 2$ と置いて,

$$
\int \frac{d^D p}{(2\pi)^D} \frac{1}{p^2+2kp+C^2} = \frac{1}{(4\pi)^{2-\epsilon}} \frac{\Gamma(\epsilon-1)}{(M^2)^{\epsilon-1}} = \frac{M^2}{16\pi^2} \frac{\Gamma(\epsilon)}{\epsilon-1} \left(\frac{4\pi}{M^2}\right)^\epsilon
$$

$$
\stackrel{(4.48)}{=} -\frac{M^2}{16\pi^2}\left(1+\epsilon+O(\epsilon^2)\right)\left(\frac{1}{\epsilon}-\gamma+O(\epsilon)\right)\left(1+\epsilon\ln\frac{4\pi}{M^2}+O(\epsilon^2)\right).
$$

ここで, $x^\epsilon = e^{\epsilon\ln x} = 1+\epsilon\ln x+O(\epsilon^2)$ を用いた．右辺を整理すれば, (4.49) は出る．同様に,

$$
\int \frac{d^D p}{(2\pi)^D} \frac{1}{(p^2+2kp+C^2)^2} = \frac{\Gamma(\epsilon)}{16\pi^2}\left(\frac{4\pi}{M^2}\right)^\epsilon
$$

$$
\stackrel{(4.48)}{=} \frac{1}{16\pi^2}\left(\frac{1}{\epsilon}-\gamma+O(\epsilon)\right)\left(1+\epsilon\ln\frac{4\pi}{M^2}+O(\epsilon^2)\right)
$$

より (4.50) も出る．

1.4 $t = x/(1-x)$ と置く．逆は, $x = t/(1+t)$.

$$\text{右辺} \stackrel{x=t/(1+t)}{=} \frac{\Gamma(a+b)}{\Gamma(a)\Gamma(b)} \int_0^\infty dt \frac{t^{a-1}}{(At+B)^{a+b}}$$

$$\stackrel{t \mapsto Bt/A}{=} \frac{\Gamma(a+b)}{\Gamma(a)\Gamma(b)} \left(\frac{B}{A}\right)^a \int_0^\infty dt \frac{t^{a-1}}{(Bt+B)^{a+b}}$$

$$= \frac{1}{A^a B^b} \frac{\Gamma(a+b)}{\Gamma(a)\Gamma(b)} \int_0^\infty dt \frac{t^{a-1}}{(t+1)^{a+b}} \stackrel{(3)}{=} \text{左辺} \ .$$

1.5 ガウス積分の公式 (3.73) で $M \mapsto \gamma_\mu \partial_\mu + m$ とすれば (4.53) は直ちに出る．$S(x)$ は伝播関数 $\Delta(x)$ (4.3) を用いれば，

$$S(x) = (-\gamma_\mu \partial_\mu + m)\,\Delta(x) = \int \frac{d^d p}{(2\pi)^d} \frac{-i\gamma_\mu p_\mu + m}{p^2 + m^2} e^{ipx} \tag{4}$$

と与えられる．

2.1 連結グラフか非連結グラフを見るには，汎関数微分の座標の部分をあからさまに書いてどういう線でグラフがつながっているかを見ればよい．(4.56) で座標を無視せずに，

$$\frac{\delta}{\delta J(x)} Z_0 = (J\Delta)(x) Z_0 \equiv A_1(x) Z_0 \ , \tag{5}$$

$$\left(\frac{\delta}{\delta J(x)}\right)^2 Z_0 = \left(\Delta(0) + (J\Delta)^2(x)\right) Z_0 \equiv A_2(x) Z_0 \ , \tag{6}$$

$$\left(\frac{\delta}{\delta J(x)}\right)^3 Z_0 = \left(3(J\Delta)(x)\Delta(0) + (J\Delta)^3(x)\right) Z_0 \equiv A_3(x) Z_0 \ , \tag{7}$$

$$\left(\frac{\delta}{\delta J(x)}\right)^4 Z_0 = \left(3\Delta^2(0) + 6(J\Delta)^2(x)\Delta(0) + (J\Delta)^4(x)\right) Z_0 \equiv A_4(x) Z_0 \tag{8}$$

と書く．(もちろん，$(J\Delta)^k(x) = \int d^4 x_1 \cdots d^4 x_k J(x_1) \cdots J(x_k) \Delta(x_1 - x) \cdots \Delta(x_k - x)$ などである．) 次のオーダーの計算は，

$$\left(\frac{\delta}{\delta J(y)}\right)^4 \left(\frac{\delta}{\delta J(x)}\right)^4 Z_0$$

を知ることである．ライプニッツの公式を用い (5) 〜 (8) を考慮すると，

$$\left(\frac{\delta}{\delta J(y)}\right)^4 (A_4(x) Z_0)$$
$$= \left[\left(\frac{\delta}{\delta J(y)}\right)^4 A_4(x)\right] Z_0 + 4 \left[\left(\frac{\delta}{\delta J(y)}\right)^3 A_4(x)\right] \frac{\delta Z_0}{\delta J(y)}$$

$$
\begin{aligned}
&+ 6\left[\left(\frac{\delta}{\delta J(y)}\right)^2 A_4(x)\right] \left(\frac{\delta}{\delta J(y)}\right)^2 Z_0 + 4\frac{\delta A_4(x)}{\delta J(y)}\left(\frac{\delta}{\delta J(y)}\right)^3 Z_0 \\
&+ A_4(x)\left(\frac{\delta}{\delta J(y)}\right)^4 Z_0 \\
&= \Bigg[\left(\frac{\delta}{\delta J(y)}\right)^4 A_4(x) + 4\left\{\left(\frac{\delta}{\delta J(y)}\right)^3 A_4(x)\right\} A_1(y) \\
&\quad + 6\left\{\left(\frac{\delta}{\delta J(y)}\right)^2 A_4(x)\right\} A_2(y) + 4\frac{\delta A_4(x)}{\delta J(y)} A_3(y) + A_4(x)A_4(y)\Bigg] Z_0 \ . \quad (9)
\end{aligned}
$$

最後の項は座標 x, y に関して変数分離した形になっていることに注意しよう．それ以外は，

$$
\begin{aligned}
\frac{\delta}{\delta J(y)} A_4(x) &= \left\{12(J\Delta)(x)\Delta(0) + 4(J\Delta)^3(x)\right\}\Delta(x-y) \ , \\
\left(\frac{\delta}{\delta J(y)}\right)^2 A_4(x) &= 12\left\{\Delta(0) + (J\Delta)^2(x)\right\}\Delta^2(x-y) \ , \\
\left(\frac{\delta}{\delta J(y)}\right)^3 A_4(x) &= 24(J\Delta)(x)\Delta^3(x-y) \ , \\
\left(\frac{\delta}{\delta J(y)}\right)^4 A_4(x) &= 24\Delta^4(x-y)
\end{aligned}
$$

などのようにどれも，伝播関数 $\Delta(x-y)$ を含んでおり，すなわち x, y を結ぶ連結グラフを表すことがわかる．変数分離される最後の項が非連結グラフに対応する．例題 2.1 での W_1, W_2 は $A_i \ (i=1\sim 4)$ を積分したもの，

$$
\begin{aligned}
W_1 &\equiv \int d^4 x \frac{\lambda}{4!} A_4(x) \ , \\
-2W_2 &\equiv \left(\frac{\lambda}{4!}\right)^2 \int d^4 x d^4 y \Bigg[\left(\frac{\delta}{\delta J(y)}\right)^4 A_4(x) + 4\left\{\left(\frac{\delta}{\delta J(y)}\right)^3 A_4(x)\right\} A_1(y) \\
&\quad + 6\left\{\left(\frac{\delta}{\delta J(y)}\right)^2 A_4(x)\right\} A_2(y) + 4\frac{\delta A_4(x)}{\delta J(y)} A_3(y)\Bigg]
\end{aligned}
$$

に他ならない．

2.2 Δ の定義式 (4.3) より，

$$
W_0[J=0] = \frac{1}{2}\int d^4 x \left[\ln\left(-\partial_\mu^2 + m^2\right)\right](x,x) \ .
$$

これを量子力学の表式 $\langle x|P_\mu = -i\partial_\mu\langle x|$ を用いて，

第 4 章の解答

$$W_0[J=0] = \frac{1}{2}\int d^4x \langle x| \ln\left(P_\mu^2 + m^2\right) |x\rangle$$

と書く．(この演算子の定義は

$$\ln\left(P_\mu^2 + m^2\right) = \ln m^2 + \ln\left(1 + \frac{P_\mu^2}{m^2}\right)$$

として $\ln(1+x)$ のテイラー展開によって理解する．) p_μ の完全系

$$\int d^4p |p\rangle\langle p| = \mathbf{I}, \quad P_\mu|p\rangle = p_\mu|p\rangle, \quad \langle x|p\rangle = \frac{\mathrm{e}^{ipx}}{(2\pi)^2}$$

を挿入し，$\int d^4x = vT$ と書けば，

$$W_0[J=0] = \frac{vT}{2}\int \frac{d^4p}{(2\pi)^4} \ln(p^2+m^2) \tag{10}$$

が得られる．これはもちろん発散しているから，$4 \mapsto D$ として，

$$I(m^2) \equiv \int \frac{d^Dp}{(2\pi)^D} \ln(p^2+m^2) \tag{11}$$

を考える．m^2 で微分すると，

$$\frac{dI}{dm^2} = \int \frac{d^Dp}{(2\pi)^D}\frac{1}{p^2+m^2} \stackrel{(4.47)}{=} \frac{1}{(4\pi)^{D/2}}\frac{\Gamma(1-D/2)}{(m^2)^{1-D/2}}.$$

m^2 で積分すると

$$I(m^2) = -\frac{\Gamma(-D/2)}{(4\pi)^{D/2}}(m^2)^{D/2} \tag{12}$$

ともとまり，$D \mapsto 4$ では，$\epsilon = 2 - D/2$ として (4.48) より，

$$-\Gamma(-D/2) = \frac{-\Gamma(\epsilon)}{(\epsilon-2)(\epsilon-1)} = -\frac{1}{2}\left(\frac{1}{\epsilon} - \gamma + \frac{3}{2} + O(\epsilon)\right) \tag{13}$$

であるから，

$$I(m^2) = -\frac{m^4}{32\pi^2}\left(\frac{1}{\epsilon} - \gamma + \frac{3}{2} - \ln\frac{m^2}{4\pi}\right). \tag{14}$$

したがって，

$$W_0[J=0] = -\frac{vTm^4}{64\pi^2}\left(\frac{1}{\epsilon} - \gamma + \frac{3}{2} - \ln\frac{m^2}{4\pi}\right). \tag{15}$$

3.1

(a) 3.2 節・例題 2.4 での議論を思い出し，公式 (3.43) で M を $(\gamma_\mu \partial_\mu + m_{\rm f} - ig\gamma_5\phi)$ とすれば，

$$\begin{aligned}
{\rm e}^{-W[J]/\hbar} = \int \mathcal{D}\phi {\rm Det}\, (\gamma_\mu \partial_\mu + m_{\rm f} - ig\gamma_5\phi) \exp\Bigg[&-\frac{1}{\hbar}\int d^4x \Bigg(\frac{1}{2}(\partial_\mu \phi)^2 \\
&+ \frac{m_{\rm s}^2}{2}\phi^2 + \frac{\lambda}{4!}\phi^4 + \phi J\Bigg)\Bigg]
\end{aligned} \tag{16}$$

ともとまる．

(b) 行列式

$$\det {\rm e}^{i\theta\gamma_5} = 1$$

に注意しよう．これは，たとえばワイル表示 (2.111) をとれば，

$${\rm e}^{i\theta\gamma_5} = \begin{pmatrix} {\rm e}^{i\theta} & 0 \\ 0 & {\rm e}^{-i\theta} \end{pmatrix}$$

となることからわかる．このことより，

$${\rm Det}\,(\gamma_\mu \partial_\mu + m_{\rm f} - ig\gamma_5\varphi) = {\rm Det}\,\Big[{\rm e}^{i\theta\gamma_5}(\gamma_\mu \partial_\mu + m_{\rm f} - ig\gamma_5\varphi){\rm e}^{i\theta\gamma_5}\Big] \tag{17}$$

が得られる[*2)]．この右辺は，γ_5, γ_μ の反交換関係 (2.109) を用いれば，

$${\rm Det}\,\Big[\gamma_\mu \partial_\mu + (m_{\rm f} - ig\gamma_5\varphi){\rm e}^{i2\theta\gamma_5}\Big]$$

となるので，

$$\begin{aligned}
(m_{\rm f} - ig\gamma_5\varphi){\rm e}^{i2\theta\gamma_5} &= (m_{\rm f} - ig\gamma_5\varphi)(\cos 2\theta + i\gamma_5 \sin 2\theta) \\
&= m_{\rm f} \cos 2\theta + g\varphi \sin 2\theta + i\gamma_5(m_{\rm f} \sin 2\theta - g\varphi \cos 2\theta)\;.
\end{aligned}$$

γ_5 に比例する項を落とすには，

$$\tan 2\theta = \frac{g\varphi}{m_{\rm f}} \Longrightarrow \cos 2\theta = \frac{m_{\rm f}}{\sqrt{m_{\rm f}^2 + (g\varphi)^2}}\;, \quad \sin 2\theta = \frac{g\varphi}{\sqrt{m_{\rm f}^2 + (g\varphi)^2}}$$

とすればよく，残った項にこれらを代入すれば (4.103) が得られる．

[*2)] この式は，有限次元の行列式については全く問題ないが，いまは無限次元の関数行列式であるので注意を要する．事実，ゲージ場とフェルミ粒子が結合しているときは正しくなく，おつりが出る．これをカイラルアノマリーと呼んでいる．いまはゲージ場がないので OK だ．

(c)　(その一) ユークリッド空間でのガンマ行列 (3.119) を用いれば,

$$\mathrm{Det}\,(\gamma_\mu \partial_\mu + M) = \mathrm{Det}\begin{pmatrix} M & \partial_4 - i\boldsymbol{\sigma}\cdot\boldsymbol{\nabla} \\ \partial_4 + i\boldsymbol{\sigma}\cdot\boldsymbol{\nabla} & M \end{pmatrix} = \mathrm{Det}\left[\left(M^2 - \partial_\mu^2\right)\mathbf{I}\right].$$

ただし, $\mathbf{I}$ は 2×2 の単位行列である. このことから, (4.104) がもとまる.

(その二) 4.1 節・練習問題 1.1 の関係 (4.46) が関数行列式にも成立するとして,

$$\mathrm{Det}\,(\gamma_\mu \partial_\mu + M) = \exp\left[\mathrm{Tr}\ln\left(\gamma_\mu \partial_\mu + M\right)\right]$$

と書く. log を展開して,

$$\ln\left(\gamma_\mu \partial_\mu + M\right) = \ln M + \ln\left(1 + \frac{\gamma_\mu \partial_\mu}{M}\right)$$
$$= \ln M + \sum_{n=1}^{\infty} \frac{(-1)^{n-1}}{n}\left(\frac{\gamma_\mu \partial_\mu}{M}\right)^n.$$

奇数個のガンマ行列のトレースはゼロであり, $\mathrm{Tr}\mathbf{1} = 4$ を用いて,

$$\mathrm{Tr}\sum_{n=1}^{\infty}\frac{(-1)^{n-1}}{n}\left(\frac{\gamma_\mu \partial_\mu}{M}\right)^n = 4\sum_{n=1}\frac{(-1)^{2n-1}}{2n}\left(\frac{\partial_\mu^2}{M^2}\right)^n$$
$$= -2\sum_{n=1}\frac{1}{n}\left(\frac{\partial_\mu^2}{M^2}\right)^n = 2\ln\left(1 - \frac{\partial_\mu^2}{M^2}\right)$$

となる (最後では, ふたたび log のテイラー展開を用いた). したがって,

$$\mathrm{Tr}\ln\left(\gamma_\mu \partial_\mu + M\right) = 4\ln M + 2\ln\left(1 - \frac{\partial_\mu^2}{M^2}\right)$$
$$= 2\ln\left(M^2 - \partial_\mu^2\right)$$

ともとまる. これを指数の肩に乗せれば, (4.104) となる.

(d)　例題 3.4 の結果と, 上述のそれより,

$$V_0(\varphi) = \frac{m_\mathrm{s}^2}{2}\varphi^2 + \frac{\lambda}{4!}\varphi^4 + \frac{\hbar}{2}\int \frac{d^4 p}{(2\pi)^4}\ln\left(p^2 + m_\mathrm{s}^2 + \frac{\lambda}{2}\varphi^2\right)$$
$$- \frac{2\hbar}{vT}\mathrm{Tr}\ln\left(-\partial_\mu^2 + m_\mathrm{f}^2 + (g\varphi)^2\right)$$

となるから, 最後の項を (これは, 4 次元ユークリッド体積で割っておかなくてはならない) 4.2 節・練習問題 2.2 同様に運動量表示すれば (4.105) がもとまる.

次元正則化による計算は, 先の練習問題 2.2 の積分 (11), (12) 式を用いれば,

$$\int \frac{d^4 p}{(2\pi)^4}\ln\left(p^2 + m_\mathrm{s}^2 + \frac{\lambda}{2}\varphi^2\right)$$

$$= -\frac{(m_s^2 + \frac{\lambda}{2}\varphi^2)^2}{32\pi^2}\left(\frac{1}{\epsilon} - \gamma + \frac{3}{2} - \ln\frac{m_s^2 + \frac{\lambda}{2}\varphi^2}{4\pi}\right), \tag{18}$$

$$\int \frac{d^4p}{(2\pi)^4}\ln\left(p^2 + m_f^2 + (g\varphi)^2\right)$$

$$= -\frac{\left(m_f^2 + (g\varphi)^2\right)^2}{32\pi^2}\left(\frac{1}{\epsilon} - \gamma + \frac{3}{2} - \ln\frac{m_f^2 + (g\varphi)^2}{4\pi}\right) \tag{19}$$

であるから，結局

$$V_0(\varphi) = \frac{m_s^2}{2}\varphi^2 + \frac{\lambda}{4!}\varphi^4 - \hbar\frac{(m_s^2 + \frac{\lambda}{2}\varphi^2)^2}{64\pi^2}\left(\frac{1}{\epsilon} - \gamma + \frac{3}{2} - \ln\frac{m_s^2 + \frac{\lambda}{2}\varphi^2}{4\pi}\right)$$

$$+ \hbar\frac{\left(m_f^2 + (g\varphi)^2\right)^2}{16\pi^2}\left(\frac{1}{\epsilon} - \gamma + \frac{3}{2} - \ln\frac{m_f^2 + (g\varphi)^2}{4\pi}\right) \tag{20}$$

ともとまる．

第5章の解答

1.1 オイラー−ラグランジュ方程式は,

$$\frac{\partial L}{\partial \dot{x}^i} = m\dot{x}^i + eA^i \ , \quad \frac{\partial L}{\partial x^i} = -e\frac{\partial \phi}{\partial x^i} + e\sum_{k=1}^{3}\dot{x}^k \frac{\partial A^k}{\partial x^i} \ , \tag{1}$$

$$\frac{d}{dt}\left(\frac{\partial L}{\partial \dot{x}^i}\right) = \ddot{x}^i + e\frac{\partial A^i}{\partial t} + e\sum_{k=1}^{3}\dot{x}^k \frac{\partial A^i}{\partial x^k}$$

より,

$$m\ddot{x}^i = e\left[\left(-\frac{\partial \phi}{\partial x^i} - \frac{\partial A^i}{\partial t}\right) + \sum_{k=1}^{3}\dot{x}^k\left(\frac{\partial A^k}{\partial x^i} - \frac{\partial A^i}{\partial x^k}\right)\right]$$

$$= e\left(E^i + \sum_{jk}\epsilon_{ikj}\dot{x}^k B^j\right) \tag{2}$$

となる. これは (5.52) の成分表示に他ならない. ただし,

$$\boldsymbol{E} = -\frac{\partial \boldsymbol{A}}{\partial t} - \boldsymbol{\nabla}\phi \ , \quad \boldsymbol{B} = \boldsymbol{\nabla} \times \boldsymbol{A} \ , \tag{3}$$

および, レビ・チビタの公式 (2.124) の右側 $\sum_{k}\epsilon_{kij}\epsilon_{ki'j'} = \delta_{ii'}\delta_{jj'} - \delta_{ij'}\delta_{ji'}$ を用いて,

$$(\dot{\boldsymbol{x}} \times \boldsymbol{B})^i = \sum_{jk}\epsilon_{ijk}\dot{x}^j\left[\sum_{j'k'}\epsilon_{kj'k'}\frac{\partial A^{k'}}{\partial x^{j'}}\right] = \sum_{j=1}^{3}\dot{x}^j\left(\frac{\partial A^j}{\partial x^i} - \frac{\partial A^i}{\partial x^j}\right)$$

となることを使う.

Hamiltonian の方は, (1) の左の式から,

$$\boldsymbol{p} = \frac{\partial L}{\partial \dot{\boldsymbol{x}}} = m\dot{\boldsymbol{x}} + e\boldsymbol{A} \ . \tag{4}$$

したがって,

$$H = \boldsymbol{p}\cdot\dot{\boldsymbol{x}} - L = \frac{1}{m}\boldsymbol{p}\cdot(\boldsymbol{p} - e\boldsymbol{A}) - \frac{1}{2m}(\boldsymbol{p} - e\boldsymbol{A})^2 + e\phi - \frac{e}{m}\boldsymbol{A}\cdot(\boldsymbol{p} - e\boldsymbol{A})$$

$$= \frac{1}{2m}(\boldsymbol{p} - e\boldsymbol{A})^2 + e\phi \ ,$$

と (5.1) が出る.

1.2 (3) を用いて,実際に微分を実行する.$0 \leq r \leq R$ のときは直ちに $B_z = B$ がもとまる.$R < r < \infty$ のときは,

$$B_z = \frac{BR^2}{2}\left(\frac{\partial}{\partial x}\frac{x}{r^2} + \frac{\partial}{\partial y}\frac{y}{r^2}\right) = \frac{1}{r^2} - 2\frac{x^2}{r^4} + \frac{1}{r^2} - 2\frac{y^2}{r^4} = 0$$

と確かに要件を満たしている.デカルト座標から円筒座標への変換は,

$$d\boldsymbol{r} \cdot \boldsymbol{A} = dxA_x + dyA_y + dzA_z = drA_r + d\phi A_\phi + dzA_z \tag{5}$$

を利用すれば,

$$A_r = A_x \cos\phi + A_y \sin\phi, \quad A_\phi = r\left(-A_x \sin\phi + A_y \cos\phi\right), \quad A_z = A_z \tag{6}$$

ともとまるから,(5.54) を代入すれば (5.56) がもとまる.

1.3 (5.57) は

$$S[\boldsymbol{x}_f, \boldsymbol{x}_i] = \frac{m}{2}\int_0^T dt\, \dot{\boldsymbol{x}}^2 + e\int_{\boldsymbol{x}_i}^{\boldsymbol{x}_f} \boldsymbol{A} \cdot d\boldsymbol{x} \tag{7}$$

と書ける.さて,図 5.1 のように経路 I と II を考え,それぞれの作用を,$S^{(\mathrm{I})}$,$S^{(\mathrm{II})}$ とし,その差をとったとき,

$$S^{(\mathrm{I})} - S^{(\mathrm{II})} = (\text{第 1 項の差}) + e\int_{\boldsymbol{x}_i}^{\boldsymbol{x}_f} \boldsymbol{A} \cdot d\boldsymbol{x}\bigg|_{\mathrm{I}} - e\int_{\boldsymbol{x}_i}^{\boldsymbol{x}_f} \boldsymbol{A} \cdot d\boldsymbol{x}\bigg|_{\mathrm{II}}$$

$$= (\text{第 1 項の差}) + e\oint \boldsymbol{A} \cdot d\boldsymbol{x} = (\text{第 1 項の差}) + eB\pi R^2$$

$$= (\text{第 1 項の差}) + e\Phi \neq 0.$$

ただし,

$$\Phi \equiv B\pi R^2 : \quad \text{磁束} \tag{8}$$

である[*1)].第 1 項の差は古典力学ではゼロであるが,第 2 項のため,$S^{(\mathrm{I})} \neq S^{(\mathrm{II})}$ である.粒子が円筒の周りを n 回転して $\boldsymbol{x}_f$ に到達したとする.このとき $\phi_f \mapsto \phi_f + 2n\pi$ であり,これを $\boldsymbol{x}_f^{(n)}$ と書くことにしよう.このときの作用は n に依り,それを

[*1)] ベクトルポテンシャルの表示 (5.56) をあらわに用いたが,それを使わずともストークスの定理

$$\oint_{\partial S} \boldsymbol{A} \cdot d\boldsymbol{x} = \int_S (\boldsymbol{\nabla} \times \boldsymbol{A}) \cdot d\boldsymbol{S} = \int_S \boldsymbol{B} \cdot d\boldsymbol{S}$$

からわかる.ただし,$d\boldsymbol{S}$ は面積ベクトルで,∂S は面積 S を囲む周囲のことである.

第 5 章の解答

$$S \mapsto S^{[n]}\left[\boldsymbol{x}_f^{(n)}, \boldsymbol{x}_i\right] \tag{9}$$

と書く.

1.4 (3.20) を用いれば（連続表示で）経路積分表示は

$$K^{[n]}\left(\boldsymbol{x}_f^{(n)}, \boldsymbol{x}_i; T\right)$$
$$= \int \mathcal{D}\boldsymbol{x}\mathcal{D}\boldsymbol{p} \exp\left[\frac{i}{\hbar}\int_{t_i}^{t_f} dt \left\{\boldsymbol{p}\dot{\boldsymbol{x}} - \frac{1}{2m}[\boldsymbol{p} - e\boldsymbol{A}(x)]^2 - V(\boldsymbol{x})\right\}\right]\bigg|_{\boldsymbol{x}(0)=\boldsymbol{x}_i}^{\boldsymbol{x}(t)=\boldsymbol{x}_f^{(n)}}$$

となる. ここで, $\boldsymbol{p} \mapsto \boldsymbol{p} + e\boldsymbol{A}(x)$ と変数変換すれば,

$$K^{[n]}\left(\boldsymbol{x}_f^{(n)}, \boldsymbol{x}_i; T\right)$$
$$= \int \mathcal{D}\boldsymbol{x}\mathcal{D}\boldsymbol{p} \exp\left[\frac{i}{\hbar}\int_{t_i}^{t_f} dt \left\{(\boldsymbol{p} + e\boldsymbol{A}(x))\dot{\boldsymbol{x}} - \frac{1}{2m}\boldsymbol{p}^2 - V(\boldsymbol{x})\right\}\right]\bigg|_{\boldsymbol{x}(0)=\boldsymbol{x}_i}^{\boldsymbol{x}(t)=\boldsymbol{x}_f^{(n)}}$$

となり $\boldsymbol{p}$–積分を実行すれば,

$$K^{[n]}\left(\boldsymbol{x}_f^{(n)}, \boldsymbol{x}_i; T\right) = \int \mathcal{D}\boldsymbol{x} \exp\left[\frac{i}{\hbar}\int_{t_i}^{t_f} dt \left\{\frac{m}{2}\dot{\boldsymbol{x}}^2 - V(\boldsymbol{x}) + e\boldsymbol{A}(x)\dot{\boldsymbol{x}}\right\}\right]\bigg|_{\boldsymbol{x}(0)=\boldsymbol{x}_i}^{\boldsymbol{x}(t)=\boldsymbol{x}_f^{(n)}}$$

が得られる. 最後のベクトルポテンシャルの項に対して上の練習問題の議論をくり返せば (5.58) がもとまる.

1.5 経路積分表示 (5.58) において最後の項について考えよう. (7) 式から, いまは n 回まわって ϕ_f に辿り着いているから

$$e\int_{\boldsymbol{x}_i}^{\boldsymbol{x}_f} \boldsymbol{A} \cdot d\boldsymbol{x} = \frac{e\Phi}{2\pi}(\phi_f + 2n\pi - \phi_i) \tag{10}$$

となる. (磁場に依らない残った項も, ポテンシャル V のため円筒内に粒子が入れないようになっている（空間に穴があいていることと同等である）から, 周回数 n に依ると考えられる.) 物理が確かに α によることは, 波動関数 $\Psi(\boldsymbol{x}_f)$ が

$$\Psi(\boldsymbol{x}_f, t) = \int K(\boldsymbol{x}_f, \boldsymbol{x}_i; t)\Psi(\boldsymbol{x}_i, 0)d^3\boldsymbol{x}_i \tag{11}$$

と与えられていたことを思い出そう. 波動関数が一価である（$\phi_f + 2\pi$ で不変）ことに注意しよう. なぜなら, $\phi_f + 2\pi = \boldsymbol{x}_f^{(n+1)}$ だから, (5.59) は

$$K(\boldsymbol{x}_f(\phi_f + 2\pi), \boldsymbol{x}_i; t) = \sum_{n=-\infty}^{\infty} K^{[n+1]}\left(\boldsymbol{x}_f^{(n+1)}, \boldsymbol{x}_i; T\right) \stackrel{n+1\mapsto n}{=} K(\boldsymbol{x}_f, \boldsymbol{x}_i; t).$$

もちろん (11) が α によることは明らかである.

2.1

$$\begin{aligned}
\text{左辺} &= \int d^4 x G^{\alpha*}(x)(\boldsymbol{D}_\mu)_{\alpha\beta} H^\beta(x) \\
&= \int d^4 x \left(G^{\alpha*}(x)\partial_\mu H^\alpha(x) - ig A_\mu^a(x) G^{\alpha*}(x) (T_a)_{\alpha\beta} H^\beta(x) \right) \\
&\stackrel{\text{部分積分}}{=} \int d^4 x \left(-\partial_\mu G^{\alpha*}(x) H^\alpha(x) - ig A_\mu^a(x) G^{\alpha*}(x) (T_a)_{\alpha\beta} H^\beta(x) \right).
\end{aligned} \tag{12}$$

ここで,

$$G^{\alpha*}(x)(T_a)_{\alpha\beta} = \left(T_a^{\mathrm{T}}\right)_{\beta\alpha} G^{\alpha*}(x) = \left[\left(T_a^{\mathrm{T}}\right)^*_{\beta\alpha} G^\alpha(x)\right]^* = \left[\left(T_a^\dagger\right)_{\beta\alpha} G^\alpha(x)\right]^*$$

であるから, $T_a^\dagger = T_a$ を使えば,

$$-ig A_\mu^a(x) G^{\alpha*}(x)(T_a)_{\alpha\beta} H^\beta(x) = \left[ig A_\mu^a(x)(T_a)_{\beta\alpha} G^\alpha(x)\right]^* H^\beta(x)$$

となる. だから,

$$\begin{aligned}
(12) &= -\int d^4 x \, H^\alpha(x) \left(\partial_\mu G^\alpha(x) + ig A_\mu^a(x)(T_a)_{\alpha\beta} G^\beta(x) \right)^* \\
&= -\int d^4 x \, H(x)(\boldsymbol{D}_\mu G)^*(x)
\end{aligned}$$

となるので, 題意は示された.

2.2 BRST 変換は, ゲージ関数を (5.103) のように FP ゴーストに置き換えればよかったので, ディラック場の (無限小) ゲージ変換 (5.34) より,

$$\delta\psi(x) = -\lambda g \boldsymbol{c}(x)\psi(x) \,, \quad \delta\overline{\psi}(x) = g\overline{\psi}(x)\lambda\boldsymbol{c}(x) = -g\lambda\overline{\psi}(x)\boldsymbol{c}(x) \tag{13}$$

となる.

2.3 FP ゴースト場の 2 次の BRST 変換から考える. 1 回目, 2 回目の BRST 変換のパラメータをそれぞれ λ, λ' とすると, (5.104) より

$$\delta^2 \boldsymbol{c} = -g\lambda\{\delta\boldsymbol{c}, \boldsymbol{c}\} = \frac{g^2}{2}\lambda\lambda' [\{\boldsymbol{c},\boldsymbol{c}\}, \boldsymbol{c}] = \frac{g^2}{2}\lambda\lambda' c^a c^b c^c [[T_a, T_b], T_c] \,.$$

最後の関係を見るには, $\boldsymbol{c} = c^a T_a$ の展開を用いて, c^a の G–奇であることに注意すればよい. さらに,

$$c^a c^b c^c [[T_a, T_b], T_c] = c^a c^b c^c [[T_b, T_c], T_a] = c^a c^b c^c [[T_c, T_a], T_b]$$

であるから，

$$\delta^2 \boldsymbol{c} \sim c^a c^b c^c \left([[T_a, T_b], T_c] + [[T_b, T_c], T_a] + [[T_c, T_a], T_b]\right)$$

となって，ヤコビ恒等式 (5.106) より $\delta^2 \boldsymbol{c} = 0$ となる．また，(5.105) は $\delta^2 \boldsymbol{A}_\mu = 0$ を示していたから，(5.104) は全てべきゼロであることがわかる．最後に，ディラック場の BRST 変換 (13) のべきゼロ性を示そう．

$$\delta^2 \psi \stackrel{(13)}{=} -g\lambda \left(\delta \boldsymbol{c}\psi + \boldsymbol{c}\delta\psi\right) \stackrel{(5.104)}{=} -g^2 \lambda \lambda' \left(-\frac{1}{2}\{\boldsymbol{c}, \boldsymbol{c}\}\psi + \boldsymbol{c}^2 \psi\right) = 0.$$

なぜなら $\boldsymbol{c}^2 = \frac{1}{2}\{\boldsymbol{c}, \boldsymbol{c}\}$ であるから[*2]．

3.1 クロネッカーデルタを用いた表現 (5.134) でやってみよう．

$$\begin{aligned}
([L_{ij}, L_{kl}])_{ab} &= \sum_c \left\{(L_{ij})_{ac}(L_{kl})_{cb} - ((i \leftrightarrow k)(j \leftrightarrow l))\right\} \\
&\stackrel{(5.134)}{=} (-)\sum_c \left\{(\delta_{ia}\delta_{jc} - \delta_{ic}\delta_{ja})(\delta_{kc}\delta_{lb} - \delta_{kb}\delta_{lc}) - ((i \leftrightarrow k)(j \leftrightarrow l))\right\} \\
&= (-)\left\{-(\delta_{ja}\delta_{lb} - \delta_{la}\delta_{jb})\delta_{ik} + (\delta_{ja}\delta_{kb} - \delta_{ka}\delta_{jb})\delta_{il}\right. \\
&\qquad \left. + (\delta_{ia}\delta_{lb} - \delta_{la}\delta_{ib})\delta_{jk} - (\delta_{ia}\delta_{kb} - \delta_{ka}\delta_{ib})\delta_{jl}\right\} \\
&= i\left\{(-i)(\delta_{ja}\delta_{lb} - \delta_{la}\delta_{jb})\delta_{ik} - (-i)(\delta_{ja}\delta_{kb} - \delta_{ka}\delta_{jb})\delta_{il}\right. \\
&\qquad \left. -(-i)(\delta_{ia}\delta_{lb} - \delta_{la}\delta_{ib})\delta_{jk} + (-i)(\delta_{ia}\delta_{kb} - \delta_{ka}\delta_{ib})\delta_{jl}\right\}
\end{aligned}$$

となるから，ふたたびクロネッカーデルタを用いた表現 (5.134) を用いれば，もとめる関係 (5.131) が得られる．$((i \leftrightarrow k), (j \leftrightarrow l)$ は i と k, j と l を入れ換えるという意味である．)

3.2
(a) 指数関数の定義を思い出せば，

$$\boldsymbol{G}(x) = \lim_{N \to \infty} \left(\mathbf{I} + \frac{i\boldsymbol{\xi}}{N}\right)^N. \qquad (14)$$

微分すると，

$$\partial_\mu \boldsymbol{G}(x) = \lim_{N \to \infty} \frac{1}{N} \sum_{j=1}^{N} \left(\mathbf{I} + \frac{i\boldsymbol{\xi}}{N}\right)^{j-1} i\partial_\mu \boldsymbol{\xi} \left(\mathbf{I} + \frac{i\boldsymbol{\xi}}{N}\right)^{N-j}$$

[*2] 任意の場の理論に対する BRST 変換の定義は，
1. ゲージ関数を FP ゴーストで置き換える．
2. べきゼロ性を満たす．

である．

であるから，$1/N = \Delta\tau$ と書くと，$\Delta\tau \ll 1$ で

$$(\mathbf{I} + \Delta\tau i\boldsymbol{\xi})^{j-1} \sim \exp[i\Delta\tau(j-1)\boldsymbol{\xi}] \sim \exp[i\Delta\tau j\boldsymbol{\xi}]$$

と書けるので，

$$\text{右辺} = \lim_{\Delta\tau \to 0} \Delta\tau \sum_{j=1}^{N} \exp[i\Delta\tau j\boldsymbol{\xi}] \, i\partial_\mu \boldsymbol{\xi} \exp[i\Delta\tau(N-j)\boldsymbol{\xi}]$$

でこれは確かに (5.188) である．

(b)　(5.189) の左辺の指数を展開すると，

$$\begin{aligned}
\text{左辺} &= T_a + i\,[\boldsymbol{\theta}, T_a] + \frac{i^2}{2}\,[\boldsymbol{\theta}, [\boldsymbol{\theta}, T_a]] + \frac{i^3}{3!}\,[\boldsymbol{\theta}, [\boldsymbol{\theta}, [\boldsymbol{\theta}, T_a]]] + \cdots \\
&= T_a + i\theta_b\,[T_b, T_a] - \frac{1}{2}\theta_{b_1}\theta_{b_2}\,[T_{b_1},[T_{b_2},T_a]] \\
&\quad - \frac{i}{3!}\theta_{b_1}\theta_{b_2}\theta_{b_3}\,[T_{b_1},[T_{b_2},[T_{b_3},T_a]]] + \cdots \\
&\stackrel{(5.186)}{=} T_a - f_{bac}\theta_b T_c + \frac{1}{2}f_{b_1 c_1 c}f_{b_2 a c_1}\theta_{b_1}\theta_{b_2}T_c + \cdots.
\end{aligned}$$

ここで，

$$\hat{\boldsymbol{\theta}}_{ac} \equiv f_{abc}\theta_b \tag{15}$$

と書くと，$\hat{\boldsymbol{\theta}}^2_{ab} = \hat{\boldsymbol{\theta}}_{ac}\hat{\boldsymbol{\theta}}_{cb}$ などであるから，

$$(5.189) \text{ の左辺} = \left[\mathbf{I} + \hat{\boldsymbol{\theta}} + \frac{1}{2}\hat{\boldsymbol{\theta}}^2 + \frac{1}{3!}\hat{\boldsymbol{\theta}}^3 + \cdots\right]_{ab} T_b = \left[e^{\hat{\boldsymbol{\theta}}}\right]_{ab} T_b. \tag{16}$$

よって，

$$\boldsymbol{A}_{ab}(\theta) = \left[e^{\hat{\boldsymbol{\theta}}}\right]_{ab}. \tag{17}$$

(c)　(5.188) の結果は，$\exp[i(1-\tau)\boldsymbol{\xi}] = \exp[-i\tau\boldsymbol{\xi}]\exp[i\boldsymbol{\xi}]$ であるから，

$$\begin{aligned}
\partial_\mu \boldsymbol{G} &= i\partial_\mu \xi_a(x) \int_0^1 d\tau \, (\exp[i\tau\boldsymbol{\xi}]\, T_a \exp[-i\tau\boldsymbol{\xi}]) \exp[i\boldsymbol{\xi}] \\
&\stackrel{(5.189)}{=} i\partial_\mu \xi_a(x) \int_0^1 d\tau \, \boldsymbol{A}_{ab}(\tau\boldsymbol{\xi}) T_b \exp[i\boldsymbol{\xi}] \\
&\stackrel{(17)}{=} i\partial_\mu \xi_a(x) \int_0^1 d\tau \left[e^{\tau\hat{\boldsymbol{\xi}}}\right]_{ab} T_b \exp[i\boldsymbol{\xi}].
\end{aligned}$$

もちろん，$\hat{\boldsymbol{\xi}}_{ab} \equiv \xi_c f_{acb}$（(15) 式参照）である．ここで τ 積分は簡単にできて，

$$\partial_\mu \boldsymbol{G} = i\partial_\mu \xi_a(x) \left[\frac{e^{\hat{\boldsymbol{\xi}}} - 1}{\hat{\boldsymbol{\xi}}}\right]_{ab} T_b \exp[i\boldsymbol{\xi}] = i\partial_\mu \xi_a(x) \left[\frac{e^{\hat{\boldsymbol{\xi}}} - 1}{\hat{\boldsymbol{\xi}}}\right]_{ab} T_b \boldsymbol{G}$$

となるから，

$$e_{ab}(\boldsymbol{\xi}) \equiv \left[\frac{e^{\hat{\boldsymbol{\xi}}} - 1}{\hat{\boldsymbol{\xi}}}\right]_{ab} \tag{18}$$

とおけば，もとめる式 (5.190) が得られることがわかる．

$\hat{\boldsymbol{\xi}}$ は実数で，構造定数 f_{abc} の反対称性を考慮すれば

$$\hat{\boldsymbol{\xi}}^{\mathrm{T}} = -\hat{\boldsymbol{\xi}} . \tag{19}$$

これは，

$$e^{\mathrm{T}}(\boldsymbol{\xi}) = \frac{e^{\hat{\boldsymbol{\xi}}^{\mathrm{T}}} - 1}{\hat{\boldsymbol{\xi}}^{\mathrm{T}}} = \frac{e^{-\hat{\boldsymbol{\xi}}} - 1}{-\hat{\boldsymbol{\xi}}} = e(-\boldsymbol{\xi}) \tag{20}$$

を意味する．

(d)　(c) の (5.190) より，

$$\partial_\mu \boldsymbol{G}^\dagger = -i\partial_\mu \xi_a e_{ab}(\boldsymbol{\xi}) \boldsymbol{G}^\dagger T_b . \tag{21}$$

ただし，$T_a^\dagger = T_a$ および e_{ab} が実数であることを用いた．これら微分した式 (5.190) (21) を Lagrangian (5.185) に代入する．

$$\mathcal{L} = \partial^\mu \xi_a e_{ab}(\boldsymbol{\xi}) \partial_\mu \xi_c e_{cd}(\boldsymbol{\xi}) \mathrm{Tr}\left(\boldsymbol{G}^\dagger T_b T_d \boldsymbol{G}\right) .$$

ここで，トレースの性質を用いる：$\mathrm{Tr}\left(\boldsymbol{G}^\dagger T_b T_d \boldsymbol{G}\right) = \mathrm{Tr}\left(T_b T_d \boldsymbol{G} \boldsymbol{G}^\dagger\right) = \mathrm{Tr}\left(T_b T_d\right)$. 最後は，生成子の規格化 (5.186) より，

$$\mathcal{L} = \frac{1}{2} \partial^\mu \xi_a e_{ac}(\boldsymbol{\xi}) e_{bc}(\boldsymbol{\xi}) \partial_\mu \xi_b$$

となるから，

$$\begin{aligned}
g_{ab}(\boldsymbol{\xi}) &= e_{ac}(\boldsymbol{\xi}) e_{bc}(\boldsymbol{\xi}) = \left(e(\boldsymbol{\xi}) e^{\mathrm{T}}(\boldsymbol{\xi})\right)_{ab} \stackrel{(20)}{=} \left(e(\boldsymbol{\xi}) e(-\boldsymbol{\xi})\right)_{ab} \\
&\stackrel{(18)}{=} \left(\left[\frac{e^{\hat{\boldsymbol{\xi}}} - 1}{\hat{\boldsymbol{\xi}}}\right] \left[\frac{e^{-\hat{\boldsymbol{\xi}}} - 1}{-\hat{\boldsymbol{\xi}}}\right]\right)_{ab} = \left(\frac{2 - e^{\hat{\boldsymbol{\xi}}} - e^{-\hat{\boldsymbol{\xi}}}}{-\hat{\boldsymbol{\xi}}^2}\right)_{ab} \\
&= \left(\frac{2(\cosh \boldsymbol{\xi} - 1)}{\hat{\boldsymbol{\xi}}^2}\right)_{ab} = \left(\left(\frac{\sinh \boldsymbol{\xi}/2}{\boldsymbol{\xi}/2}\right)^2\right)_{ab}
\end{aligned} \tag{22}$$

と g_{ab} がもとまった．

参考文献

第 1 章

[1.1] J. J. サクライ, **現代の量子力学（上）（下）**, 桜井明夫訳 (吉岡書店, 1989).
[1.2] 河原林研, **量子力学**, (岩波講座：現代の物理学 3, 岩波書店, 1996).
解析力学については,
[1.3] 高橋康, 量子力学を学ぶための**解析力学入門 増補第 2 版**, (講談社, 2000).
場の解析力学については,
[1.4] 高橋康・柏太郎, 量子場を学ぶための**場の解析力学入門 増補第 2 版**, (講談社, 2005).
不変変分論は,
[1.5] 内山龍雄, **一般相対性理論**, (裳華房, 1978) 第 5 章.

第 2 章

[2.1] M. Kaku, **Quantum Field Theory**, (Oxford, 1992).
きちんと書かれている, いい本である. 超弦理論に至るまでの場の理論の話題が収められている. 途中の計算の誤りが多いので, その意味でもいい本かもしれない（チェックが絶対必要）.
[2.2] M. Peskin and D. V. Schroeder, **An Introduction to Quantum Field Theory**, (Addison-Wesley, 1995).
最近の場の理論の教科書として, 大学院のセミナーではよく使われている. ここでは, 全くふれなかった, 散乱振幅の計算などが, 標準的な視点で書かれている. 個性という意味ではあまりない. 訂正が, ホームページを開けばわかるようになっている.
[2.3] 中西襄, **場の量子論**, (新物理学シリーズ 19：培風館, 1975).
正準形式による電磁場の共変的量子化は, 3 章（量子電磁力学）を見ればよい.
[2.4] 大貫義郎, **場の量子論**, (岩波講座：現代の物理学 5, 岩波書店, 1996).
4 章（不連続変換）には, 空間反転, 時間反転, などの詳しい記述がある. 最近の場の理論の教科書として
[2.5] 坂井典佑, **場の量子論**, (裳華房フィジックスライブラリー, 裳華房, 2002).
コンパクト（～240 ページ）ではあるが, くり込みなども扱っており, そのカ

バーする範囲は広い．したがって，少し掘り下げるには他の教科書が必要かもしれない．

[2.6] A. Zee, **Quantum Field Theory in a nutshell**, (Princeton University, 2003).
全て，経路積分で統一した教科書．相転移などの物性との関わりを詳しく解説してある．著者の雰囲気を備えた，いい本である．

第3章

[3.1] 大貫義郎・鈴木増雄・柏太郎, **経路積分の方法**, (現代物理学叢書, 岩波書店, 2000).
ここでの議論のベースである．

[3.2] L. S. Schulman, **Techniques and Applications of Path Integration**, (Wiley-Interscience, 1981).
経路積分の様々な分野への応用が書かれている．面白い本である．(訳もあるが一部は省略されている：L.S. シュルマン, **ファインマン経路積分**, (講談社, 1995).)

[3.3] 崎田文二・吉川圭二, **径路積分による多自由度の量子力学**, (岩波書店, 1986).
これも，経路積分の応用書である．丁寧に書かれており，よい本である．

第4章

[4.1] 日置善郎, **場の量子論 ─ 摂動計算の基礎 ─**, (吉岡書店, 1999).
巻頭の「はじめに」でも述べたが，コンパクトにまとまった，ここでは扱わなかった散乱振幅の摂動計算の教科書である．
繰り込み群の方法という，きわめて強力な，応用範囲の広い手法についてはふれることができなかった．したがって，たとえば

[4.2] 江沢洋・渡辺敬二・鈴木増雄・田崎晴明, **繰り込み群の方法**, (岩波講座：現代の物理学 13, 岩波書店, 1996).

第5章

[5.1] 九後汰一郎, **ゲージ場の量子論 I, II**, (培風館, 1989).
ゲージ場の量子論となっているが，場の理論一般の教科書である．読み上げれば確実に力は付くが，結構骨である．

[5.2] 藤川和男, **ゲージ場の理論**, (岩波講座：現代の物理学 20, 岩波書店, 1996).
ゲージ場に話題を限って，ただし詳しい計算までもきちんと書かれているいい

本である．

[5.3] D. Bailin and A. Love, **Introduction to Gauge Field Theory**, (Institute of Physics Publishing, 1993).
標準模型までが，さらっと書かれている．読みやすいが，深く知るには物足りない．

[5.4] 大貫義郎, **アハラノフ – ボーム効果**, (物理学最前線 9, 共立出版, 1985).
アハラノフ – ボーム効果については，量子力学の参考文献 [1.1], [1.2] にも解説はあるが，この文献がもっとも詳しい．
量子異常については，たとえば

[5.5] 藤川和男, **経路積分と対称性の量子的破れ**, (新物理学選書, 岩波書店, 2001).
群のことは，

[5.6] 横田一郎, **古典型単純リー群**, (現代数学社, 1990).
に詳しく書かれている．コンパクトで読みやすい．
横田一郎, **例外型単純リー群**, (現代数学社, 1992).
には，例外群が詳しく書いてある．(ただし双方とも絶版．)

索　引

ア行

アインシュタイン (Einstein) の縮約　7
アハロノフ–ボーム効果 (AB 効果)　127, 135
安定条件　119
鞍点法　119
位置の完全性　68
1 粒子規約なグラフ (1PI グラフ)　113
ウィックの縮約　101
運動量切断の方法　106
運動量の完全性　70
エネルギー・運動量　175

カ行

外線　102, 111
階段関数　10
ガウス積分の公式　173
可換群　129
角運動量　176
角運動量密度　176
荷電共役（粒子反粒子）変換　64
関数行列式　98
ガンマ行列　35, 175
擬スカラー　65
基本ケット（ブラ）　69
基本表現　130
基本ローレンツ変換　9
キャンベル–ベーカー–ハウスドルフ
　(Campbell–Baker–Hausdorff) の公式
　195
共変ゲージ固定　142
共変微分　128
共役変換　5
局所的　29
空間的領域　8
空間反転　61
クライン–ゴルドン場　21

グラスマン (Grassmann G–) 数　74
繰り込み　103, 107
繰り込み可能　108
繰り込み条件　108
グリボフ (Gribov) コピー　145
クロネッカー (Kronecker) のデルタ　7
クーロン (Coulomb) ゲージ　51
計量　7
ゲージ関数　51
ゲージ原理　127
ゲージ固定項　139
ゲージ条件　52
ゲージパラメータ　142
ゲージ変換　51
結合常数　58
ゲルマン行列　168
交換関係の基本式（その一）　2
交換関係の基本式（その二）　2
構造定数　130

サ行

座標についての中点処方　196
作用　15
時間順序積　84
時間推進の演算子　67
時間的領域　8
時間反転　62
軸性ベクトル　65
次元正則化　106
自己エネルギー　102
自然単位系　27
周期境界条件 (PB)　88
準古典近似　120
消滅演算子　4
真空　4
真空期待値　153
随伴表現　130
スカラー場　15

スケールカレント　176
スケール変換　20
スピナ　36
スピン行列　175
正規順序　83
（正準）エネルギー運動量テンソル　18
生成演算子　4
生成母関数　84
摂動論　99
漸近場　59
線形表現　155
先進（advanced）関数　189
相殺項　107
ソース（source）関数　84

タ行

対称性の自発的破れ　154
タキオン　153
ダランベール演算子　21
単位の分解式　77
遅延（retarded）関数　189
ディラック場　35
ディラック方程式　35
停留点　119
デルタ汎関数　139
電磁場　50
電磁場の（ユークリッド）伝播関数　144
伝播関数　97
トゥリーグラフ（tree-graph）　102
特殊ユニタリー群　129
ド・ブロイ場　31

ナ行

内線　111
中西–ロートラップ（Nakanishi–Lautrup）場　148
南部–ゴールドストーン（Nambu–Goldstone）粒子　152
ネータ（Noether）の定理　16

ハ行

ハイゼンベルグの運動方程式　1
パウリ行列　35

バーテックス　102
バーテックスグラフ　114
場のオイラー–ラグランジュ（Euler–Lagrange）方程式　15
場の正準運動量　20
場の強さ　50
パラフェルミオン　174
パリティー変換　61
汎関数微分　84
反交換関係の基本式　5
反ゴースト　147
反周期境界条件（AP）　79
反正規順序　80
反ユニタリー変換　63
非可換群　129
非可換ゲージ場　131
光的領域　8
非局所的　29
非線形シグマ模型　170
非線形表現　155
ヒッグス（Higgs）機構　161
ヒッグス粒子　161
非連結グラフ　103
ファインマン核　33, 69
ファインマン関数　188
ファインマングラフ　101
ファインマン（Lagrangian）経路積分表示　72
ファインマン則　101
ファインマンパラメータの公式　109
ファディーフ–ポポフ（FP）行列式　139
ファディーフ–ポポフ（FP）ゴースト　147
フェルミオンの運動項　94
フェルミオンのコヒーレント状態　77
フェルミオンの伝播関数　109
不変デルタ関数　29
不変変分論　16
フーリエ（Fourier）級数展開　22
フレネル積分　33
プロパゲーター　97
分散関係　8
ベクトル場　15
（変換の）生成子　19

索 引   223

保存則　18
保存流　18

マ行

マックスウェル方程式　50
マヨラナ質量　66
ミンコフスキー共役　35
ミンコフスキー（Minkowski）空間　7
（無限小）平行移動　19
無限小ローレンツ変換　12

ヤ行

ヤコビ（Jacobi）恒等式　149, 190
ヤング–フェルドマン（Yang–Feldman）方程式　59
ヤン–ミルズ（Yang–Mills）場　131
有効作用　114
有効ポテンシャル　117
湯川相互作用　58
湯川ポテンシャル　187
ユークリッド化の方法　86
ユークリッド経路積分表示　89
ユークリッド生成母関数　86
ユークリッド Lagrangian　89
ユニタリーゲージ　160

ラ行

ランダウ (Landau) ゲージ　52
リー代数　130
リー（Lie）微分　17
量子異常　169
量子電磁力学　58
ループ（loop）　102
ループ運動量　102
ループ展開　121
レビ・チビタ（Levi-Civita）記号　42
連結グラフ　103
連続極限　71
ローレンツ（Lorentz）変換　8
ローレンツ（Lorenz）ゲージ　52

ワ行

ワイル（Weyl）–順序　73
ワイル（Weyl）表示　48

欧字

1-Particle-Irreducible　113
adjoint　5
Aharonov–Bohm (AB 効果)　135
anti-normal ordering　80
anti-periodic boundary condition　79
axial vector　65
BRST（Becchi–Rouet–Stora–Tyutin）変換　148
counter term　107
CPT–定理　66
dimensional regularization　106
Faddeev–Popov 行列式　139
G–奇要素（G–奇）　74
G–偶要素（G–偶）　74
G–数ガウス積分の公式　76
Hamiltonian 経路積分　71
Hamiltonian 密度　20
M 共役　35
N 次元ユニタリー群　129
normal ordering　83
periodic-boundary-condition　88
PQ–順序　70
QED　58
QP–順序　69
renormalization　103
time ordered product　84
vertex　102
Wick-contraction　101
WKB 近似　120
Z_2 対称性　154
α–順序　73
ϕ（ファイ）4 乗理論　58

著者略歴

柏　太郎
（かしわ　たろう）

- 1978年　名古屋大学大学院理学研究科物理学専攻博士課程修了
  理学博士
- 1979年　九州大学理学部物理学科助手
- 1997年　九州大学理学部物理学科助教授
- 1999年　九州大学大学院理学研究院物理学部門助教授
  （改組による）
- 2002年　愛媛大学理学部物質理学科教授
- 2006年　愛媛大学大学院理工学研究科（理学系）数理物質科学
  専攻教授
- 2015年　愛媛大学名誉教授，現在に至る

専門　場の量子論，量子力学，素粒子論

主要著書

量子場を学ぶための場の解析力学入門（共著，講談社，2005年）
経路積分の方法–現代物理学叢書（共著，岩波書店，2000年）
Path Integral Methods（共著，Clarendon Press, Oxford, 1997）

SGC Books–P2
新版　演習　場の量子論
－基礎から学びたい人のために－

2001年12月10日 ©	初版発行
2004年4月25日	初版第3刷発行
2006年10月25日 ©	新版発行
2023年10月10日	新版第6刷発行

著　者　柏　太郎　　　　発行者　森平敏孝
　　　　　　　　　　　　印刷者　山岡影光
　　　　　　　　　　　　製本者　松島克幸

発行所　株式会社　サイエンス社
〒151-0051　東京都渋谷区千駄ヶ谷1丁目3番25号
営業　☎ (03) 5474-8500（代）　振替 00170-7-2387
編集　☎ (03) 5474-8600（代）
FAX　☎ (03) 5474-8900

印刷　三美印刷（株）　　　製本　松島製本（有）

《検印省略》

本書の内容を無断で複写複製することは，著作者および
出版者の権利を侵害することがありますので，その場合
にはあらかじめ小社あて許諾をお求め下さい．

ISBN4-7819-1148-X

PRINTED IN JAPAN

サイエンス社のホームページのご案内
http://www.saiensu.co.jp
ご意見・ご要望は
rikei@saiensu.co.jp　まで．